大庆油田基层技术员业务培训丛书

JINGXIA ZUOYE JISHUYUAN YEWU PEIXUN SHOUCE

井下作业技术员业务培训手册

大庆油田有限责任公司人事部◎编

石油工業出版社

内容提要

本书分岗位责任、专业业务知识、综合业务知识三部分，内容包括基层技术人员岗位责任、工作要求、井下作业工艺、仪器仪表及常用工具、入井工具用具、井下作业设备、作业故障诊断及处理、大庆油田地质及开发知识、采油工程知识、新工艺新工具、标准化及创新工作、井下作业安全生产等知识。

本书是井下作业基层技术员上岗操作的实用工具书，也可作为作业监督人员、现场操作人员的参考用书。

图书在版编目（CIP）数据

井下作业技术员业务培训手册／大庆油田有限责任公司人事部编．—北京：石油工业出版社，2017.7

（大庆油田基层技术员业务培训丛书）

ISBN 978-7-5183-1971-8

Ⅰ.①井… Ⅱ.①大… Ⅲ.①油井-井下作业-技术培训-手册 Ⅳ.①TE358

中国版本图书馆 CIP 数据核字（2017）第 141246 号

出版发行：石油工业出版社

（北京安定门外安华里 2 区 1 号　100011）

网　址：www.petropub.com

编辑部：（010）64269289

图书营销中心：（010）64523633

经　　销：全国新华书店

印　　刷：北京中石油彩色印刷有限责任公司

2017 年 7 月第 1 版　2017 年 7 月第 1 次印刷

710×1000 毫米　开本：1/16　印张：22

字数：490 千字

定价：70.00 元

（如出现印装质量问题，我社图书营销中心负责调换）

《井下作业技术员业务培训手册》
编 委 会

《井下作业技术员业务培训手册》
编 审 组

前言

PREFACE

大庆油田基层技术员是企业生产一线的主要技术力量，在生产建设中发挥着巨大的作用，其业务水平的提升是企业培训工作的重要课题。在新时期、新形势下，按照有关工作要求，为进一步提高基层技术员的基本素质和业务技能水平，按照“实际、实用、实效”的原则，大庆油田有限责任公司人事部组织编写了《大庆油田基层技术员业务培训丛书》。本套丛书紧紧围绕相关专业的工作实际，从岗位职责、工作要求、专业业务知识、综合业务知识等方面介绍了基层技术员应该掌握的业务知识，具有很强的实用性、适用性和规范性，既能作为提高基层技术员业务技能水平的培训教材，也可以作为相关专业员工自学的参考资料。

希望本套丛书的出版能够为各石油企业提供借鉴，为持续、深入抓好基层技术员培训工作，不断提高基层技术员整体素质和业务技能水平，为实现石油企业科学发展提供人力资源保障。同时，也希望广大读者对本套丛书的修改完善提出宝贵意见，以便今后修订时能更好地规范和丰富其内容。

编　者

2017 年 5 月

目录 CONTENTS

第 一 部 分

岗位责任

第一章 岗位职责

井下作业队伍技术人员主要负责接收施工设计、审阅施工设计、技术交底、组配工艺管柱、编写完井资料;负责队伍体系运行与持续改进,年度内、外审迎审工作;负责队伍资质管理、年度审查与认证工作;负责按照管理手册要求,认真执行各项管理制度,贯彻体系标准;负责带班期间岗位劳动保护用品使用、安全防护设施的巡检、清洁生产管理、工业卫生与职业健康防护工作;负责事故事件的应急处置和汇报工作;带班期间履行带班干部岗位职责。

第一节 地质技术员职责

(1)执行上级部门质量、技术方面的规章制度;

(2)负责基层队生产过程技术管理工作;

(3)负责基层队质量记录及质量管理工作;

(4)负责基层队 ISO 14001 和 HSE 记录管理工作;

(5)按施工设计核实地下情况,进行技术交底工作;

(6)负责下井管柱的检验及下井管柱的组配工作;

(7)协助做好健康、安全、环保工作,并负责当班施工现场的安全环保及基础工作;

(8)参与大队科研及革新改造项目工作;

(9)协助开展新技术、新工艺的推广应用及基础队伍技术革新工作;

(10)负责小队技术培训工作。

第二节 工程技术员职责

(1)熟悉分公司及大队质量方针和目标及 ISO 14001、HSE 方针和目标;

(2)负责基层队伍工程技术及质量回访工作;

(3)负责基层队伍计量器具管理工作;

(4)负责组织作业施工现场的正常运行工作;

(5)负责施工现场作业指导书执行并检查监督,高压部件的技术性能鉴定;

(6)协助做好健康、安全、环保工作,并负责当班施工现场的安全环保及基础工作;

(7)负责基层队工程质量工作,执行大队工程事故处理方案;

(8)对施工过程中不符合项进行整改,落实并向上级汇报;

(9)负责科研、革新项目完成情况;

(10)负责小队技术培训工作。

第二章 工作要求

(1)具有良好的思想政治素质,继承发扬大庆精神、铁人精神和"三老四严"等优良传统,爱岗敬业,积极进取,有较强的事业心和责任感。

(2)文化素质应具有大学及以上学历,经过培训考核合格后上岗,特别优秀人员可适当放宽。

(3)具有良好的心理素质,年富力强,身体健康,能够适应岗位工作需要,无岗位禁忌项。

(4)上岗资格经专业培训,取得相关岗位资格证等证件,如井控证。

(5)具备以下基本能力:

①掌握本岗职责;

②掌握井下作业工程技术质量系统理论知识与实践技能;

③熟悉井下作业工具、仪表、量具的名称、规格、用途和维修保养方法;

④掌握常用计算机办公软件操作方法;

⑤带班期间需满足带班干部相关要求。

第一节 地质工作要求

一、识读设计

(1)领取施工作业指导书,按要求加盖印章,填写文件接收记录。

(2)领取完井设计等其他作业指导性文件,填写文件接收记录。

(3)核实基础数据。若井斜过大,套补距、四通高与井况不符,及时上报大队技术部门;其他数据逐项审核无异常。

(4)审阅原井管柱及历次施工情况。特殊原井管柱(如带加热管)及时与采油队负责人沟通。调查目前井内管柱结构、工具、名称、规范、深度、下井时间,历次施工效果及存在问题。要求调查全面准确。无其他异常项。

(5)生产数据调查。油井调查油管压力、套管压力、产液量、含水率、动液面;水井调查油管压力、套管压力、注入量,异常情况及时上报大队技术部门。

(6)审阅压裂井段射孔数据。前磁遇阻(人工井底)深度、隔层厚度不符合施工要求,及时上报大队技术部门;其他数据逐项审阅无异常。

(7)审阅施工作业指导书其他部分。特殊步骤、要求及注意事项无遗漏。

二、技术交底

(1)在生产会议上进行施工交底。参加并实施大队普压井区块技术交底、“三高”井单井技术交底、其他升级管理井单井技术交底。

(2)认真记录,特殊要求、异常情况及时上传下达。

(3)外部环境交底。特殊地质构造与地下条件分享。特殊外部环境识别与风险消减。

三、组配管柱

(1)刺洗下井工具。使用蒸汽刺洗下井工具螺纹及内外壁,要求内外壁清洁、螺纹无脏物。

(2)检查下井工具。检查下井工具各部件完好,接箍、螺纹无损坏,各连接部位无松动,胶皮无老化变形,规格型号与设计相符,出厂合格证齐全。

(3)丈量下井工具。丈量下井工具应使用经检测标定合格的钢卷尺、游标卡尺。丈量下井工具时将钢卷尺零点对准接箍上端面,读取下井工具螺纹根部对应的钢卷尺读数,精确到小数点后两位,反复丈量三次,记录在油管记录上。

(4)注意封隔器卡点位置。封隔器卡点因选择在套管光滑部位,避开套管接箍和射孔炮眼及管外窜槽井段,满足分层管柱的要求。

(5)压裂管柱组配。

①有封隔器的管柱,应自下而上的配出各卡距之后,再调整卡距以上油管;喷砂器与下封隔器直接连接;最下一级封隔器以下尾管长度不小于8m;单层卡距不超过40m。

②单级封隔器管柱:封隔器卡点的深度=卡点以上的油管累计长度+卡点以上的下井工具累计长度+油补距-井口加高+校正值。

③多级封隔器管柱:卡距长度=上封隔器密封件上端面以下长度+中间下井工具长度+中间油管累计长度+下封隔器密封件上端面以上长度。

④多级卡距以此类推进行计算。

(6)完井管柱组配。管柱结构应满足下泵设计要求,油管密封可靠;严格按照下泵设计要求组配完井管柱,施工质量异常及时与大队技术部门沟通。

四、整理资料

(1)检查现场资料是否齐全。准备作业班报表、管杆记录、施工交接书、井控记录、“三废”排放记录、作业现场检查表、设备运转记录、野外锅炉运行记录、两书、井控例会记录表、应急预案、文件接收记录等作业施工记录。

(2)核准各项基层数据。核实钻井基本数据、套管基本数据、射孔明细数据准确、无漏项。

(3)录取施工资料。按照资料录取标准要求画出管柱结构示意图,注明各种下井工具的名称、规范、型号及下井深度;正确填写管杆记录,标明下井工具的规格、厂家和下入深度。

(4)整理上交施工井资料。提交内容为施工内容、备注说明、油管(抽油杆)柱记录、压裂施工成果和压裂管柱示意图、完井管柱示意图。

①整理班报、油管(抽油杆)柱记录。按工艺要求、工序先后顺序总结本次施工过程,做到时间、日期衔接;若实际工况与施工设计、完井设计不符,应注明相关单位处理意见;施工中的遗留问题及原井下技术状况,应在总结备注栏内标注清楚。

②提交内容为施工作业指导书 2 份(有授控号)、压裂现场记录 1 式 2 份、电子版或特殊情况手写施工资料、完井设计 1 份、限流完井数据表及射孔通知单、酸化施工现场记录 1 份、单井变形铅模卡片 1 份。

③按时上交资料。技术员应在完井两天(前线施工四天)内提交资料至本单位施工资料验收岗。

第二节 工程工作要求

一、井控装置安装维护

(1)根据施工指导书要求安装相应井控装置。

(2)现场井控装备的安装、试压、检验。

①现场安装前要认真保养防喷器,并检查闸板芯子尺寸是否与所使用管柱尺寸相吻合,检查配合三通的钢圈尺寸、螺孔尺寸是否与防喷器、套管四通尺寸相吻合。

②防喷器安装必须平正,各控制阀门、压力表应灵活可靠,上齐上全连接螺栓。

③全套井控装置在现场安装完毕后,对井控装置连接部位进行试压,试压到额定工作压力的 70%。

④放喷管线安装在当地季节风向的下风方向,接出井口 30m 以外;放喷阀门距井口 3m 以外;压力表接在套管四通和放喷阀门之间;放喷管线如遇特殊情况需要转弯时,要用钢弯头或钢制弯管,转弯夹角不小于 90°,每隔 10~15m 用地锚或水泥墩固定牢靠。压井管线安装在上风向的套管阀门上。

⑤若放喷管线接在四通套管阀门上，放喷管线一侧紧靠套管四通的阀门应处于常开状态，并采取防堵措施，保证其畅通。

(3)井控装备在使用中的要求。

①施工设计中提出的有关井控方面的要求和技术措施要向全队员工进行交底，明确作业班组各岗位分工，并按设计要求准备相应的井控装备及工具。

②在起下封隔器等大尺寸工具时，应控制起下速度，防止产生抽汲或压力激动。同时要有专人观察井口，以便及时发现溢流。发现溢流后要及时发出信号(信号统一为：报警信号为一长鸣笛，关井信号为两短鸣笛，解除信号为三短鸣笛)，关井时，要按正确的关井方法及时关井或装好井口，其关井最高压力不得超过井控装备额定工作压力与套管实际允许的抗内压强度两者中的最小值。

③拆井口前要测油管、套管压力，根据实际情况确定是否实施压井，确定无异常方可拆井口，并及时安装防喷器。

二、工序质量监督

(1)上级质量要求传达到位、单井质量风险点源分享全面、操作标准要求到位；

(2)升级管理井严格按照上级要求执行；

(3)特殊地质条件应分享全面、到位；

(4)技术人员要指导现场操作人员严格执行施工作业指导书和有关标准要求，不得减少施工工序，严禁违章操作；

(5)技术员要对所有施工工序进行监督与验收；

(6)配合上级监督检查人员，对于工程质量检查中发现的问题，要当场监督整改或按检查要求提出的期限整改，并要进行跟踪验证合格。

三、故障诊断处理

(1)施工中发生复杂情况或施工故障，技术人员立即将故障发生的井号、时间、类型、施工概况等通知大队主管部门；

(2)根据施工故障情况和性质，适时采取相应的应急预案；

(3)现场工程事故处理过程中，技术人员要每天把处理情况向大队相关部门汇报；

(4)配合现场质量检查人员对施工质量和执行标准情况进行现场调查写实，配合工程地质技术大队相关人员完成对技术方面的现场调查写实及技术措施的制订。

四、工具、用具及配件

(1)技术员要按照相关技术标准和规定要求使用专用工具和专用管材；

（2）严禁施工中使用损坏或报废的专用工具和专用管材；

（3）下井管柱结构和深度必须符合施工设计（施工作业指导书）和工艺技术的要求，并按照有关要求连接牢固；

（4）技术员负责施工现场所用计量器具的监督检查，按照标准配备；

（5）技术员按规定周期送计量器具至大队进行统一计量检定；

（6）整个施工过程中，技术员必须对各种仪器仪表和各种计量器具做好保管维护工作。

第 二 部 分

专业业务知识

第三章 井下作业工艺

第一节 作业工艺简介

在油田开发过程中，根据油田调整、改造、完善、挖潜的需要，按照工艺设计要求，利用一套地面和井下设备、工具，对油、水井采取各种井下技术措施，达到提高注采量，改善油层渗流条件及油、水井技术状况，提高采油速度和最终采收率的目的。这一系列井下施工工艺技术统称为井下作业。

一、井下作业分类

(1)生产维护作业。生产维护作业包括抽油机井检泵作业施工、电泵井的检电泵施工、螺杆泵井检泵施工、注水井的重配施工等。同时，油水井井下调查、处理、小修等施工项目均属于维护性作业施工。

(2)修井作业。修井作业包括套管检测、打捞、刮削等，主要对象是套损井。

(3)增产增注作业。增产增注作业包括油水井压裂作业施工、油水井酸化作业施工。

(4)特种作业。特种作业包括带压作业、连续油管作业、高危气井作业。其施工风险、施工难度较常规工艺更大。

(5)辅助类作业。辅助类作业包括堵水作业、注水井调剖作业。

井下作业施工是多工种、多设备、多工序互相衔接联合作业的大型施工。井下作业施工的特殊性决定了它具有复杂性、连续性、现时性、隐蔽性等特点，从而导致井下作业质量控制的不确定性增大。

二、井下作业特点

1. 复杂性

井下作业的复杂性主要表现在施工工艺上。井下作业施工工艺繁杂，有一般的油水井常规措施作业工艺，如油井检泵清蜡、清防垢、冲砂，油水井堵水调剖、分层配产配注等施工工艺；还有处理井下事故的大修工艺，如打捞、解卡、封窜、套管处理等较为复杂的施工工艺；更有诸如压裂、酸化、解堵等储层改造工艺。每一种井下作业施工工艺并不是单独存在的，在具体实施过程中，它和其他的施工工艺相互关联、交互使用，从而达到最终的施工目的。

2. 连续性

每一种井下作业施工工艺是由多个施工工序连续组成的，越是复杂的施工工艺，施工工序就越多。如压裂施工工艺整个施工过程，就包含了检泵、通井、冲砂、下施工用具等大的施工工序。在实施具体的压裂施工时，就包含了循环—试压—试挤—压裂—加砂—替挤—扩散压力七个相互关联的施工工序，这些施工工序连续进行，缺一不可，才能保证压裂施工的成功率。

3. 现时性

由于井下作业是多个工序连续进行的施工过程，每一个工序花费的时间相对比较短，往往只有几个小时，甚至几十分钟，整个施工过程完成花费时间最少的还不到半天。每一个工序的完毕，就意味着下一个工序的开始。全部工序的完成，就意味着整个井下施工过程的结束。从这个角度上说，井下作业质量控制具有现时性，即只有正在进行的工序质量达到了要求，才能进行下一道工序，所有工序质量达到了要求，才能保证整个井下作业施工质量，如果某一个工序质量达不到要求，就有可能影响整个井下作业施工质量。因此，井下作业质量控制更要注重过程控制，把握好现时工序质量关，就成为井下作业质量控制的关键所在。

4. 隐蔽性

井下作业隐蔽性主要表现在时间上和空间上。时间上，由于工序时间较短，结束的工序就会立即成为“历史”，事后无法对某些结束的工序质量进行检验，使这些工序质量隐蔽起来。空间上，由于野外地理环境影响和限制，不可能每一种施工作业的每一个细小工序质量都始终处于监督和控制之下；加上井下作业施工过程及施工完毕后的“工程”都在井下，有的在地面上无法进行控制和验证，使之成为“隐蔽工程”。

三、井下作业指标

1. 主要技术指标要求

（1）作业生产任务完成率100%。

（2）施工井一次合格率达到90%。

（3）施工井全优率达到85%。

（4）平均生产时效达到75%以上。

（5）资料全准率达到95%。

（6）设备完好率达到90%。

（7）作业无污染率达到100%，施工过程中天然气无放空。

(8)安全生产无上报事故。

2. 指标计算方法

(1)作业生产任务完成率 $= \frac{完成施工井数}{计划施工井数} \times 100\%$。

(2)施工井一次合格率 $= \frac{施工总井数 - 不合格井数}{施工总井数} \times 100\%$。

(3)施工井全优率 $= \frac{施工全优井数}{施工总井数} \times 100\%$。

(4)平均生产时效 $= \frac{总施工生产时间}{日历时间} \times 100\%$。

式中,总施工生产时间是指作业队生产时间和辅助工作时间。设备检修、返工、处理事故以及组织停工等影响正常施工进度的时间均为非生产时间。本队员工进行两口井交叉作业施工所完成的定额工时可计入生产小时内;日历时间指配备四个班实行三班倒的作业队每天按 24h 计算,只有两班的每天按 16h 计算,一个班的每天按 8h 计算,而且一年中扣除法定节假日。

(5)资料全准率 $= \frac{取准取全资料项数}{应取资料项数} \times 100\%$。

(6)设备完好率 $= \frac{设备完好台日}{日历台日 - 设备计划保修台日} \times 100\%$。

式中,设备完好台日指作业机在各部件保持完好状态下运转和待用的台日数;设备计划保修台日指作业机纳入计划的保修台日。

第二节 常用名词解释

(1)地层破裂压力:指地层岩石发生变形、破碎或产生裂缝时的压力。

(2)动液面:指油井生产时油套环形空间液面的深度。动液面可以用来确定泵的沉没度和推算井底压力。

(3)静液面:指油井关闭后油套环形空间液面的深度。静液面可以用来推算油井的静压。

(4)泵的沉没度:指抽油泵下入动液面以下的深度。

(5)油、气井:石油和天然气埋藏在地下几十米至几千米的油层中,要把它开采出来,需要在地面和地下油(气)层之间建立一条油气通道,这条通道就是油气井。

(6)联顶节方入(联入):指钻井转盘上平面到最上面一根套管接箍上平面之间的距离。

(7)人工井底:指钻井或试油时,在套管内留下的水泥塞面。其深度是从转盘上平面到水泥塞面之间的距离。

(8)完钻井深:指从转盘上平面到钻井完成时钻头所钻进的最后位置之间的距离。

(9)检泵:抽油泵在生产过程中,常会发生各种故障,如砂卡、蜡卡、抽油杆断脱等,还经常需要加深和提高泵挂深度、改变泵径等,现场把解除故障和调整参数的工作统称为检泵。

(10)套补距:指钻井转盘上平面到套管短节法兰上平面之间的距离。

(11)油补距:指钻井转盘上平面到套管四通上法兰面之间的距离(也称补心高差)。

(12)油管压力:油、气从井底流到井口后的剩余压力称为油管压力,简称油压。

(13)套管压力:油套管环形空间内,油和气在井口的压力称为套管压力,简称套压。

(14)油层水力压裂:简称压裂,是油气井增产、注水井增注的一项重要技术措施。它是利用地面高压泵组,将高黏液体(压裂液)以大大超过地层吸收能力的排量注入井中,在井底造成高压,并超过地层破裂压力,使地层破裂,形成裂缝并使裂缝延伸,随即将掺有支撑剂的液体注入裂缝中,并在裂缝内填以支撑剂,停泵后地层中即形成有足够长度和一定宽度及高度的填砂裂缝。

(15)压裂液:指压裂施工过程中,向井内挤入的全部液体。根据压裂液在压裂施工不同阶段的作用,分为前置液、携砂液、顶替液三部分。

(16)压裂支撑剂:指油层被压开裂缝后,填到裂缝中的固体颗粒物质。它的作用是支撑裂缝,使裂缝保持张开状态并具有较高的渗透率,达到压裂增产、增注的目的。

(17)裂缝闭合压力:也称闭合应力,指泵注停止后,作用在裂缝壁面上使裂缝似闭未闭的压力。裂缝闭合压力的大小与地层最小水平应力有关,它是影响裂缝导流能力的重要因素。

(18)酸化:是利用酸液的化学溶蚀作用及向地层挤酸时的水力作用,解除油层堵塞,扩大和连通油层孔隙,恢复和提高油层近井地带的渗透率,从而达到增产、增注的目的。

(19)反冲砂:是冲砂液由套管与冲砂管的环形空间进入,冲击沉砂,冲散的砂子与冲砂液混合后沿冲砂管内径上返至地面的冲砂方式。

(20)正冲砂:是冲砂液沿冲砂管内径向下流动,在流出冲砂管口时以较高流速冲击砂堵,冲散的砂子与冲砂液混合后,一起沿冲砂管与套管环形空间返至地面的冲砂方式。

(21)卡点:指井下落物被卡部位最上部的深度。

(22)鱼顶:又称鱼头,井下落物的顶部。

(23)磁性定位测井:是根据井壁磁通量变化,利用磁性定位器检查井下工具深度的一种测井方法,广泛应用于对各种工艺管柱的作业质量检查。

(24)射孔:是用电缆或油管将射孔器送入套管内,对准油层深度,通电点火或机械撞击,使射孔器炮弹发生爆炸,产生高温高压高速的金属喷射流,将套管、水泥环和油层射开,作为油气从油层流入井筒的通道。

(25)补孔:是根据井下作业工艺要求,对原射孔段需增加孔眼密度或因首次射孔而发生的哑炮、假炮等未射开现象,进行再次射孔。

(26)试注:是注水井完成之后,在正式投入注水之前,进行试验性注水。

(27)试配:是把注入地层的水,针对各油层不同的渗透性能,采用不同的压力注水。

(28)重配:注水井在分层配注后,常常因地层情况发生变化,实际注入量达不到配注要求时,需要重新配水嘴,把换水嘴这一施工过程称为重配。

(29)调整:根据油田地下的需要,改变了原来的配注方案,配注量和封隔器的位置都有改变,把这一施工过程称为调整。

(30)沉砂口袋:指从人工井底到油层底部的一段套管内容积。

第三节 识读作业设计

作业设计是根据油田开发的要求来编制的。编制作业设计要充分了解施工井的井况和地下油层的物性及现有的工艺条件,优化工艺技术参数,选择最佳施工方案,以提高作业施工的科学性,求得最佳施工效果和较好的经济效益。作业设计是指导作业施工的纲领性文件,是施工过程中应遵守的规定和原则。每项井下作业应有地质设计、工程设计和施工设计,每项设计中都应有相应的井控内容。对于有些比较简单的维护作业施工项目的工程设计,可以直接代替施工设计用来指导现场施工。

一、地质设计

井下作业地质设计是根据油田开发需要,结合油田综合调整方案要求,针对油水井油藏地质因素而编制的。它由油气开发生产管理单位(以下简称甲方)地质专业部门编制。

1. 小修作业地质设计

(1)油、气、水井基本数据;

(2)油、气、水井生产数据;

(3)历次作业情况简述;
(4)施工目的及要求;
(5)与井控相关的情况提示;
(6)井况、井身结构及生产管柱数据。
2. 措施作业地质设计
(1)油、气、水井基本数据;
(2)油、气、水井生产状况分析;
(3)历次相关作业情况简述;
(4)施工目的及要求;
(5)与井控相关的情况提示;
(6)井况、井身结构及生产管柱数据。
3. 大修作业地质设计
(1)油、气、水井基本数据;
(2)油、气、水井生产数据;
(3)历次相关作业情况简述及目前存在问题;
(4)油、气、水井分析;
(5)施工目的及要求;
(6)与井控相关的情况提示;
(7)井况、井身结构及生产管柱数据。

二、工程设计

工程设计是根据不同的施工项目,优化施工工艺,计算施工参数,合理选择施工材料、设备和工具,以保证地质设计的顺利实施,由甲方工艺技术部门或委托第三方编制。

1. 小修作业工程设计
(1)设计依据及施工目的;
(2)参数设计;
(3)工艺要求;
(4)施工准备;
(5)安全环保及有关要求;
(6)井控要求;
(7)井身结构及完井管柱示意图。
2. 措施作业工程设计
(1)施工目的、设计依据及设计指标;

(2)施工准备；
(3)施工工序及有关要求；
(4)安全环保及有关要求；
(5)井控要求；
(6)特殊要求事项；
(7)井身结构和完井管柱示意图。
3. 大修作业工程设计
(1)设计依据及施工目的；
(2)施工准备；
(3)施工工序及技术要求；
(4)安全环保及有关要求；
(5)井控要求；
(6)井身结构和管柱示意图。

三、施工设计

施工设计是根据地质设计和工程设计的要求而编制的,主要内容是合理确定施工步骤,保证达到施工目的。它是由作业施工单位(以下简称乙方)负责编制的。
1. 小修作业施工设计
(1)设计依据及施工目的；
(2)施工准备；
(3)施工步骤；
(4)井控设计；
(5)质量、安全、环保及有关措施；
(6)井身结构及完井管柱示意图。
2. 措施作业施工设计
(1)设计依据及施工目的；
(2)施工准备；
(3)施工步骤及技术要求；
(4)井控设计；
(5)质量、安全、环保及有关措施；
(6)井身结构和完井管柱示意图。
3. 大修作业施工设计
(1)设计依据及施工目的；
(2)施工准备；

(3)施工步骤及技术要求；

(4)井控设计；

(5)质量、安全、环保及有关措施；

(6)井身结构及管柱示意图。

四、设计编写要求

(1)作业设计的封面应有统一格式，应注明油田名称、设计名称、井号、井别、作业内容、设计单位、设计人、设计日期。

(2)油、气、水井基本数据应包括以下内容：

①该井所属油气田或区块名称、地理位置。

②钻完井数据：开钻日期、完钻日期、完井日期、完钻井深、人工井底、目前人工井底、钻井液性能、固井质量等。

③生产油气层基本数据：层位、层号、解释井段、厚度、孔隙度、渗透率、含油饱和度、岩性等。

④射孔数据：层号、射孔井段、厚度、射孔液等。

⑤套管数据：规范、钢级、壁厚等。

(3)油、气、水井生产数据。本井生产情况包括油气生产情况，注水、注气(汽)情况；邻井生产情况包括相邻或井组对应油、气、水井生产情况，连通井受益情况等。

(4)历次作业情况简述。按时间排序简述历次作业情况，详细描述最近一次作业情况。

(5)施工目的及要求。简述施工目的和要求。

(6)与井控相关的情况提示应包括以下内容：

①与邻井油层连通情况及气(汽)窜干扰情况。

②本井和邻井硫化氢等有毒有害气体检测情况。

③地层压力或压力系数、气油比、产出及伴生气主要成分等。

④提供井场周围500m(含硫化氢油气田探井井口周围3km、生产井井口周围2km)的居民住宅、学校、厂矿等环境敏感区域的说明，并提出相应的井控提示等。

⑤其他风险提示。

(7)井况、井身结构及生产管柱数据应包括：井下落物情况、套管技术状况、井身结构及生产管柱数据等。

(8)安全环保及有关要求应包括以下内容：

①每项工序应严格按照设计施工，遇特殊情况及时请示现场指挥人员。

②各项工序应严格按照QHSE作业程序进行施工，严禁盲目施工。

③各种井下工具在下井前彻底检查，经检验合格后方可下井。

④施工现场须准备必要的消防器材，做好防喷、防火、防爆炸、防工伤、防触电工作。

⑤施工中，随时检查井架基础、钻台基础，观察修井机、井架、绷绳和游动系统运转情况，发现问题立即停车处理，待正常后才能继续进行。

⑥井口返出的液体应妥善处理，避免造成环境污染。

(9)井控要求应包括以下内容：

①根据地质设计参数选择修(压)井液性能、类型及密度，提出防喷器组合的压力等级。

②各种流程及施工管线全部使用硬管线，尽量减少异径弯头，并按技术规程固定好，试压检验合格后方能施工。

③防喷器在井口安装后，现场必须试压，明确提出试压压力值及试压要求。

④检查井口阀门，地面管线试压，做到不刺不漏，灵活好用。

⑤对压井液、消防器材及安全检查点进行全面验收。

⑥作业过程中，长时间空井筒或停工，应装好采油树。

⑦起下管柱作业前必须检查防喷器闸板完全打开，严禁在未完全打开防喷器闸板的状况下进行起下管柱作业。

⑧井口无外溢时，方可进行起下作业。起管柱过程中，应边起边灌，保持液面稳定。

⑨不连续起下作业8h，卸下防喷器，安装采油树，油管、套管安装压力表进行压力监测。

⑩在含硫化氢等有毒有害气体井进行井下作业施工时，应严格执行SY/T 6137—2012《含硫化氢油气生产和天然气处理装置作业安全技术规程》、SY/T 6610—2014《含硫化氢油气井井下作业推荐作法》和SY/T 6277—2005《含硫油气田硫化氢监测与人身安全防护规定》的有关规定，防止硫化氢气体溢出地层，最大限度地减少井内管材、工具和地面设备的损坏，避免人身伤亡和环境污染。

⑪在高压、高含硫、高危地区作业施工前，要制订相应的井控应急预案和防污染措施，并组织实施。

(10)施工步骤及技术要求。根据工程设计，编写详细的施工步骤及技术措施。

(11)井控设计。根据工程设计井控要求和本井具体情况，编写详细的井控设计，并附井控设备安装示意图。

(12)井身结构及完井管柱示意图应包括以下内容：

①分别画出修前、修后完井井身结构示意图和完井管柱结构示意图，直井和斜井要分别画出。

②井身结构:套管规格、下深、水泥返高、人工井底、层位、井段。

③管柱结构:下井工具名称、型号、规格、下入深度等。

(13)施工准备应包括队伍、设备、材料、修井工具和井控装备等准备。

第四节　常规作业工序

一、起下抽油杆柱

1. 起抽油杆柱

(1)装有脱接器的井,起第一根抽油杆时要缓慢上提,以保证脱接器顺利脱开;装有开泄器的井,当开泄器接近泄油器时也要缓慢上提,以保证顺利打开泄油器。上提抽油杆柱遇阻时,不能盲目硬拔,应查清原因、制订措施后再进行处理。

(2)起抽油杆柱时各岗位要密切配合,防止造成抽油杆变形和造成井下落物。

(3)平稳操作起完抽油杆及活塞。抽油杆桥要求使用 4 根油管搭成,每根油管至少使用 4 个桥座架起,起出的抽油杆在杆桥上每 10 根 1 组排放整齐,抽油杆悬空端长度不得大于 1.0m,抽油杆距地面高度不得小于 0.5m。

2. 下抽油杆柱

(1)抽油杆螺纹及接触端面必须清洗干净。

(2)抽油杆上紧扭矩应符合表 3-1 的规定。

表 3-1　抽油杆上紧扭矩

抽油杆规格(mm)	上紧扭矩(kN·m)	
	应力为 245MPa	应力大于 245MPa
16	0.30	0.33
19	0.487	0.53
22	0.72	0.79
25	1.10	1.22
28	1.52	1.67

(3)防止上紧扭矩过大,损坏抽油杆螺纹。

(4)平稳缓慢下放,使活塞顺利进入泵筒。装有脱接器的井,对接好脱接器,对接后提抽油杆不能超高,防止脱接器脱开。装有井下开关的井,按照使用要求打开井下开关。

(5)活塞坐进泵筒后,光杆伸入顶丝法兰以下长度不小于防冲距与最大冲程长度之和,光杆在防喷盒平面以上长度应在 1.2~1.5m 之间。

二、起下管柱

起下管柱是指用吊升系统将井内的管柱提出井口，逐根卸下放在油管桥上，经过清洗、丈量、重新组配和更换下井工具后，再逐根下入井内的过程。

1. 试提

(1)井口提升短节螺纹无损伤，长度要比井口防喷器长 0.5m 以上。

(2)上紧提升短节，油管挂顶丝退到位。

(3)操作台及井口 10m 以内严禁站人，同时有专人观察地锚和绷绳受力情况。

(4)试提用一挡缓慢提升，悬重不超过井内管柱悬重 200kN。

(5)当井内管柱提出 50cm，应刹车暂停上提，检查大绳死绳及拉力表各绳卡受力情况，检查各绷绳及绳卡受力情况，确认正常后再倒油管挂。

2. 倒出油管挂

(1)继续上提管柱，将油管提出防喷器，在井内第一根油管接箍下放好吊卡，下放管柱坐在吊卡上。

(2)卸掉油管挂，清洗干净，检查完好情况，摆放在工具台上备用。

3. 起管柱

(1)再次调整井架绷绳，使井架天车、游动滑车、井口三点成一条直线。

(2)先用一挡车起管柱，再分别换挡。作业机各挡起油管深度规定见表 3-2。

表 3-2 作业机各挡起油管深度规定

井深	游动系统（有效绳数）	各挡起下油管深度			
		1 挡	2 挡	3 挡	4 挡
2500m 以上	8 股	2500m 以上	1650～2500m	1000～1650m	1000m 以下
1200～2500m	6 股	2000m 以上	1200～2000m	700～1200m	700m 以下
1200m 以下	6 股	900m 以上	700～900m	400～700m	400m 以下

(3)起出的油管要放在小滑车上，顺滑道到油管桥上，按起出的顺序整齐排列在油管桥上，每 10 根为一组。

(4)当油管螺纹卸不开时，严禁用大锤敲击接箍。

(5)起封隔器等大直径工具时，要控制速度，防止产生过大抽汲力。

(6)起到管柱尾部时，要放慢速度，防止井下工具刮、碰井口。

(7)起完管柱后，应及时进行下步作业，等措施期间应下入不少于井深 1/3 的管柱，并装好井口；若作业机或修井机出现故障，应及时安装简易井口或关闭防喷器。

4. 下管柱

(1)下井油管螺纹要清洁，连接前要涂匀密封脂。

（2）油管外螺纹要放在小滑车上或戴上护丝拉送。

（3）用管钳或动力钳上紧油管螺纹，要防止上偏扣，应上满旋紧螺纹，其扭矩应符合表3-3的规定。

表3-3 油管推荐上紧扭矩

公称直径mm(in)	名义质量(kg/m)		钢级	上紧扭矩(N·m)					
	螺纹与接箍			非加厚			加厚		
	非加厚	加厚		最佳	最小	最大	最佳	最小	最大
73.20 (2⅞)	9.52	9.67	J-55	1423.90	1070.80	1775.98	2236.90	1680.86	2792.93
	9.52	9.67	N-80	1992.71	1491.50	2494.81	3118.51	2345.75	3905.00
	9.52	9.67	P-105	2507.56	1883.86	3131.26	3945.22	2955.72	4936.67
88.9 (3)	11.46	—	J-55	1640.65	1233.68	2047.63	—	—	—
	11.46	—	C-75	2169.23	1626.92	2711.54	—	—	—

（4）下封隔器等大直径工具时，控制下放速度，防止产生过大激动压力。

（5）油管下到设计井深的最后几根时，下放速度不得超过5m/min，防止因长度误差顿击人工井底，顿弯油管。

（6）下入井内的大直径工具在通过射孔井段时，下放速度不得超过5m/min，防止卡钻和损坏井下工具。

（7）油管未下到预定位置遇阻或上提受卡时，应及时分析井下情况，复查各项数据，查明原因及时解决。

5. 倒入油管挂

全部油管下入井内后，将检查完好、清洗干净的油管挂与井内油管接好，对好井口平稳坐入四通内，对角顶紧全部顶丝。

三、组配管柱

组配管柱是指按照施工设计给出的下井管柱的规范、下井工具的数量和顺序、各工具的下入深度等参数，在地面丈量、计算、组配的过程。采油、采气、注水、油层改造和修井施工都要下入不同结构的管柱，并通过下入井内的工具来完成施工设计目的。各种不同的下井管柱都需要在地面预先组配好，并严格按照下井顺序编号，在油管桥上摆放整齐，按顺序下入井内。

1. 刺洗油管

（1）用蒸汽刺洗油管，清除油管内外的结蜡、死油、泥砂和杂物。

（2）清洗油管螺纹，检查螺纹是否完好无损坏。

（3）检查管体是否有裂痕、孔洞、弯曲和腐蚀。

(4)用内径规逐根通过油管。ϕ73mm 普通油管用 ϕ59mm×800mm 内径规通过;玻璃油管用 ϕ57.5mm×800mm 内径规通过;ϕ76mm 普通油管用 ϕ73mm×1000mm 内径规通过。

(5)将不合格的油管抬出油管桥 2m 以外。

2. 丈量油管

(1)使用经检测后标定合格的钢卷尺丈量油管,钢卷尺的有效长度要大于15m。

(2)丈量时拉直钢卷尺,防止钢卷尺产生弧度。

(3)丈量油管时不得少于 3 人,反复丈量 3 次,做好记录,做到三对口。

(4)3 人 3 次丈量的管柱累计长度误差不大于 0.02%。

(5)丈量时,钢卷尺的零点位于接箍上端面,另一端对准油管螺纹根部(普通油管余 2 扣,玻璃油管余 3 扣,抽油杆丈量与油管相同,但去掉扣)读出油管单根长度,做好记录。

(6)将丈量好的油管整齐排列在油管桥上,每 10 根拉出 1 根油管接箍长度,以井口方向为下井顺序排列。

3. 组配管柱

(1)管柱结构应满足各种施工设计和施工目的要求,密封可靠,施工作业方便。注水井在射孔井段顶界以上 10~15m 处设一级保护套管封隔器。

(2)封隔器卡点应选择在套管光滑部位,避开套管接箍和射孔炮眼及管外窜槽井段,满足分层管柱的要求。

(3)封隔器卡点符合设计深度。

(4)按照施工设计精确配出封隔器卡点、卡距、油管的下入深度。卡点深度与设计深度误差不超过±0.2m。

(5)下井管柱要有下井工具、管柱结构示意图,注明各种下井工具的名称、规范、型号及下井深度。

(6)管柱配好后要与下井工具出厂合格证、作业设计书、油管记录对照,核实无差错方可下井。

(7)注水管柱完成深度应在油层射孔井段底界 10m 以下。

计算方法:完成深度=油补距+油管挂长度+油管挂短节长度+油管累计长度+工作筒长度+喇叭口长度+其他工具长度。

(8)找水管柱:完成深度应在射孔井段顶界以上 5~10m。计算方法与注水管柱相同。

(9)机械采油井管柱按设计的泵挂深度和尾管完成深度组配。

计算方法:泵挂深度=油补距+油管挂长度+油管挂短节长度+油管累计长度+

泵筒吸入口以上工具长度。

(10)分层管柱。

①单级封隔器管柱。

完成深度=油补距+油管挂长度+油管挂短节长度+卡点以上油管累计长度+配产器长度+封隔器长度+配产器长度+卡点以下油管累计长度+丝堵长度。

②多级封隔器卡距间管柱。

卡距长度=上封隔器密封件上端面以下长度+中间下井工具长度+中间油管累计长度+下封隔器密封件上端面以上长度。

(11)偏心配水管柱。

①偏心活动式管柱自上到下由封隔器、偏心配水器、封隔器、偏心配水器、撞击筒、挡球短节及底部球与球座组成。

②底部球座(挡球)必须安装在射孔井段底界10m以下,使用撞击筒的偏心管柱,撞击筒深度应在射孔井段底界5m以下。

③偏心管柱相邻两级偏心配水器之间距离不小于8m,下面一级偏心配水器与撞击筒之间距离不小于10m,撞击筒与尾管底部距离不小于5m。

④上面一级配水器与油管工作筒的距离大于8m。

四、压井和替喷

压井是将具有一定性能和数量的液体泵入井内,依靠泵入液体的液柱压力相对平衡地层压力,使地层中的流体在一定时间内不能流入井筒,以便完成某项作业施工。

替喷是用具有一定性能的流体将井内的压井工作液置换出来,并使油、气井恢复产能的过程。

1. 选择压井工作液

选择压井工作液的原则如下:

(1)对油层造成的损害程度最低;

(2)其性能应满足本井、本区块地质要求;

(3)能满足作业施工要求,并且经济合理。

2. 压井方式

1)压井方式的选择

(1)对有循环通道的井,可优先选用循环法全压井或半压井。

(2)对没有循环通道的井,可选用挤注法压井。

(3)对压力不大、作业施工简单、作业时间短的井,选择灌注法压井。

2)压井程序和技术要求

(1)连接好进出口管线,先缓慢放套管气,直至出口排液为止。

（2）关闭套管阀门，对压井管线试压合格。

（3）打开进出口阀门，泵入隔离液6~12m^3。

（4）泵入压井工作液。泵入过程中不得停泵，排量不低于0.3m^3/min，最高泵压不得超过油层吸水压力。

（5）在出口见到压井工作液时取样检测密度，进出口的压井工作液密度差小于0.02kg/m^3，可以停泵。

（6）关进出口阀门，稳压20min，开油套管阀门，如无溢流，则压井成功。

3. 替喷方式

（1）对自喷能力弱的井可采用一次替喷。

（2）对自喷能力强的高压油井可采用二次替喷。

4. 替喷程序和技术要求

1）一次替喷

（1）按施工设计要求，准备足够的替喷工作液。盛装替喷工作液的容器要清洁，不能有泥砂等脏物。

（2）下入替喷管柱。替喷管柱深度要下至人工井底以上1~2m，下至距人工井底100m时开始控制管柱的下入速度，不超过5m/min，以免井内压井工作液沉淀物堵塞管柱。

（3）连接泵车管线，从油管正打入替喷工作液，启动压力不得超过油层吸水压力，排量不低于0.5m^3/min，大排量将设计规定的替喷工作液全部替入井筒，替喷过程要连续不停泵。

（4）替喷后，进出口替喷工作液密度差应小于0.02kg/cm^3。

（5）上提管柱至设计完井深度，安装井口采油树完井。

2）二次替喷

（1）按施工设计要求，准备足够的替喷工作液。

（2）下入替喷管柱至人工井底以上1~2m。

（3）连接泵车管线，从油管正打入替喷工作液，液量为人工井底至完井管柱设计深度以上10~50m井段的套管容积。

（4）正打入压井工作液，液量为完井管柱设计深度以上10~50m至井口井段的油管容积。

（5）上提油管至设计完井深度，安装井口采油树，最后大排量将设计规定的替喷工作液全部替入井筒。

五、探砂面、冲砂

探砂面是下入管柱实探井内砂面深度的施工。通过实探井内的砂面深度，可以为下一步下入的其他管柱提供参考依据,也可以通过实探砂面深度了解地层出砂情况。如果井内砂面过高,掩埋油层或影响下一步要下入的其他管住,就需要冲砂施工。

冲砂是向井内高速注入液体,靠水力作用将井底沉砂冲散,利用液流循环上返的携带能力,将冲散的砂子带到地面的施工。

1. 探砂面

(1)探砂面施工可以用两种管柱来完成,一种是加深原井管柱探砂面,另一种是起出原井管柱下入探砂面管柱探砂面。

(2)准备冲砂管、油管或其他下井工具,准备灵敏的拉力表。

(3)起出或加深原井管柱,下管柱探砂面。

(4)用金属绕丝筛管防砂的井,要下入带冲管的组合管柱探砂面。

(5)当油管或下井工具下至距油层上界30m时,下放速度应小于1.2m/min,以悬重下降10~20kN时为遇砂面,连探三次。2000m以内的井深误差应小于0.3m,2000m以上的井深误差应小于0.5m。连探三次的平均深度为砂面深度。

(6)用带冲管的组合管柱探砂面,在冲管接近防砂铅封顶或进入绕丝筛管内时,要边转管柱边下放,以悬重下降5~10kN为砂面深度,连探三次,允许误差小于0.5m,记录砂面位置。

(7)起出管柱后,还要复查丈量油管,进一步确认砂面深度。

2. 冲砂

冲砂的方式有三种,即正冲砂、反冲砂和正反冲砂。冲砂的工作液也有多种,要根据井下的油、气层物性来选用。

1)冲砂液

(1)具有一定的黏度,以保证有良好的携砂性能。

(2)具有一定的密度,以便形成适当的液柱压力,防止井喷和漏失。

(3)与油层配伍性好,不损害油层。

(4)来源广,经济适用。

通常采用的冲砂液有油、水、乳化液等。为了防止污染油层,在液中可以加入表面活性剂。一般油井用原油或水做冲砂工作液,水井用清水(或盐水)做冲砂工作液,低压井用混气水做冲砂工作液。

2)冲砂方式

(1)正冲砂。

冲砂工作液沿冲砂管向下流动,在流出冲砂管口时以较高的流速冲击井底沉砂,冲散的砂子与冲砂工作液混合后,沿冲砂管与套管环形空间返至地面。

(2)反冲砂。

冲砂工作液沿冲砂管与套管环形空间向下流动,冲击井底沉砂,冲散的砂子与冲砂工作液混合后,沿冲砂管返至地面。

(3)正反冲砂。

采用正冲砂的方式冲散井底沉砂,并使其与冲砂工作液混合,然后改为反冲砂方式将砂子带到地面。

3)冲砂程序及技术要求

(1)下冲砂管柱。

当探砂面管柱具备冲砂条件时,可以用探砂面管柱直接冲砂;若探砂面管柱不具备冲砂条件,需下入冲砂管柱冲砂。

(2)连接冲砂管线。

在井口油管上部连接轻便水龙头,接水龙带,连接地面管线至泵车,泵车的上水管连接冲砂工作液罐。水龙带要用棕绳绑在大钩上,以免冲砂时水龙带在水击振动下卸扣掉下伤人。

(3)冲砂。

当管柱下到砂面以上3m时开泵循环,观察出口排量正常后缓慢下放管柱冲砂。冲砂时要尽量提高排量,保证把冲起的沉砂带到地面。

(4)接单根。

当余出井控装置以上的油管全部冲入井内后,要大排量打入井筒容积2倍的冲砂工作液,保证把井筒内冲起的砂子全部带到地面。停泵,提出连接水龙头的油管,接着下入一单根油管。连接带有水龙头的油管,提起1~2m,开泵循环,待出口排量正常后缓慢下放管柱冲砂。如此一根接一根冲到人工井底。

(5)大排量冲洗井筒。

冲至人工井底深度后,上提1~2m,用清水大排量冲洗井筒2周。

(6)探人工井底。

冲砂结束后,下放油管实探人工井底,连探三次管柱悬重下降10~20kN,与人工井底深度误差为0.3~0.5m,为实探人工井底深度。

(7)冲砂施工中如果发现地层严重漏失,冲砂液不能返出地面时,应立即停止冲砂,将管柱提至原始砂面以上,并反复活动管柱。

(8)高压自喷井冲砂要控制出口排量,应保持与进口排量平衡,防止井喷。

(9)冲砂至井底(灰面)或设计深度后,应保持0.4m^3/min以上的排量继续循环,当出口含砂量小于0.2%时为冲砂合格。然后上提管柱20m以上,沉降4h后复探砂面,记录深度。

(10)冲砂深度必须达到设计要求。

(11)绞车、井口、泵车各岗位密切配合,根据泵压、出口排量来控制下放速度。

(12)泵车发生故障需停泵处理时,应上提管柱至原始砂面10m以上,并反复活动管柱。

(13)提升设备发生故障时,必须保持正常循环。

六、洗井

洗井是在地面向井筒内打入具有一定性质的洗井工作液,把井壁和油管上的结蜡、死油、铁锈、杂质等脏物混合到洗井工作液中带到地面的施工。洗井是井下作业施工的一项经常性项目,在抽油机井、稠油井、注水井及结蜡严重的井施工时,一般都要洗井。

1. 洗井工作液

(1)洗井工作液的性质要根据井筒污染情况和地层物性来确定,要求洗井工作液与油水层有良好的配伍性。

(2)在油层为黏土矿物结构的井中,要在洗井工作液中加入防膨剂。

(3)在低压漏失地层井洗井时,要在洗井工作液中加入增黏剂和暂堵剂或采取混气措施。

(4)在稠油井洗井时,要在洗井工作液中加入表面活性剂或高效洗油剂,或用热油洗井。

(5)在结蜡严重或蜡卡的抽油机井洗井时,要提高洗井工作液的温度至70℃以上。

(6)洗井工作液的相对密度、黏度、pH值和添加剂性能应符合施工设计要求。

(7)洗井工作液量为井筒容积的2倍以上。

2. 洗井方式

1)正洗井

洗井工作液从油管打入,从油套环形空间返出。正洗井一般用在油管结蜡严重的井。

2)反洗井

洗井工作液从油套环形空间打入,从油管返出。反洗井一般用在抽油机井、注水井、套管结蜡严重的井。

正洗井和反洗井各有利弊,正洗井对井底造成的回压较小,但洗井工作液在油套环形空间中上返的速度稍慢,对套管壁上脏物的冲洗力度相对小些;反洗井对井底造成的回压较大,洗井工作液在油管中上返的速度较快,对套管壁上脏物的冲洗力度相对大些。为保护油层,当管柱结构允许时,应采取正洗井。

3. 洗井程序及技术要求

(1)按施工设计的管柱结构要求,将洗井管柱下至预定深度。

(2)连接地面管线,地面管线试压至设计施工泵压的1.5倍,经5min后不刺、不漏为合格。

(3)开套管阀门打入洗井工作液。洗井时要注意观察泵压变化,泵压不能超过油层吸水启动压力。排量由小到大,出口排液正常后逐渐加大排量,排量一般控制在 0.3~0.5m^3/min,将设计用量的洗井工作液全部打入井内。

(4)洗井过程中,随时观察并记录泵压、排量、出口排量及漏失量等数据。泵压升高洗井不通时,应停泵及时分析原因并进行处理,不得强行憋泵。

(5)严重漏失井采取有效堵漏措施后,再进行洗井施工。

(6)出砂严重的井优先采用反循环法洗井,保持不喷不漏、平衡洗井。若正循环洗井时,应经常活动管柱。

(7)洗井过程中加深或上提管柱时,洗井工作液必须循环两周以上方可活动管柱,并迅速连接好管柱,直到洗井至施工设计深度。

七、通井、刮蜡、刮削

用规定外径和长度的柱状规下井直接检查套管内径和深度的作业施工,叫作套管通井。套管通井施工一般在新井射孔、老井转抽、转电泵、套变井和大修井施工前进行,通井的目的是用通井规来检验井筒是否畅通,为下步施工做准备。通井常用的工具是通井规和铅模。

下入带有套管刮蜡器的管柱,在套管结蜡井段上下活动刮削管壁的结蜡,再循环打入热水将刮下的死蜡带到地面,这一过程叫刮蜡(套管刮蜡)。

套管刮削是下入带有套管刮削器的管柱,刮削套管内壁,清除套管内壁上的水泥、硬蜡、盐垢及炮眼毛刺等杂物的作业。套管刮削的目的是使套管内壁光滑畅通,为顺利下入其他下井工具清除障碍。

1. 通井

1)通井工具

(1)准备适应本井套管规范的通井规或铅模。通井规是检查套管内径的常用工具,用它可以检查套管内径是否符合标准。套管通井规规范见表 3-4。铅模规范见表 3-5。

表 3-4 套管通井规规范表

套管规格	mm	114.30	127.00	139.70	146.50	168.28	177.80
	in	4½	5	5½	5¾	6⅝	7
通井规规格	外径(mm)	92~95	120~107	114~118	116~128	136~148	144~158
	长度(mm)	500	500	500	500	500	500
接头连接螺纹	钻杆	NC26	NC26	NC31	NC31	NC31	NC38
	油管	2⅜TBG	2⅜TBG	2⅞TBG	2⅞TBG	2⅞TBG	3½TBG

表 3-5 铅模规范表

套管规格	mm	114.30	127.00	139.70	146.50	168.28	177.80
	in	4½	5	5⅞	5¾	6⅝	7
铅模规格	外径(mm)	95	105	118	120	145	158
	长度(mm)	120	120	150	150	180	180

(2)对于有特殊要求的通井操作,可以根据施工设计的要求确定通井规的尺寸,但其最大外径应该小于井内套管柱中内径最小的套管内径 6mm。

2)通井程序及技术要求

(1)组配管柱。

按施工设计管柱图组配管柱,选择的通井规直径要比套管内径小 6~8mm,长度为 500~2000mm。也可以先选小直径的通井规通井,通过之后,再选大直径的通井规。

(2)下井管柱的结构。

自上而下为:油管(钻杆)、通井规。

(3)下入管柱。

缓慢下入管柱,速度控制在 10~20m/min,下到距人工井底 100m 时,下放速度不能超过 5~10m/min,当通到人工井底悬重下降 10~20kN 时,连探三次,误差小于 0.5m 为人工井底深度。

(4)管柱遇阻后的处理措施。

如果通井规遇阻起出后,应当下入铅模进一步通井检查,以确定井下套管变形或落物情况。下铅模打印时要控制下管柱的速度,接近遇阻点 10m 时下放速度不应超过 5~10m/min。遇阻后管柱悬重下降 15~30kN,特殊情况最大不得超过 50kN,加压打印一次后即可起出管柱。

(5)分析。

起出管柱检查,发现通井规有变形印痕要仔细分析,采取下步措施。

2. 刮蜡(套管刮蜡)

1)刮蜡前的准备

(1)准备井史资料,查清结蜡井段。

(2)根据套管内径,准备相应的套管刮蜡器,其直径要比套管内径小 6~8mm。如果下不去,可适当缩小刮蜡器的外径(每次小 2mm)。

(3)按施工设计组配管柱。尽量选用大通径的油管。

2)刮蜡程序及技术要求

(1)下入刮蜡管柱。

(2)遇阻后上提3~5m,反打入热水循环,循环一周后停泵。再反复活动下入管柱,下入10m左右后上提2~3m,反打入热水循环,循环一周后停泵。如此反复活动下入管柱,每下入10m左右打热水循环一次,直至下到设计刮蜡深度或人工井底。

(3)刮蜡至设计深度后,用井筒容积1.5~2.0倍的热水或溶蜡剂洗井,彻底清除井壁结蜡。

(4)起出刮蜡管柱。

3. 刮削(套管刮削)

1)套管刮削工具

常用的套管刮削器有两种,一种是胶筒式刮削器,另一种是弹簧式刮削器,其使用规范见表3-6和表3-7。

表3-6 胶筒式刮削器使用规范表

序号	刮削器型号	外形尺寸(mm×mm)	接头连接螺纹		适用套管规格	
			钻杆	油管	mm	in
1	GX-G114	ϕ112×1119	NC26	2⅜TBG	114.30	4½
2	GX-G127	ϕ119×1340	NC26	2⅜TBG	127.00	5
3	GX-G140	ϕ129×1443	NC31	2⅞TBG	139.70	5½
4	GX-G146	ϕ133×1443	NC31	2⅞TBG	146.05	5¾
5	GX-G168	ϕ156×1604	3½REG	3½TBG	168.28	6⅝
6	GX-G178	ϕ166×1604	3½REG	3½TBG	177.80	7

表3-7 弹簧式刮削器使用规范表

序号	刮削器型号	外形尺寸(mm×mm)	接头连接螺纹		适用套管规格	
			钻杆	油管	mm	in
1	GX-T114	ϕ112×1119	NC26	2⅜TBG	114.30	4½
2	GX-T127	ϕ119×1340	NC26	2⅜TBG	127.00	5
3	GX-T140	ϕ129×1443	NC31	2⅞TBG	139.70	5½
4	GX-T146	ϕ133×1443	NC31	2⅞TBG	146.05	5¾
5	GX-T168	ϕ156×1604	3½REG	3½TBG	168.28	6⅝
6	GX-T178	ϕ166×1604	3½REG	3½TBG	177.80	7

2)刮削前的准备

(1)准备井史资料,查清历次施工情况。

(2)根据套管内径,准备相应的套管刮削器。

(3)按施工设计组配管柱。管柱的结构自上而下依次为油管(或钻杆)、刮削器。

3)刮削程序及技术要求

(1)下管柱要平稳,要控制下入速度为20~30m/min,下到距设计要求刮削井段以上50m时,下放管柱的速度控制在5~10m/min。在设计刮削井段以上2m开泵循环,循环正常后,一边顺管柱螺纹旋转方向转动管柱,一边缓慢下放管柱,然后再上提管柱反复多次刮削,直到管柱下放时悬重正常为止。

(2)如果管柱遇阻,不要顿击硬下,当管柱悬重下降20~30kN时应停止下管柱。开泵循环,然后顺管柱螺纹旋转方向转动管柱缓慢下放,反复活动管柱到悬重正常再继续下管柱。

(3)管柱下到设计刮削深度后,打入井筒容积1.2~1.5倍的热水彻底清除井筒杂物。

八、封隔器找窜、验窜

1. 封隔器找窜

封隔器找窜是下入单级或双级封隔器注水管柱至欲测井段,然后挤注清水,在地面测量套管压力变化或套管溢流量的变化,若套管压力变化或套管溢流量变化超过定值,则可以定为该井段窜槽。用封隔器法找窜,由于管柱自重、管柱承压、上扣的余扣误差都会使封隔器卡点深度发生变化,故对找窜层间的夹层厚度有一定要求,找窜层间的夹层厚度规定见表3-8。

表3-8　找窜层间的夹层厚度规定

井深(m)	夹层厚度(m)
<1500	>1
1500~2500	>3
>2500	>5

1)封隔器套溢法找窜程序及技术要求

(1)下入单封隔器管柱或双封隔器管柱。

单封隔器管柱自上而下的顺序是:上部油管、封隔器、节流器、尾部油管、丝堵。

双封隔器管柱自上而下的顺序是:上部油管、封隔器、节流器、封隔器、尾部油管、丝堵。

(2)预探砂面。

先预探井下砂面和用通井规通井,了解井下砂面位置和套管完好情况,然后下入封隔器管柱。

(3)验证封隔器和油管密封性能。

封隔器下至射孔井段以上,连接水泥车管线,正打入清水。按10MPa、8MPa、10MPa或8MPa、10MPa、8MPa的压力值注水,每个压力值稳定时间大于10min。观察记录套管溢流量的变化,如果套管溢流量随注水压力的变化而变化,且变化值大于1L/min,则说明封隔器或油管密封性能不合格,要起出管柱重新下入。若套管溢流量变化值小于1L/min,则说明封隔器密封和油管密封性能合格,可以加深油管至欲找窜层位找窜。

(4)管柱下至预定找窜位置后,连接水泥车管线,正打入清水。按10MPa、8MPa、10MPa或8MPa、10MPa、8MPa的压力值注水,每个压力值稳定时间大于10min,观察记录套管溢流量的变化。如果套管溢流量不随注入量变化,则可认定无窜槽。如果套管溢流量随注水压力的变化而变化,且变化值大于10L/min,则初步认定该层位至以上井段窜槽。这时需要再次将管柱上提到射孔井段以上,再按10MPa、8MPa、10MPa或8MPa、10MPa、8MPa的压力值注水,验证封隔器的密封性能,如封隔器密封,则认定该层位至以上井段窜槽。

(5)起出管柱后,再次丈量复查管柱。

2)封隔器套管压力法找窜程序及技术要求

(1)套管压力法找窜下入的管柱及井筒前期准备与套溢法找窜相同。

(2)将封隔器下到射孔井段以上,先验证封隔器和油管密封性能。按10MPa、8MPa、10MPa或8MPa、10MPa、8MPa的压力值注水,每个压力值稳定时间大于10min,观察记录套管压力的变化。如果套管压力随油管注水压力的变化而变化,且变化值大于0.5MPa,则说明封隔器或油管密封性能不合格,要起出管柱重新下入。若套管压力变化值小于0.5MPa,则说明封隔器和油管密封性能合格,可以加深油管至欲找窜层位找窜。

(3)管柱下至预定位置后,连接水泥车管线,正打入清水。按10MPa、8MPa、10MPa或8MPa、10MPa、8MPa的压力值注水,每个压力值稳定时间大于10min,观察记录套管压力的变化。如果套管压力变化值小于0.5MPa,则可认定无窜槽。如果套管压力值随油管注水压力变化而变化,且变化值大于0.5MPa,则初步认定该层位至以上井段窜槽。这时需要再次将管柱上提到射孔井段以上,再按10MPa、8MPa、10MPa或8MPa、10MPa、8MPa的压力值注水,验证封隔器的密封性能,如封隔器密封,则认定该层位至以上井段窜槽。

(4)起出管柱后,再次丈量复查管柱。

(5)用封隔器法找窜可以连续找多个窜点。

2. 验窜

验窜是下入封隔器管柱,通过套管压力法或套溢法验证某一井段套管外是否窜通的施工。验窜施工程序及技术要求与封隔器找窜的施工步骤相同。

九、试抽、憋泵

1. 操作程序

（1）关闭油管生产阀门、回压阀门，缓慢打开放空阀门。

（2）如油管不出液，缓慢上提一个冲程，再下放一个冲程，反复多次，直至油管出液正常为止。

（3）在上提下放过程中，用螺丝刀与采油树接触，用耳朵倾听是否撞泵，如撞泵重调防冲距。

（4）将压力表截止阀、弯头和接头依次安装在油管放空阀门上，装好压力表。

（5）观察压力表，缓慢上提一个冲程，再下放一个冲程，反复多次。

（6）当压力达到3~5MPa时，停止试抽，稳压15min，压降不大于0.3MPa时为合格。

（7）缓慢打开生产阀门、回压阀门泄压，关闭放空阀门。

（8）在压力表截止阀处泄压后卸下压力表。

2. 技术要求

（1）选择合适压力表，试压压力在压力表满量程的1/3~2/3。

（2）上提时要在冲程范围内，防止脱接器脱卡或活塞出泵筒。

（3）装卸压力表不得用手拧表盘，表面应对着易于观察的方向。

（4）严禁憋高压，憋泵时要观察井口及流程有无渗漏。

第五节　作业基本计算

一、井下作业常用单位及换算

（1）井下作业常用单位及换算（表3-9）。

表3-9　井下作业常用单位及换算

量的名称与符号	单位名称	单位符号	换算关系
长度 $l(L)$	微米	μm	$1\mu m = 10^{-6}m$
	毫米	mm	$1mm = 10^{-3}m$
	厘米	cm	$1cm = 10^{-2}m$
	分米	dm	$1dm = 10^{-1}m$
	米	m	
	千米	km	$1km = 1000m$

续表

量的名称与符号	单位名称	单位符号	换算关系
面积 $S(A)$	平方毫米	mm^2	$1mm^2=10^{-6}m^2$
	平方厘米	cm^2	$1cm^2=10^{-4}m^2$
	平方分米	dm^2	$1dm^2=10^{-2}m^2$
	平方米	m^2	
	平方千米	km^2	$1km^2=10^6m^2$
体积和容积 V	立方毫米	mm^3	$1mm^3=10^{-9}m^3$
	立方厘米	cm^3	$1cm^3=10^{-6}m^3$
	立方分米	dm^3	$1dm^3=10^{-3}m^3$
	立方米	m^3	
	毫升	mL	$1mL=10^{-6}m^3$
	升	L	$1L=10^{-3}m^3$
质量 m	克	g	1kg=1000g
	千克	kg	
	吨	t	$1t=10^3kg$
时间 $t(T)$	秒	s	
	分	min	1min=60s
	小时	h	1h=60min=3600s
	日(天)	d	1d=24h=86400s
力 $W(P、G)$	牛[顿]	N	
	千牛[顿]	kN	1kN=1000N
压力 p	帕[斯卡]	Pa	
	千帕[斯卡]	kPa	1kPa=1000Pa
	兆帕[斯卡]	MPa	$1MPa=10^6Pa$
力矩 M	牛[顿]米	N·m	
	千牛[顿]米	kN·m	1kN·m=1000N·m
	兆牛[顿]米	MN·m	$1MN·m=10^6N·m$
温度 t	摄氏度	℃	t(℉)=9/5t(℃)+32
			t(℃)=5/9[t(℉)-32]
黏度 η	帕[斯卡]秒	Pa·s	—
质量流量 q_m	千克每秒	kg/s	—
	吨每小时	t/h	
	吨每日	t/d	

续表

量的名称与符号	单位名称	单位符号	换算关系
体积流量 q_v	升每秒	L/s	—
	立方米每秒	m^3/s	
	立方米每日	m^3/d	
密度 ρ	克每立方厘米	g/cm^3	$1g/cm^3 = 1t/m^3$
	千克每立方米	kg/m^3	$1kg/m^3 = 10^{-3}g/cm^3$
	吨每立方米	t/m^3	$1t/m^3 = 1000kg/m^3$
表面张力 $\tau(\sigma)$	牛[顿]每米	N/m	—
渗透率 K	平方微米	μm^2	$1mD = 10^{-3}D = 10^{-3}\mu m^2$
	毫达西	mD	
	达西	D	
功 W;能 $E(W)$;热 Q	焦[耳]	J	
	千焦[耳]	kJ	$1kJ = 1000J$
	兆焦[耳]	MJ	$1MJ = 10^6J$
功率 P	瓦[特]	W	
	千瓦[特]	kW	$1kW = 1000W$

(2)井下作业常用单位与英制单位换算(表3-10)。

表3-10 井下作业常用单位与英制单位换算

量的名称	单位名称	单位符号	与英制单位换算
长度	米	m	1m = 39.37in = 3.2808ft 1cm = 0.3937in = 0.032808ft 1ft = 0.3048m = 30.48cm 1in = 25.4mm = 2.54cm
	厘米	cm	
	毫米	mm	
面积	平方米	m^2	$1m^2 = 10.7639ft^2 = 1550in^2$ $1ft^2 = 0.0929m^2 = 929.03cm^2$ $1in^2 = 0.00064516m^2 = 6.4516cm^2$
	平方厘米	cm^2	
	平方毫米	mm^2	
体积(容积)	立方米	m^3	$1m^3$ = 220.09gal(英)= 264.20gal(美) = $35.315ft^3 = 61030in^3$ 1L = 0.2201gal(英)= 0.2642gal(美) = $0.0353ft^3 = 61.03in^3$ 1gal(英)= $0.004537m^3 = 277.27in^3 = 0.1605ft^3$ 1 桶(英)= $0.163654m^3$ 1 桶(美)= $0.158987m^3$
	立方厘米	cm^3	
	升	L	
	毫升	mL	

续表

量的名称	单位名称	单位符号	与英制单位换算
质量	克	g	1kg=2.2046lb=35.274oz 1g=0.0353oz 1lb=0.4536kg=453.56g 1oz=28.350g
	千克	kg	
	吨	t	
流量	立方米每日	m^3/d	$1ft^3/s=0.0283m^3/s$ 1gal(英)/s=$4.546\times10^{-3}m^3/s$ 1桶(美)/h=0.0442L/s=$4.41631\times10^{-5}m^3/s$ 1桶(美)/s=$158.987\times10^{-3}m^3/s$
	立方米每秒	m^3/s	
	升每秒	L/s	
力	千牛[顿]	kN	1lbf=4.448N 1tf(英)=9964.02N 1tf(美)=8896.44N
	牛[顿]	N	
压力	兆帕[斯卡]	MPa	$1lbf/ft^2=47.880Pa$ $1lbf/in^2$(psi)=6894.76Pa
	帕[斯卡]	Pa	
功率	千瓦[特]	kW	1马力(hp)=550ft·lbf/s=745.663W 1米制马力=0.735kW
	瓦[特]	W	

(3)油气田常用物质的密度(表3-11)。

表3-11 油气田常用物质的密度

名称	密度(g/cm^3)	名称	密度(g/cm^3)
橡胶	0.93	硫黄	2.07
硬橡胶	1.80	氯化钠	2.17
纯碱	2.53	水	1.0
烧碱	2.13	酒精	0.79
丹宁	1.69	石油	0.84~0.86
氯化钙	2.50	汽油	0.70~0.75
干砂	1.4~1.6	煤油	0.79~0.82
泥岩	1.5~2.0	柴油	0.86~0.87
页岩	1.9~2.6	机油	0.90~0.91
砂岩	2.0~2.7	硝酸(100%)	1.513
石灰岩	2.6~2.8	硫酸(100%)	1.83
水泥	3.15	盐酸(100%)	1.20
重晶石	4.0~4.5	氢氟酸(40%)	1.11~1.13
钢	7.85	甘油	1.26

续表

名称	密度(g/cm³)	名称	密度(g/cm³)
铅	11.3~11.9	汞	13.559
铝	2.7	凝析油	0.68~0.79
黄铜	8.5~8.6	空气	0.00129
水玻璃	2~2.4	天然气	0.000603
黏土	1.6~2.9	硫化氢	0.0011906
枕木	0.522	氢氧化钙	2.348
杉木	0.29	石膏	2.96
生石灰	2.8~3.4	褐煤	1.20~1.40
砖	2.20	核桃壳	1.30
玻璃	2.53	硅粉	2.67
硅藻土	2.10	—	—

二、入井管杆参数

1. 抽油杆

常用的抽油杆分为常规钢抽油杆、超高强度抽油杆、玻璃纤维抽油杆、空心抽油杆和连续抽油杆。常规钢抽油杆制造工艺简单、成本低、直径小、适用范围广，使用率约占有杆泵抽油井的90%以上。一般将常规钢抽油杆分为C级、D级、K级和H级4个等级。常规钢抽油杆基本技术参数见表3-12。

表3-12　常规钢抽油杆基本技术参数表

公称直径mm(in)			16(5/8)	19(3/4)	22(7/8)	25(1)
抽油杆	直径(mm)		16	19	22	25
抽油杆	截面积(cm²)		2.01	2.84	3.80	4.91
抽油杆	长度(mm)		800	800	800	800
抽油杆	质量(不带接箍)(kg)		12.93	18.29	24.50	31.65
抽油杆	质量(带接箍)(kg/m)		1.665	2.350	3.136	4.091
抽油杆	螺纹	长度(mm)	29	35	35	45
抽油杆	螺纹	每英寸螺纹数	10	10	10	10
抽油杆	方形段	方形边长(mm)	22	27	27	32
抽油杆	方形段	长度(mm)	38	38	38	38
抽油杆	加大过渡部分	加大长度(mm)	22	22	22	22
接箍	外径(mm)		38±0.4	42±0.4	46±0.4	55±0.4
接箍	长度(mm)		80±1	80±1	80±1	100±1
接箍	质量(kg/个)		0.44	0.53	0.62	1.12

2. 油管

油管主要用于在油气井生产时提供油气流的通道。对自喷井,由于套管内径较大,直接用套管生产,由于密度差异和降压膨胀等原因导致液体向上流动较快,使液体产生滑脱现象,致使井下的弹性能量不能有效利用。生产时下入外径和内径较小的油管,使流体在油管中流动,可有效解决上述问题,所以在自喷井生产时要下入油管。利用油管下入各种工具,可完成有关井下作业和自喷井、非自喷井采油。常规油管基本技术参数见表3-13。

表3-13　常规油管基本技术参数表

规格(in)	外径(mm)	质量(kg/m)(带螺纹和接箍)		壁厚(mm)	内径(mm)
		不加厚	外加厚		
$2\frac{3}{8}$	60.32	4.60	4.70	4.83	50.67
$2\frac{7}{8}$	73.03	6.40	6.50	5.51	62.00
$3\frac{1}{2}$	88.90	9.20	9.30	7.34	76.00

三、入井管柱及工具的计算

1. 抽油泵及下井工具深度计算

1)管式泵

尾管深度=套补距-四通高+油管挂长度+泵以上油管长度+泵以上工具长度+泵长度+泵以下工具长度+尾管长度。

泵深=套补距-四通高+油管挂长度+泵以上油管长度+泵以上工具长度+泵长度。

2)杆式泵

尾管深度=套补距-四通高+油管挂长度+泵以上油管长度+外工作筒长度+尾管长度。

泵深=套补距-四通高+油管挂长度+泵以上油管长度+外工作筒长度。

2. 配水管柱下井工具深度计算

第一级封隔器深度=套补距-四通高+油管挂长度+第一级封隔器以上油管长度+第一级封隔器上部长度。

第二级封隔器深度=第一级封隔器深度+第一级封隔器下部长度+选用油管长度+配水器长度+第二级封隔器上部长度。

多级封隔器以此类推……

底部球座深度=第二级封隔器深度+第二级封隔器下部长度+选用油管长度+配水器长度+底部球座长度。

3. 各种施工作业管柱深度计算

第一级封隔器深度=套补距-四通高-井口加高+第一级封隔器以上油管长度+工作筒长度+第一级封隔器上部长度。

第二级封隔器深度=套补距-四通高-井口加高+第一级封隔器下部长度+选用油管长度+喷砂器长度+第二级封隔器上部长度。

多级封隔器以此类推……

丝堵深度=第二级封隔器深度+第二级封隔器下部长度+选用油管长度+丝堵长度。

4. 选用油管长度计算

1)配水管柱选用油管长度计算

第一级封隔器至井口所需油管长度：

所需油管长度=第一级封隔器设计深度-套补距+四通高-油管挂长度-第一级封隔器上部长度。

第一级、第二级封隔器之间所需油管长度：

所需油管长度=第二级封隔器设计深度-第一级封隔器设计深度-第一级封隔器下部长度-配水器长度-第二级封隔器上部长度。

多级封隔器以此类推……

第二级封隔器至底部球座之间所需油管长度：

所需油管长度=底部球座设计深度-第二级封隔器设计深度-第二级封隔器下部长度-配水器长度-底部球座长度。

2)各种施工作业管柱选用油管长度计算(如压裂、酸化、冲砂等管柱)

第一级封隔器至井口所需油管长度：

所需油管长度=第一级封隔器设计深度-套补距+四通高+井口加高-工作筒长度-第一级封隔器上部长度。

第一级、第二级封隔器之间所需油管长度：

所需油管长度=第二级封隔器设计深度-第一级封隔器设计深度-第一级封隔器下部长度-喷砂器长度-第二级封隔器上部长度。

多级封隔器以此类推……

四、入井工作液的计算

1. 计算地层压力

$$p = p_1 + \rho g h \tag{3-1}$$

式中 p——地层压力,MPa;

p_1——套管压力,MPa;

ρ——井内液柱密度,kg/m^3;

g——重力加速度,9.81m/s^2;

h——液柱垂直高度,m。

若液面不在井口,套管放气后,套管压力为0,此时液柱深度=油层中部深度-动液面深度,井内液柱密度取水的相对密度1,进行近似计算。

2. 入井工作液密度

入井工作液密度的确定应以钻井资料显示最高地层压力系数或实测地层压力为基准,再加一个附加值。

$$\rho = \frac{1000p}{gh} + \rho_{附加} \tag{3-2}$$

式中 ρ——入井工作液密度,g/cm^3;

p——实测地层压力,MPa;

g——重力加速度,9.81m/s^2;

h——液柱垂直高度,m;

$\rho_{附加}$——密度附加值,g/cm^3(密度附加值的取值范围为:油水井为0.05~0.1g/cm^3;气井为0.07~0.15g/cm^3)。

3. 入井工作液用量

入井工作液准备量一般为井筒容积的1.5~2倍,浅井和小井眼为3~4倍。

(1)理论计算。

$$V = \frac{\pi D^2}{4} H \tag{3-3}$$

式中 V——井筒容积,m^3;

D——井筒内径,m;

H——井深,m。

(2)现场计算公式。

$$V = \frac{D^2}{2} H \tag{3-4}$$

式中 V——井筒容积,m^3;

D——井筒内径,in(英寸);

H——井深,m。

五、受卡管柱卡点计算

公式测卡法测定卡点存在误差,利用该方法只能计算卡点近似深度,不能计算出精确的卡点深度。

公式测卡法的理论依据是虎克定律,即:

$$H = ES\lambda/F \tag{3-5}$$

式中 H——卡点深度,m;

λ——油管平均伸长量,cm;

F——油管平均拉伸拉力,kN;

E——钢材弹性模数,取 2.1×10^6 kN/cm^2;

S——管柱环形截面积,cm^2。

令 $K=ES$,则:

$$H = K\lambda/F \tag{3-6}$$

式中 H——卡点深度,m;

λ——油管平均伸长量,cm;

F——油管平均拉伸拉力,kN;

K——计算系数。73mm 油管 K 取 2450;73mm 外加厚钻杆 K 取 3800;89mm 油管 K 取 3750;89mm 钻杆 K 取 4750。

第六节　常见管柱类型

一、配水管柱

分层配水管柱是实现同井分层注水的重要技术手段。分层配水,是指在同一口注水井中,利用封隔器将多油层分隔为若干个层段,在加强中、低渗透率油层注水的同时,通过调整井下配水堵塞器水嘴的节流损失,降低注水压差,对高渗透率油层进行控制注水,以此来调节不同渗透率油层吸水量的差异。

油田普遍应用的分层配水管柱有同心式和偏心式两种。前者可用于注水层段划分较少、较粗的油田开发初期,后者适用于注水层段划分较多、较细的中、高含水期。此外,还有用于套管变形井的小直径分层配水管柱。按管柱固定的方式,注水管柱也可分为支撑式配水管柱、悬挂式配水管柱和锚定式配水管柱。按封隔器类型,配水管柱可分为压缩式封隔器配水管柱和扩张式封隔器配水管柱。

1. 固定配水管柱

(1)固定配水管柱由扩张式封隔器及固定配水器等构成。

(2)技术要求。

各级配水器(节流器)的启开压力必须大于 0.7MPa,以保证封隔器的坐封。

2. 活动配水管柱

(1)活动配水管柱由扩张式封隔器及空心配水器等构成。

(2)技术要求。

各级空心配水器的芯子直径是由上而下从大到小,因此应从下而上逐级投送,由上而下逐级打捞。

3. 偏心配水管柱(Ⅰ)

(1)偏心配水管柱(Ⅰ)由偏心配水器、压缩式封隔器、球座和油管组成。

(2)技术要求。

①筛管应下在油层以下10m左右。

②封隔器(压缩式)应按编号顺序下井。

③各级偏心配水器的堵塞器编号不能搞错,以免数据混乱,资料不清。

4. 偏心配水管柱(Ⅱ)

(1)偏心配水管柱(Ⅱ)主要由扩张式封隔器和偏心配水器等构成。

(2)技术要求。

①各级配水器的水嘴压力损失必须大于0.7MPa,以保证封隔器坐封。

②各级配水器的堵塞器编号不能搞错。

5. 桥式偏心注水管柱

桥式偏心注水管柱由桥式偏心配水器、压缩式封隔器、球座等组成。

6. 同心集成式注水管柱

同心集成式注水管柱主要由内径为ϕ60mm的Y341封隔器、内径为ϕ55mm和ϕ52mm的配水封隔器、外径为ϕ55mm和ϕ52mm的配水堵塞器等组成。

二、压裂管柱

1. 40MPa压裂管柱

该管柱主要由N80以上钢级外加厚油管、ϕ50mm工作筒、两级或多级K344-114封隔器与一级或多级KHT-114喷砂器组成,封隔器不应超过4级。

一趟管柱最多可以压裂4层,不动管柱最多可以压裂3层,管柱上提次数不应超过2次。

作业施工时,管柱工作压力不应超过40MPa;管柱工作温度不应超过50℃;单个KHT-114喷砂器过砂量不应超过16m^3;适用套管外径为ϕ140mm。

管柱组合如下:

组合一:ϕ50mm工作筒+K344-114封隔器+KHT-114喷砂器无套+K344-114封隔器+丝堵。

组合二:ϕ50mm工作筒+K344-114封隔器+KHT-114喷砂器小套+K344-114

封隔器+KHT−114 喷砂器无套+K344−114 封隔器+丝堵。

组合三:ϕ50mm 工作筒+K344−114 封隔器+KHT−114 喷砂器大套+K344−114 封隔器+KHT−114 喷砂器小套+K344−114 封隔器+KHT−114 喷砂器无套+K344−114 封隔器+丝堵。

组合四:ϕ50mm 工作筒+K344−114 封隔器+KHT−114 喷砂器小套+K344−114 封隔器+K344−114 封隔器+KHT−114 喷砂器无套+K344−114 封隔器+丝堵。

2. 55MPa 压裂管柱

该管柱主要由 N80 以上钢级外加厚油管、ϕ50mm 工作筒、两级或多级 K344−115 封隔器与一级或多级 KHT−114 喷砂器组成,封隔器不应超过 4 级。

一趟管柱最多可以压裂 4 层,不动管柱最多可以压裂 3 层,管柱上提次数不应超过 2 次。

作业施工时,管柱工作压力不应超过 55MPa;管柱工作温度不应超过 50℃;单个 KHT−114 喷砂器过砂量不应超过 20m^3;适用套管外径为 ϕ140mm。

管柱组合如下:

组合一:ϕ50mm 工作筒+K344−115 封隔器+KHT−114 喷砂器无套+K344−115 封隔器+丝堵。

组合二:ϕ50mm 工作筒+K344−115 封隔器+KHT−114 喷砂器小套+K344−115 封隔器+KHT−114 喷砂器无套+K344−115 封隔器+丝堵。

组合三:ϕ50mm 工作筒+K344−115 封隔器+KHT−114 喷砂器大套+K344−115 封隔器+KHT−114 喷砂器小套+K344−115 封隔器+KHT−114 喷砂器无套+K344−115 封隔器+丝堵。

组合四:ϕ50mm 工作筒+K344−115 封隔器+KHT−114 喷砂器小套+K344−115 封隔器+K344−115 封隔器+KHT−114 喷砂器无套+K344−115 封隔器+丝堵。

3. 中深井压裂管柱

该管柱主要由 N80 以上钢级外加厚油管、安全接头一级、水力锚两级、Y344−114 封隔器两级或一级、KDY−114 导压喷砂器或 KPZ−95 喷嘴组成。

一趟管柱最多可以压裂 4 层,上提管柱不应超过 3 次。

作业施工时,管柱工作压力不应超过 55MPa;管柱工作温度不应超过 90℃;KDY−114 导压喷砂器过砂量不应超过 60m^3;适用套管外径为 ϕ140mm。

管柱组合如下:

组合一:安全接头+水力锚两级+Y344−114 封隔器+KDY−114 导压喷砂器+Y344−114 封隔器+ϕ73mm 丝堵。

组合二:安全接头+水力锚两级+Y344−114 封隔器+KPZ−95 喷嘴。

4. 小井眼压裂管柱

该管柱主要由 N80 以上钢级外加厚油管、安全接头一级、水力锚一级、K344−95

封隔器一级、K344-95 导压喷砂封隔器一级组成,或由 K344-95 封隔器一级、KPZ-95 喷嘴组成。

一趟管柱最多可以压裂 3 层,上提管柱不应超过 2 次。

作业施工时,管柱工作压力不应超过 50MPa;管柱工作温度不应超过 90℃;K344-95 导压喷砂封隔器过砂量不应超过 $40m^3$;适用套管外径为 ϕ114mm。

管柱组合如下:

组合一:安全接头+水力锚一级+K344-95 封隔器+K344-95 导压喷砂封隔器+丝堵。

组合二:安全接头+水力锚一级+K344-95 封隔器+K344-95 导压喷砂封隔器带套+KPZ-95 喷嘴。

组合三:安全接头+水力锚一级+K344-95 封隔器+KPZ-95 喷嘴。

5. 斜直井、定向斜井压裂管柱

1)第一种压裂管柱

压裂管柱由 N80 以上钢级外加厚油管、安全接头一级、水力锚一级、K344-116 可反洗封隔器一级和 K344-116 导压喷砂封隔器组成。

一趟管柱最多可以压裂 3 层,上提次数不应超过 2 次。

作业施工时,管柱工作压力不应超过 50MPa;管柱工作温度不应超过 90℃;单个喷砂器过砂量不应超过 $50m^3$;适用套管外径为 ϕ140mm。

应用于斜直井的斜度≥10°,定向斜井最大井斜≥30°。

管柱组合如下:

安全接头+水力锚一级+K344-116 可反洗封隔器+K344-116 导压喷砂封隔器+丝堵。

2)第二种压裂管柱

压裂管柱由 N80 以上钢级外加厚油管、安全接头一级、水力锚两级、Y344-114 封隔器一级、KPZ-95 喷嘴组成。

一趟管柱只能压裂 1 层,压裂层段下部为未射井段。

作业施工时,管柱工作压力不应超过 55MPa;管柱工作温度不应超过 90℃;适用套管内径为 ϕ140mm。

管柱组合如下:

安全接头+水力锚两级+Y344-114 封隔器+KPZ-95 喷嘴。

6. 保护隔层压裂管柱

压裂管柱是在 40MPa 管柱或 55MPa 管柱的基础上配合平衡器、平衡喷砂器组成。

一趟管柱最多可以压裂 4 层,管柱上提次数不应超过 2 次。

平衡器、平衡喷砂器工作压力不应超过 55MPa；平衡喷砂器过砂量不应超过 $16m^3$。

1)40MPa 保护隔层压裂管柱组合

组合一：ϕ50mm 工作筒+K344-114 封隔器+平衡喷砂器Ⅰ型+K344-114 封隔器+KHT-114 喷砂器无套+K344-114 封隔器+丝堵。

组合二：ϕ50mm 工作筒+K344-114 封隔器+平衡器Ⅱ型+K344-114 封隔器+平衡喷砂器Ⅱ型+K344-114 封隔器+KHT-114 喷砂器无套+K344-114 封隔器+丝堵。

组合三：ϕ50mm 工作筒+K344-114 封隔器+平衡喷砂器Ⅲ型+平衡器Ⅰ型+K344-114 封隔器+KHT-114 喷砂器无套+K344-114 封隔器+丝堵。

组合四：ϕ50mm 工作筒+K344-114 封隔器+平衡器Ⅰ型+K344-114 封隔器+KHT-114 喷砂器无套+K344-114 封隔器+丝堵。

组合五：ϕ50mm 工作筒+K344-114 封隔器+KHT-114 喷砂器大套+K344-114 封隔器+平衡器Ⅰ型+K344-114 封隔器+KHT-114 喷砂器无套+K344-114 封隔器+丝堵。

组合六：ϕ50mm 工作筒+K344-114 封隔器+KHT-114 喷砂器特大套+K344-114 封隔器+平衡喷砂器Ⅲ型+平衡器Ⅰ型+K344-114 封隔器+KHT-114 喷砂器无套+K344-114 封隔器+丝堵。

组合七：ϕ50mm 工作筒+K344-114 封隔器+平衡喷砂器Ⅱ型+K344-114 封隔器+KHT-114 喷砂器小套+K344-114 封隔器+KHT-114 喷砂器无套+K344-114 封隔器+丝堵。

组合八：ϕ50mm 工作筒+K344-114 封隔器+平衡器Ⅱ型+K344-114 封隔器+KHT-114 喷砂器小套+K344-114 封隔器+KHT-114 喷砂器无套+K344-114 封隔器+丝堵。

2)55MPa 保护隔层压裂管柱组合

组合一：ϕ50mm 工作筒+K344-115 封隔器+平衡喷砂器Ⅰ型+K344-115 封隔器+KHT-114 喷砂器无套+K344-115 封隔器+丝堵。

组合二：ϕ50mm 工作筒+K344-115 封隔器+平衡器Ⅱ型+K344-115 封隔器+平衡喷砂器Ⅱ型+K344-115 封隔器+KHT-114 喷砂器无套+K344-115 封隔器+丝堵。

组合三：ϕ50mm 工作筒+K344-115 封隔器+平衡喷砂器Ⅲ型+平衡器Ⅰ型+K344-115 封隔器+KHT-114 喷砂器无套+K344-115 封隔器+丝堵。

组合四：ϕ50mm 工作筒+K344-115 封隔器+平衡器Ⅰ型+K344-115 封隔器+KHT-114 喷砂器无套+K344-115 封隔器+丝堵。

组合五:ϕ50mm 工作筒+K344-115 封隔器+KHT-114 喷砂器大套+K344-115 封隔器+平衡器Ⅰ型+K344-115 封隔器+KHT-114 喷砂器无套+K344-115 封隔器+丝堵。

组合六:ϕ50mm 工作筒+K344-115 封隔器+KHT-114 喷砂器特大套+K344-115 封隔器+平衡喷砂器Ⅲ型+平衡器Ⅰ型+K344-115 封隔器+KHT-114 喷砂器无套+K344-115 封隔器+丝堵。

组合七:ϕ50mm 工作筒+K344-115 封隔器+平衡喷砂器Ⅱ型+K344-115 封隔器+KHT-114 喷砂器小套+K344-115 封隔器+KHT-114 喷砂器无套+K344-115 封隔器+丝堵。

组合八:ϕ50mm 工作筒+K344-115 封隔器+平衡器Ⅱ型+K344-115 封隔器+KHT-114 喷砂器小套+K344-115 封隔器+KHT-114 喷砂器无套+K344-115 封隔器+丝堵。

三、堵水管柱

1. 整体式堵水管柱

该堵水管柱与生产管柱合为一体,其下部为堵水管柱,上部为泵抽管柱。

1)管柱结构

整体式堵水管柱主要由 Y111-114 型封隔器和管柱支撑工具(支撑卡瓦)或 Y221-114 型封隔器组成。Y111-114 型封隔器为尾管支撑压缩式封隔器,支撑方式可用卡瓦支撑,最简单的方法是管柱直接支撑井底。Y221-114 型封隔器为单向卡瓦支撑压缩式封隔器。

2)应用方法

Y111-114 与 Y221-114 型封隔器可以单独使用,也可以组合使用,并可根据不同工艺需要与各种井下工具配套组成多种工艺管柱。

2. 平衡式堵水管柱

该管柱主要通过各封隔器之间力的平衡,保持堵水管柱在无锚定条件下处于稳定静止状态,实现油层堵水。平衡式丢手堵水管柱是目前用于有杆泵抽油井堵水的主要形式,已形成适用于 ϕ140mm 套管井、ϕ168mm 套管井、ϕ178mm 套管井和最小通径大于 ϕ100mm 的 ϕ140mm 套管损坏井四种系列。

1)管柱结构

平衡式堵水管柱主要由丢手接头和 Y341 型封隔器及偏心配产器等组成。为适应油田不同套管井的堵水,目前堵水封隔器已形成由 Y341-95 型、Y341-114 型、Y341-117 型、Y341-146 型封隔器组成的系列。

2)应用方法

需调整堵水层位,只要下入打捞管柱将堵水管柱捞住后,直接上提封隔器即可解封。当用于定向井堵水时，在堵水封隔器两端加刚性扶正器，以保证封隔器居中，提高了封隔器在定向井中的密封率。堵水层光油管通过，生产层装有爆破阀，完成封隔器坐封后，提高油管压力打开爆破阀，实现油套连通。

3. 卡瓦悬挂式堵水管柱

该堵水管柱与生产管柱脱开，堵水管柱由双向卡瓦封隔器悬挂，进行水力坐封，封堵高含水层。

1）管柱结构

该类管柱由丢手接头、Y441－114 或 Y445－114 型封隔器、Y341－114 型封隔器、偏心配产器和丝堵组成。

2）应用方法

由于该类堵水管柱为卡瓦悬挂式，施工时可不必冲砂至人工井底，管柱下至预定位置后，通过水力实现坐封、丢手；可封堵多个高含水层段，上提管柱实现解封。对于出砂严重，易造成封隔器胶筒以上部分钢体砂埋，致使封隔器解卡难的井，可选用 Y445－114 型可取可钻封隔器。该封隔器具有可取和可钻双重性能。封隔器自身带有卡瓦，用于悬挂整体堵水管柱。与 Y341－114 型封隔器配套使用可封堵任意层，并实现不压井起下作业。需要起出管柱时，下入专用打捞工具，上提管柱即可将封隔器解封，如果少数井出现封隔器不解封的现象，可以下入专用钻铣工具将封隔器的锁紧机构钻铣掉，使之解封。

4. 可钻式封隔器堵水管柱

1）管柱结构

该堵水管柱主要由 Y433－114 型封隔器、坐封器、延伸工作筒等井下工具组成。

2）应用方法

可钻式封隔器是一种永久式封隔器，可用管柱或电缆投送，并可多级使用。这种封隔器的工作压差、工作温度是任何可取式封隔器不可比拟的（工作压差达 100MPa，工作温度达 150℃）。

逐级下入可钻式封隔器到生产层段与堵水层段之间的夹层，坐封丢手。封隔器可以单级使用，也可多级使用，可以代替水泥塞用于封堵下部高含水层。中心管畅通且下端带活门单级使用，坐于油层顶界上部，可关闭油层。用于电泵井及有杆泵井不压井检泵作业，在与密封段插入管柱配套使用时，封隔器内孔有光滑密封面与插入管柱上的插入密封段的密封圈配合，封隔器内孔上部有扩大的内螺纹用以与插入管上的弹簧爪咬紧，防止两者相对产生纵向位移。利用插入管柱的这些特点，可以封堵一个或几个射孔井段，达到堵水目的，同时也可以起油管锚作用，用于提高有杆泵泵效。

四、泵抽管柱

1. 抽油泵管柱

抽油泵也称深井泵，是抽油井装置中的一个重要组成部分。它是通过油管和抽油杆下到井中，沉没在液面以下一定深度，靠抽汲作用将油抽至地面的井下设备。抽油泵根据油井的深度、生产能力、原油性质不同，有不同结构类型。目前国内各油田采用的抽油泵基本都是管式泵和杆式泵。

在有杆泵抽油系统中，抽油泵在井下工作状况十分复杂，每口井的情况均不相同，归纳起来为气体、砂、流体性质、弹性和振动等影响。国内外的采油工作者都采用了不同的器具来改善抽油泵在复杂条件下的运行状况。

1）筛管、防砂筛管

筛管是目前最常用的工具，但有些井由于出砂，常使用防砂筛管进行防砂，防砂筛管主要有金属丝网防砂筛管、预充填防砂筛管和多孔陶瓷防砂筛管。井液由微孔渗透流入抽油泵，砂子被阻隔在外，不能进入泵内，从而达到油井防砂的目的。

防砂筛管是一种有效的防砂手段，不同材料的防砂筛管具有各自的优缺点。金属丝防砂筛管的丝网材料为不锈钢，成本相对较低，但其孔隙度较大，防不住粉砂，而且耐酸性、耐碱性差。陶瓷防砂筛管微孔半径小，耐高温、耐酸碱、耐腐蚀能力强，但在原油杂质较多的油井上使用，易发生堵塞，影响渗流量。

2）泄油器

泄油器是抽油泵的一种配套工具，在起下油管时泄油器连通油套管通道，将油管内的液体泄到油套环形空间。有些泄油器还可配合完成不动管柱的洗井作业。这样可改善井口操作条件，减少井场污染，同时提高井内液面，在一定程度上可避免井喷。目前在各油田上应用的泄油器主要有液压式和机械式两大类。

3）脱接器

脱接器是在抽油泵活塞直径大于上部油管内径的情况下，用于抽油杆和活塞之间的对接和脱开，解决小油管下大直径抽油泵的井下工具。一般是利用卡簧爪、卡子或锁爪和锁紧滑套等机构实现脱接。目前很多抽油机井都下入了内径为 ϕ83mm 和 ϕ95mm 的大泵，而用的是内径为 ϕ76mm 的油管，活塞不能通过油管下井，只有把活塞随泵筒先下入井内，但活塞的上部必须在下井前与脱接器的下半部连接，然后在最下端的一根抽油杆的下端接上脱接器的上半部，随抽油杆下入井内，在泵筒内完成对接。同时，依靠装于锁套上的凸型密封盒与释放接头上的密封面形成密封，阻断油流通道，实现不压井下油管和抽油杆。在检泵时，上提抽油杆，当脱接器上行至接在泵筒上部的脱卡器时，使脱接器上、下两部分脱开，从而实现分别起出抽油杆和油管的目的。

脱接器主要有自锁式脱接器、双卡脱接器和爪式脱接器三种。其中,爪式脱接器较常用,主要由弹性爪、中心杆、锁套、下接头、泄压套、泄压杆、释放接头、凸型密封盒、卡簧栓和卡簧等部件组成。

目前,大庆油田广泛应用了一种防喷脱接器,它是在常规脱接器基础上增加了防喷功能。

一次作业实现防喷、对接功能。作业施工时,脱接器中心杆上的锁套卡在工作筒的密封台阶处,卡件的卡爪卡在工作筒内下台阶上,锁套与卡件共同压缩弹簧,使限位套突起顶住卡件的卡爪,起到悬挂抽油泵活塞的作用,锁套密封端在弹簧的推力下与工作筒的密封台阶接触,起到密封油管防喷的作用。抽油泵下到井底后,将脱接器对接爪与抽油杆相连下入油管内,对接爪与中心杆对接头对接,在抽油杆的重力下继续压缩锁套下行,压缩弹簧迫使限位套下行,使卡件的卡爪与工作筒下台阶分离,打开油管内油流通道,实现正常抽油泵工作。

二次作业实现脱锁、防喷功能。需要二次作业检泵时,上提抽油杆,使脱卡器中心杆泵入脱卡器工作筒内,锁套卡在工作筒的密封台阶处,继续上提抽油杆,卡件的卡爪卡在工作筒内下台阶上,压缩弹簧,使限位套突起顶住卡件的卡爪,对接爪与中心杆对接头分离,起出抽油杆。中心杆悬挂抽油泵活塞并密封油流通道,实现二次不压井作业。

4)油管锚

抽油机井在抽油泵的上部10m左右处接上油管锚的目的是锚定泵筒以上油管,以减少因活塞在上、下冲程中油管承受交变载荷所造成的冲程损失,同时也可防止因交变载荷所造成的油管断脱事故。

目前油田上使用的油管锚有卡瓦支撑式的,包括有用水力释放式的和提放式的两种,施工时上提即可解封;还有一种无卡瓦支撑式的,即应用胶筒过盈的原理,用水力使胶筒轴向压缩,径向胶筒外径扩张与套管壁形成过盈,产生摩擦阻力,对油管进行锚定。

5)活堵

活堵是一种能实现下泵不压井作业的井下工具,主要适用于ϕ70mm及以下管式泵。它由主体、堵芯、密封圈、顶杆、释放销钉和撞击杆组成。下泵前,将撞击杆安装于抽油泵柱塞下端,将主体及其他部件安装于抽油泵固定阀下面,并调整好顶杆,使顶杆顶起固定阀球。下泵时,由于堵芯与主体靠密封圈形成密封,阻断了油流通道,从而实现不压井下油管和抽油杆。完工后用水泥车给油管打压,活动抽油杆柱,压力传到泵固定阀球上,通过顶杆传给堵芯,释放销钉被剪断,油流通道被打开,抽油泵便可正常生产。

6)扶正器和刮蜡片

刮蜡、防偏磨双作用扶正环:刮蜡杆由导环和隔环组成。隔环固定在抽油杆上

(一般是用环氧树脂将事先加工好的金属环粘在抽油杆上),以限制导环的活动范围。导环(扶正环)一般采用活动式的,由尼龙材料注塑成形,扶正环有4道螺旋支筋,支筋的螺旋夹角为50°,保证油流冲击螺旋面时可产生足够的旋转力,使扶正环在上下冲程时产生旋转运动。在油管和抽油杆所形成的环形空间,它既起扶正作用,又起刮蜡作用。

对卡式扶正环:由两个相同的半圆柱体扶正块构成,外侧设有十字纵向筋,内侧槽面设有横向防位移筋,每个扶正块一端的两边沿设有对称导轨,导轨外端部设有卡口,另一端的两边沿与加强筋结合部位上设有与导轨相匹配的凹槽,凹槽外端部的外侧边沿上设有与卡口相匹配的卡台。这种扶正环必须安装在抽油杆接箍以下20~25cm范围内,要避开打吊卡的位置,同时又不能离接箍太远,否则防偏磨效果不好。冬季要求现场用50℃的温水浸泡5~10min后安装。

2. 螺杆泵管柱

目前电动螺杆泵正在各油田被逐步推广使用到采油行列中来,这主要取决于它自身的技术特点和采油者在实践中对它的认识。电动螺杆泵采油系统按不同驱动形式分为地面驱动和井下驱动两大类。这里只介绍地面驱动井下螺杆泵。

地面驱动井下螺杆泵管柱包括常规及简易井口装置、专用井口、正扣及反扣油管、实心及空心抽油杆、抽油杆扶正器、油管扶正器、抽油杆防倒转装置、油管防脱装置、防抽空装置等。

(1)专用井口:简化了采油树,使用、维修、保养方便,同时增加了井口强度,减少了地面驱动装置的振动,起到保护光杆和更换密封盒时密封井口的作用。

(2)特殊光杆:强度大,防断裂,表面粗糙度高,有利于井口密封。

(3)抽油杆扶正器:避免或减缓抽油杆与油管的磨损。

(4)油管扶正器:减小油管柱振动和磨损。

(5)抽油杆防倒转装置:防止抽油杆倒扣。

(6)油管防脱装置:防止油管脱落。

(7)防抽空装置:安装井口流量式或压力式抽空保护装置,可有效地避免因地层供液能力不足造成的螺杆泵损坏。

3. 电动潜油泵管柱

电动潜油泵井在油田开采中也是被广泛应用的采油方式。它也是人工举升采油的一种方法,其特点是抽油排量大、操作方便,有些特殊井如斜井、水平井、超深井等也采用电动潜油泵采油。

井下部分包括:多级离心泵、潜油电动机、保护器、油气分离器、电缆、单流阀、泄压阀。

(1)潜油电动机是机组的动力设备,是将地面输入的电能转化为机械能,进而带动多级离心泵高速旋转。它位于井内机组最下端。

(2)多级离心泵是给井液增加压头并举升到地面的机械设备,它由两个部分组成,即转动部分(轴、键、叶轮及轴套等)和固定部分(导壳、泵壳、轴承外套等)。

(3)保护器安装在潜油电动机的上部,用来保护潜油电动机。潜油电动机虽然结构上和地面电动机基本相同,但它在井下工作的环境比较恶劣(油、气、水压力、温度等),因此要求密封高,以保证井液不能进入电动机内。保护器还有补偿电动机内润滑油的损失、平衡电动机内外腔的压力、传递扭矩的作用。

(4)油气分离器。油气分离器使井液通过时(在进入多级离心泵前)进行油气分离,减少气体对多级离心泵特性的影响。目前各油田所使用的油气分离器有沉降式和旋转式两种。

(5)电缆是给井下潜油电动机输送电能的专用电线。从外形上看,电缆可分为圆电缆和扁电缆两种,主要由导体、绝缘层、护套层及钢带铠装而组成。为了适应恶劣的工作环境,潜油电缆长度可由几百米到几千米,在施工中要求起下方便,电缆保护套层不破裂,不易损坏;电缆要求耐油、气、水,耐高温、高压;终端有与电动机插配的特殊密封头——电缆头。

(6)单流阀。单流阀用来保证电动潜油泵在空载情况下能够顺利启动;停泵时可以防止油管内液体倒流而导致电动潜油泵反转。

(7)泄压阀。在修井作业起泵时,剪断泄压阀阀芯,可使油管与套管连通,便于作业。

第七节　资料及报表

一、施工录取资料

1. 基础数据

(1)井号、井别、实探人工井底;

(2)套管规格、壁厚、下入深度;

(3)射开油层层位、射开井段、油层中部压力;

(4)套补距;

(5)采油树型号。

2. 作业工序资料录取项目

1)通井(刮削)

(1)作业时间;

(2)管柱类型、规格、下入根数;

(3)通井规(刮削器)型号、外形尺寸;
(4)通井(刮削)深度、遇阻位置、指重表变化值及对应深度;
(5)起出通井规上的痕迹描述。
2)洗井
(1)作业时间;
(2)洗井方式;
(3)洗井液名称、温度、添加剂及杂质含量等;
(4)洗井参数:泵压、排量、注入液量及喷漏量、洗井深度、出口见洗井液时间;
(5)洗井液排出携带物名称;
(6)出口排放情况。
3)起下油管
(1)起油管。
①作业时间;
②起出油管规格、根数(分级管柱注明总根数)、长度、类型;
③起出井下工具名称、规格、长度、数量;
④检查情况(井下工具、油管螺纹及腐蚀、结蜡、结垢等)。
(2)下油管。
①作业时间;
②下入油管规格、类型、根数(分级管柱注明总根数)、完成深度;
③下入井下工具名称、规格、型号、厂家、长度、数量、下入深度;
④密封材料使用情况;
⑤管柱示意图。
4)不压井
(1)投堵。
①泵注清水量、温度、泵压;
②投堵时间,堵塞器规格、型号;
③憋堵时间、泵压、稳定时间、压降或溢流量;
④投堵总液量。
(2)试提。
①试提时间;
②提升载荷、行程;
③试提悬重、异常情况;
④油管挂检查情况。
(3)倒油管挂。

①倒油管挂时间；

②油管挂规格。

(4)起油管。

①起出油管规格、类型、根数(分级管柱注明总根数)、长度；

②加压起油管时间；

③加压起油管根数；

④控制降压情况；

⑤检查情况。

(5)下油管。

①作业时间；

②加压下油管根数、规格；

③下井工具名称、规格；

④堵塞器规格；

⑤下井油管总根数、规格、长度；

⑥倒入油管挂时间。

(6)捞堵塞器。

①灌水时间、灌入清水量；

②下打捞工具时间、打捞深度；

③投捞钢丝绳规格；

④打捞器及加重杆名称、规格；

⑤起打捞工具时间，捞出堵塞器名称、规格。

5)压井、替喷

(1)压井时间和方式、压井深度；

(2)泵注压力、排量、进口和出口压力；

(3)压井液和替喷液名称、用量；

(4)替喷时间、深度、泵注压力和排量；

(5)压井和替喷进出口工作液密度、黏度；

(6)出口排放情况。

6)探砂面、冲砂

(1)探砂面。

①时间；

②方式；

③悬重；

④加深油管类型、规格、根数、长度、累计长度、方余或方入；

⑤砂面深度、砂柱高。

(2)冲砂。

①时间;

②方式;

③冲砂液名称、性质、液量、泵压、排量;

④返出物描述、累计砂量;

⑤冲砂井段、砂柱高度、始冲砂深度、冲至深度;

⑥漏失量、喷吐量、停泵前的出口砂比;

⑦沉降时间、复探砂面深度;

⑧施工描述。

7)换井口装置

(1)原油层套管短节规格和长度;

(2)新井口(及原井口)装置型号、规格;

(3)井口装置后套管法兰增高或降低的高度及新套补距、油补距;

(4)对新井口装置焊口的检验情况(包括试压介质、试压数据、试压时间、稳压时间、压降情况和井口装置密封效果)。

8)注入井调配

(1)基础数据录取;

(2)井筒准备:稳定后井口压力、放溢流起止时间、阶段溢流量、井口压力、累计溢流量;

(3)探砂面:按探砂面资料录取要求录取;

(4)起下管柱:按起下管柱资料录取要求录取;

(5)洗井:按洗井资料录取要求录取;

(6)坐封:时间、设备、方式、释放压力、稳压时间等;

(7)注水:转注时间、注水方式、油管压力、套管压力、日注量。

9)打铅印

(1)印模主要尺寸;

(2)打印管柱结构、规格;

(3)遇阻、遇卡深度;

(4)打印前冲洗情况(泵压、排量、液体性质、返出物描述);

(5)打印时加压情况,起出铅印描述;

(6)打印日期、深度、印痕描述、结论;

(7)铅模主视图、侧视图。

10)刮蜡

(1)刮蜡器规格;

(2)下井管柱结构(管规格、根数、长度、累计长度、方余)、刮蜡深度;
(3)洗井:按洗井资料录取要求录取;
(4)起出刮蜡器检查情况;
(5)管柱示意图。
11)解堵
(1)方式;
(2)设备;
(3)解堵液名称、用量,进出口温度、排量、泵压;
(4)解堵结果描述。
12)换管(杆)
(1)换管(杆)原因;
(2)新换管(杆)类型、规范、根数、累计长度、新旧情况、生产厂家;
(3)新换管(杆)在管(杆)柱中的位置。
13)加深(上提)泵挂
(1)原泵挂深度;
(2)加探(上提)管长度;
(3)新泵挂深度。
14)磁定位测井
(1)时间;
(2)实测定位深度;
(3)结论。
15)拆(装)井口
(1)采油树型号(水井注明溢流量、累计溢流时间、累计溢流量);
(2)采油树检查情况。
16)起(下)电泵
(1)作业时间;
(2)起出(下入)油管类型、规格、根数、长度;
(3)起出(下入)工具名称、规格、长度、数量,电泵厂家、排量、扬程,电缆卡子数及检查情况;
(4)管柱示意图;
(5)投产:工作电压、电流、直流电阻、对地绝缘电阻、过载整定、欠载整定、憋泵压力;
(6)施工结论描述。
17)打捞
(1)落鱼名称、长度,鱼顶深度,鱼顶特征描述;

(2)打捞管柱名称、规格、型号、外径、扣型;

(3)打捞工具名称、规格、型号及主要尺寸,画出示意图;

(4)方入或方余长度、打捞深度、打捞管柱原悬重、打捞中加压或上提载荷、造扣与倒扣旋转扭矩圈数;

(5)打捞显示、打捞过程中鱼顶深度变化情况、打捞后悬重、打捞后起钻时指重表显示;

(6)捞出落物描述(名称、尺寸、数量)、遗留鱼顶形状、冲洗鱼顶过程中的返出物描述、有无喷漏显示、捞空后对打捞工具痕迹的描述;

(7)打捞过程中洗井资料按洗井资料录取要求录取。

18)解卡

(1)卡点深度;

(2)解卡管柱名称及规格、结构,画出示意图;

(3)解卡工具名称、规格、型号及主要尺寸,画出示意图;

(4)提升载荷、管柱伸长量及活动区间、活动及旋转管柱效果情况描述;

(5)已活动出管柱的名称、规格、根数、长度。

19)井控设备的安装

(1)井控设备的类型、型号、组合情况;

(2)井控设备的安装、试压、检验情况;

(3)放喷管线的安装、布置情况。

20)下泵

(1)采油树规格、型号;

(2)油管规格、下入根数(分级管柱注明总长度)、长度;

(3)抽油杆类型、规格、数量、组合情况;

(4)扶正器类型及分布、定位块类型及分布、油管锚类型及分布;

(5)抽油泵类型、规格、生产厂家及下入深度,筛管深度,丝堵深度;

(6)防冲距、光杆方余;

(7)其他下井工具名称、类型、规格、下深;

(8)试压方式、压力、时间、压力变化情况。

21)找窜、验窜

(1)封隔器找窜。

①通井、刮削、冲砂数据;

②找窜时间;

③管柱结构及示意图;

④找窜层位、井段;

⑤修井液名称及性能、注(挤)入泵压、观察时间、注入量(窜通量)、油管压力和套管压力变化值;

⑥油管及封隔器试漏情况;

⑦结论。

(2)验窜。

①验窜管柱结构及下入深度;

②验窜层位、井段;

③加压值、注入量、返出量和套管压力变化值;

④油管和封隔器试漏情况。

22)封隔器找漏

(1)找漏时间、找漏次数、找漏方式;

(2)工具名称、型号;

(3)卡点深度、丝堵深度;

(4)上提或加深管柱根数及长度;

(5)泵压、稳压时间、压降值、漏失深度。

23)注入井调剖

(1)施工管柱结构、规格,下井工具型号、规格;

(2)调剖层号、井段;

(3)前置液、调剖剂、顶替液用量,材料名称及用量;

(4)挤注参数:注入流体名称、注入压力、注入时间、注入量。

24)注入井分注

(1)刮削套管管柱结构、规格、深度;

(2)通井管柱结构、规格、深度;

(3)冲砂管柱结构、规格、深度;

(4)验窜按验窜资料录取要求录取;

(5)测试吸水剖面数据;

(6)配注管柱结构及长度计算数据;

(7)下入井内管柱结构、各部名称、规格、厂家、深度,井口溢流时间、溢流量、累计溢流量;

(8)洗井方式、排量、时间。

25)机械堵水

(1)洗井按洗井资料录取要求录取;

(2)通井按通井资料录取要求录取;

(3)找水管柱结构、各部规格、深度,出水层位、井段;

(4)下堵水管柱结构、各部规格、深度；

(5)丢手：

用加重杆丢手：加重杆规范，结果；

用水泥车丢手：时间、方式、灌注量、泵压、压力变化；

人工丢手：时间、压力、倒扣圈数，结果；

(6)施工过程描述；

(7)试压压力、时间；

(8)结论。

26)压裂施工

(1)施工准备(7项)。

施工井号、施工井别、施工队、拆井口时间、装控制器时间、倒油管挂时间、试提时间。

(2)探砂面(10项)。

时间，方式，悬重，加深油管规格、根数、长度、累计长度、方入或方余，砂面深度，砂柱高。

(3)起原井管柱(9项)。

时间、抽油杆规格、抽油杆根数、活塞规格、油管规格、油管根数、工具名称、工具规格、工具数量。

(4)下压裂管柱(9项)。

时间，油管规格，油管根数，下井工具名称、型号、规格、数量、完成深度，管柱示意图。

(5)循环(2项)。

时间、排量。

(6)试压(4项)。

时间、泵压、稳压时间、地面管线承压情况及压力下降情况。

(7)试挤(4项)。

时间、泵压、排量、套管压力。

(8)压裂(8项)。

时间、压裂层位、压裂井段、破裂压力、排量、压裂液名称、前置液用量、套管压力。

(9)加砂(9项)。

时间、加砂压力(最高—最低)、排量、铺砂浓度、携砂液用量、支撑剂名称、支撑剂规格、支撑剂用量、套管压力。

(10)替挤(4项)。

时间、液量、排量、压力。

(11)扩散压力(1项)。

关井时间。

(12)活动管柱(5项)。

时间、活动范围、管柱悬重、活动次数、活动结果。

(13)起压裂管柱(6项)。

时间,油管规格,油管根数,下井工具的名称、规格、数量。

(14)探砂面(10项)。

时间,方式,悬重,加深油管规格、根数、长度、累计长度、方入或方余,砂面深度,砂柱高。

(15)下完井管柱(9项)。

时间,油管规格,油管根数,下井工具名称、型号、规格、数量、完成深度,管柱示意图。

(16)下抽油杆(10项)。

时间,抽油杆规格、根数、累计长度,活塞规格、长度、深度,光杆规格、长度,抽油杆记录。

(17)憋泵(6项)。

憋泵压力、稳压时间、压力下降值、试抽时间、试抽次数、试抽结果。

(18)收尾(2项)。

拆控制器时间、装采油树时间。

二、施工填写报表

1. 班报表

(1)在交接班时,填写井号、日期、施工单位;

(2)填写工序开工时间、开工工序名称(或接班时未完成工序名称);

(3)每完成一个工序由四岗位及时填写完工时间、该工序内容(入井管柱要画入井管柱示意图),同时填报下一步工序开工时间及工序名称;

(4)交接班时由班长、四岗位签字后,在施工期间保存在施工现场;

(5)完工后班报上交小队资料室。

2. 管杆记录

(1)填写施工井号、入井管柱名称、施工日期、施工单位、保存部门、保存期限;

(2)根据起出或下入的管柱,填写入井管柱每根长度、每10根分组累计长度、井下工具名称、深度;

(3)在管柱记录的右下角注明管柱规范、类型,该井的套补距,四通高,油管挂长度或井口加高，管柱底部工具名称、直径、长度，管柱累计长度，管柱完成深度；

(4)由丈量人、计算人及审核人签字后保存在施工现场；

(5)完工后随班报上交小队资料室。

3. 注意事项

(1)原始资料报表一律用墨水笔或圆珠笔填写。

(2)资料报表填写内容要求按“井下作业施工资料录取项目规范”要求填写。

(3)资料报表填写内容必须齐全，相同数据不许用符号代替，不得缺项和漏项。

(4)管柱示意图按“油气水井井下工艺管柱工具图例”要求填写。

(5)报表数据填错后，在错误的数字上画“—”，把正确的数字填在“—”上方并加盖上更改人的印章。

(6)填入报表的各项数据必须采用法定计量单位。

三、资料数据整理要求

(1)含水、含砂百分数修约到一位小数，含砂0.2%以下记微量。

(2)压力数据修约到一位小数，计量单位为兆帕(MPa)。

(3)油管长度、泵杆长度、钻具长度数据修约到两位小数，计量单位为米(m)。

(4)下井工具外径、基本尺寸数据修约到一位小数，计量单位为毫米(mm)。

(5)时间数据精确到分钟。

(6)排液量、用液量、漏失量等液量数据修约到一位小数，计量单位为立方米(m^3)。

(7)液体密度数据修约到两位小数，计量单位为克每立方厘米(g/cm^3)。

(8)由于目前多使用漏斗式黏度计，液体黏度数据暂以秒为单位，计量单位为秒(s)。

(9)水泥、添加剂等以质量表示的数值，修约到一位小数。计量单位，质量1t及以上的为吨(t)；1t以下的为千克(kg)。

(10)温度数据修约到个数位，计量单位为摄氏度(℃)。

(11)悬重钻压修约到一位小数，计量单位为千牛[顿](kN)。

(12)油管公称直径统一按内径公制、套管公称直径统一按外径公制修约到一位小数，单位为毫米(mm)。

四、绘制入井管柱结构图

入井管柱结构图绘制步骤如下：

(1)在A4白纸上部居中位置写上名称：“××井××施工下井管柱结构示意图”。

(2)在下井管柱的名称下面适当位置，居中画一长50~60mm的细实横线。在横线中央位置画一条点画线(代表井筒轴线)。

(3)在竖线两侧对称画四条垂线,内侧两条垂线比外侧两条垂线要短10mm。内侧两条线代表套管,间距一般为14mm,外侧两条垂线代表井壁,间距一般为18mm。

(4)在内侧两垂线的下端点分别画上一小三角符号,代表套管下入深度。再将外侧两条垂线的端点,用横线连接代表钻井井深。

(5)在代表套管的两条线距下端点三角符号10mm处,用横线连接,代表人工井底。

(6)沿代表井壁左侧的垂线分别画出各射孔层位,各层位置和层间距比例适当,每个层位用两平行横线所夹面积表示,两条平行线分别表示油层顶界和底界,标好层段数据。

(7)在靠表示井深图形的上部适当位置,画上断裂线,并在表示井壁和套管的垂线之间对称画上连线表示水泥返高。

(8)在表示井壁的右侧垂线上与表示水泥返高、目前人工井底、套管深度、井身等平齐的位置引出标注线,并标注名称及深度。

(9)沿轴线两侧,间距5~6mm向下画两条垂线,长度适当,代表井下管柱,其下端点位置为设计完成管柱位置。

(10)选择特征符号,按一定比例,在代表下井管柱的两条垂线上适当位置,画出设计管柱的下井工具。

(11)在表示井壁的右侧垂线上与下井工具符号顶界平齐的位置各引出一横线,并在上标注下井工具名称。

(12)按设计管柱要求,依据油管记录数据和测量得到的下井工具数据,计算管柱中各下井工具之间的油管根数及工具完成深度,并标注在下井管柱结构图上。

五、填写HSE现场检查表

1. 带班干部巡回检查步骤

检查岗位员工、检查劳动保护、检查环境保护、检查饮食卫生、检查文本及证件、检查“三高”井作业证及开工许可验收证。

2. 机械大班巡回检查步骤

检查驾驶室、检查车轮、检查车前部、检查车中部、检查车后部、检查发动机、检查绞车部分、检查后操作室、检查井架。

3. 班长巡回检查步骤

检查井架、检查提升系统、检查游动滑车、检查液压绞车、检查抽油机、检查高压配件、检查应急系统。

4. 一岗位巡回检查步骤

检查井控装置、检查钢丝绳、检查液压钳。

5. 二岗位巡回检查步骤

检查地锚、检查备钳、检查操作台、检查工具及用具。

6. 三岗位巡回检查步骤

检查电路、检查车轮、检查消防系统。

7. 四岗位巡回检查步骤

检查工具、用具,检查提示、警示设施,检查环境保护。

8. 作业司机岗位巡回检查步骤

检查发动机散热器、检查发动机、检查变速箱、检查液压系统、检查防碰天车、检查储气筒、检查油水分离器、检查各处传动轴螺栓、检查游动滑车及大钩、检查刹车系统。

9. 司炉工岗位巡回检查步骤

检查安全阀、检查压力表、检查水位计、检查电路和仪表、检查蒸汽管线、检查运行记录。

10. 填写“作业现场检查表”步骤及标准

(1)检查项点:合格打“√”,不合格打“×”,空项打“○”;填写要求为“签字真、问题清、记录全、责任明”。

(2)风险识别与削减措施:记录岗位已识别隐患、风险削减措施,无缺项漏项。

(3)异常情况处理:“需要上级有关部门协调解决的问题”一栏,要求写清问题、问题责任部门及责任人。

第八节 案例分析

案例一 揉性物卡管柱的处理措施

1. 基本情况

2003年8月31号在施工北三区4排168号井时,该井设计压裂2层,管柱卡具为三级两段式,既三个封隔器两个喷砂器。该井压裂时需要一次投球完成压裂,其压裂层位见表3-14。

表3-14 压裂层位基础数据表

层位	井段(m)	厚度(m)		小层数(个)	夹层厚度(m)	
		射开	有效		上	下
葡Ⅱ10-高Ⅰ8	1153.0~1174.2	3.4	0	4	2.6	3.6
高Ⅰ10-18	1177.8~1194.6	8.1	2.9	7	3.6	未射

该井压裂为两层坐压，在压裂过程中，各层加砂量、替挤量及破压都正常，且在压裂过程中压力也没有异常变化，但压裂之后管柱却提不动。

2. 管柱提不动原因分析

(1)从油层地质条件看，葡Ⅱ10–高Ⅰ8层射开厚度为3.4m，没有有效厚度，加砂量为$6m^3$，破裂压力为23MPa。在压裂过程中并无异常情况发生，因此可以排除封隔器胶筒不收缩情况。

(2)核查压裂管柱记录，各层段下封距油层下层部距离适当，因此排除沉砂埋管柱情况。

(3)在提升管柱时，发现拉力计拉力变化平稳，并无陡增陡降现象发生，且在活动过程中，管柱有一定的位移后才提不动。从此情况分析为揉性落物卡管柱。

3. 处理措施

由于揉性落物卡住管柱后，不同于其他管柱提不动情况。揉性落物卡管柱时提放会有一定的位移，在活动时，要注意的是一定要轻提轻放，速度一定要慢，力度要平稳，不能有大起大落。另外在活动时，要注意拉力计示数的变化情况，使其在一定范围内变化，避免造成猛提猛放时，揉性落物缠死管柱，造成管柱卡死，提不起放不下。采取上述措施反复提放管柱，直至2003年9月4日才将管柱活动开。起出压裂管柱后发现封隔器胶筒缠有大约30cm钢丝头，卡在封隔器胶筒上。

4. 经验与认识

当施工中发现揉性落物卡管柱现象时，不能急躁行事，一定要轻提轻放，速度一定要慢，力度要平稳，不能有大起大落。避免猛提猛放，揉性落物缠死管柱，造成管柱卡死，提不起放不下，增大事故处理的难度和增加损失。

案例二　对酸化层压不开的处理措施

1. 基本情况

由于岩层物性较差，或者近井地带存在污染，为了降低施工时的地层破裂压力，一般对目的层采取酸化处理。

2003年5月15日，对杏九区1排丙171井进行压裂酸化施工，该井为四层限流法压裂，四级封隔器，三级喷砂器，层层挤酸。压完一层，扩散压力40min，酸化队挤酸后由作业队上提管柱，倒好地面流程各阀门，开始压第二层，启车后无注入量，憋放数次无效。

2. 原因分析

(1)该层段为萨Ⅱ7–8层，射开厚度为4.9m，有效厚度为0m，由于岩层物性差，存在压不开的可能，但根据近期施工的邻井压裂情况，该层虽属难压层，但都有注入量，都能压开，地层条件差不应是主要因素。

(2)替挤量是管柱内容积的一倍,由于替挤液经过混砂车,有可能因砂斗少量残砂造成砂堵。

(3)由于地面管线较长,酸化时计算存在误差,有酸未到位的可能。

3. 处理措施

由于没有注入量,所以用泵车无法把酸推到目的层,于是将管柱下放到已压开的第一层,启车后有注入量,且压力显示正常,排除了沉砂的可能。向井内泵注约 0.2m^3 液后,估算酸液已达到喷砂器后,停车。然后活动管柱,上提至目的层,再启车,破裂压力为 39MPa,施工正常。

4. 经验与认识

对于上提管柱后有酸化处理的目的层,原则上应先挤酸,再上提,以防止下一目的层因酸液不到位而压不开。操作方法是:按规定时间进行扩散压力后,对油管进行放空,根据油管出液情况,来判断喷砂器是否损坏,进一步决定是否先挤酸。如果出液量大,则证明喷砂器已被损坏。此种情况下,不宜挤酸。如果出液量小,则应挤酸,为下一步工作打好基础。

另外,在酸化时,应进行精确的计算,尽可能将酸挤到喷砂器处,防止酸未到位而发生压不开情况的发生。如果发生压不开的现象,且怀疑酸未到位时,则应调整管柱到已压开层或其他高渗透层,将酸挤到喷砂器处,再上提管柱到目的层,进行施工。

案例三　弯曲抽油杆卡在油管内的管柱打捞

1. 基本情况

2002 年 7 月 16 日施工的北一区 4 排丙 027 井,在下抽油杆时,抽油杆吊卡失灵,40 根抽油杆自由落体掉到了一千多米深的油管内,将油管砸为三段,抽油杆也发生了严重卷曲,采用常规的方法将上部油管捞出后,铅模打印发现鱼顶是抽油杆内螺纹的侧斜面,下入抽油杆打捞筒未捞获落物。

2. 打捞不成功原因分析

根据鱼顶到人工井底长度小于下入抽油杆长度判定,抽油杆卷曲在油管及油管以上的套管内,抽油杆顶端以较大角度顶在套管壁上,鱼顶无法进入抽油杆打捞筒,是造成打捞失败的主要因素。

3. 处理措施

由于鱼顶卷曲,无法打捞抽油杆,而鱼顶距油管顶部的 8m 多距离内堆满卷曲抽油杆,欲下卡瓦打捞筒直接外捞油管也无法实现。针对这一复杂情况,设计制作特殊打捞工具:将母锥上部扩径与套铣筒焊接在一起,再在母锥前面焊接一个最大直径为 ϕ120mm 的导锥,目的是将鱼顶收入母锥中,通过旋转管柱再使油管顶部以上的卷曲抽油杆收入母锥中，进一步加深管柱，使母锥能够将油管套入其中造扣抓牢。采取上述措施一次打捞成功，不但捞出油管，还带出了全部抽油杆。

4. 经验与认识

当鱼顶由于各种原因变形或鱼顶不规则时，可以制作工具先将鱼顶收入套铣筒内，利用套铣筒以上的打捞工具（如卡瓦捞筒、公锥等工具）打捞鱼顶以下的规则部分。

案例四　油套加注热水处理多裂缝压裂后管柱活动不开故障

1. 基本情况

2003 年 3 月 20 日，在南三区丁 31 排 422 井进行多裂缝压裂施工。该井为 3 封 2 喷坐压裂 2 层 1 缝。

萨Ⅱ4-6 层为普通压裂，破裂压力为 18MPa，投球后压萨Ⅰ2-4+5 层，该层为多裂缝，第一条裂缝破裂压力 17MPa，投入暂堵剂 0.8kg，第二条裂缝破裂压力 24MPa。压后扩散压力 40min，活动管柱活动不开。

2. 管柱活动不开因素分析

（1）压裂施工时泵压过高，封隔器胶筒发生塑性变形卡管柱，活动不开。

（2）沉砂卡管柱，活动不开。

（3）套管液面亏空，造成封隔器胶筒不收，活动不开。

（4）暂堵剂进入封隔器胶筒滤网，将滤网堵住，由于时间、井温等因素没有自行溶解，使封隔器胶筒内压力无法泄出，造成封隔器胶筒不收，活动不开。

由于压裂过程中车组设备正常，井口未动，管柱没上提，最高破裂压力为 24MPa，可以排除沉砂、封隔器胶筒发生塑性变形因素。而该井在下压裂管柱过程中，套管始终有溢流，可排除地层亏空因素。管柱活动不开，最有可能是暂堵剂部分进入封隔器胶筒滤网，将滤网带堵住，并且没有自行溶解，封隔器胶筒内压力无法泄出，使封隔器胶筒不收缩造成的。

3. 处理措施

针对上述的原因分析，采用油套加注 70℃ 热水的方法来解决。首先，由套管向井内注入一定量的热水，根据套管 $8m^3/km$ 的用量，将热水挤入套管及卡点部位，来增加井内的温度，缩短蜡球在自然井温条件下的自然溶解的时间。其次，以低于最低破裂压力（17MPa）的压力向油管内注入热水，当压力达到 10MPa 时，瞬间突然泄压，使油管内压力迅速下降，从而造成油套压差大幅度波动，促使封隔器胶筒收缩。经过 3 次操作，管柱活动开。

4. 经验与认识

多裂缝井压裂后管柱活动不开，存在暂堵剂堵塞封隔器胶筒滤网，封隔器胶筒内压力无法泄出，使封隔器胶筒不收缩的因素，应用油套加注热水的方法可有效解决这一问题。

案例五　不认真解读施工设计造成工程事故

1. 基本情况

某作业队接到一口新井预投产任务，先通井射孔，然后下泵。泵挂结构为：114mm 平式油管 138 根+56mm 泵+89mm 油管 2 根+89mm 砂锚 2 节+89mm 平式油管 5 根+89mm 丝堵。试压正常。两天后，下杆完井生产正常。又过两天，发现该井供液严重不足，洗井无效。当起出全部抽油杆后，起泵管负荷达到 650kN，反复活动解卡无效，转为大修。由于井史资料显示本井套管为 177.8mm 和 127mm 复合式结构，从井口至 1210m 为 177.8mm 套管，1210～1483m 为 127mm 套管。在施工作业中，误将 89mm 尾管下入 127mm 套管内，由于油管接箍外径为 107mm，而悬挂器内径为 108mm，其环空间隙只有 1mm，所以造成该井泵挂卡死。

2. 案例分析

造成该井泵挂卡死事故的主要原因是施工前没有认真解读施工设计，对井史资料及井下状况不清楚，误将 89mm 尾管下入 127mm 套管悬挂器内。

3. 案例警示

(1)施工单位在接到作业施工任务后，首先应自己解读施工设计。

(2)施工前必须了解地质资料和钻井资料，搞清楚井身结构及套管情况。了解油井生产情况，包括产液量、含水率、气油比、油管压力、套管压力、静压等资料。了解油井与周围注水井的连通情况。查清井内是否有落物，如有，要查清落物的原因、类型和长度及鱼顶的形状和深度等情况，同时根据设计要求确定是否打捞。

(3)施工前技术负责人对现场操作人员一定要交底清楚，对于特殊情况，提出防范措施，防止不应有的质量事故发生。

案例六　冲砂施工卡管柱案例

1. 基本情况

某作业队在某井进行冲砂作业。该井油层套管外径为 139.7mm，人工井底为 2340m，生产井段为 2280～2330m，探得砂面位置在 2312m 处。冲砂进尺 10m 时，水泥车上水不好，冲砂不能继续进行，现场技术员指挥操作手上下活动管柱防止砂卡，活动过程中发现无卡阻现象，于是加深管柱 30m 至人工井底，然后上提冲砂管，当起到第四根管柱时，管柱被砂卡，大负荷上提管柱，管柱脱扣，造成第 162 根油管落井。经过处理该井恢复生产，经济损失 30 余万元。

2. 案例分析

该井砂柱应为一段砂桥，冲开后泵车供水不好，没有及时将冲起的砂子洗到地面。同时又没有采取相应的措施上提冲砂管柱，而是加深管柱造成砂子回落卡住管柱。

3. 案例警示

(1)冲砂前要掌握地层的漏失情况，同时要查清井内是否有落鱼，套管是否有变形。

(2)冲砂前准备工作要充分，冲砂设施要配套，冲砂液要充足。

(3)施工前必须对所有的设备及游动系统进行认真检查，严格执行技术操作规程。

(4)冲砂施工中一旦发现井漏，必须采取漏失井冲砂措施。

(5)在冲砂过程中，若循环系统出现问题，应及时上提管柱，至原砂面 30m 以上，井内有侧钻悬挂器或铅封的，管柱应上提至侧钻悬挂器或铅封 10m 以上。

(6)在冲砂过程中，若提升系统出现问题，应大排量洗井，将冲散的砂子洗净。

(7)若冲至套管变形位置，有遇卡显示时，应停止下放，彻底洗井。

(8)对水泥车等在执行作业施工前必须认真检查，保证其良好的性能。

(9)在井场冲砂条件不具备时，不能勉强冲砂，一旦出现卡钻事故，则得不偿失。

第四章　仪器仪表及常用工具

第一节　常用计量器具仪表

一、计量器具的类型与使用

1. 平直钢尺

平直钢尺是一种精度较低的测量工具,见图 4-1。

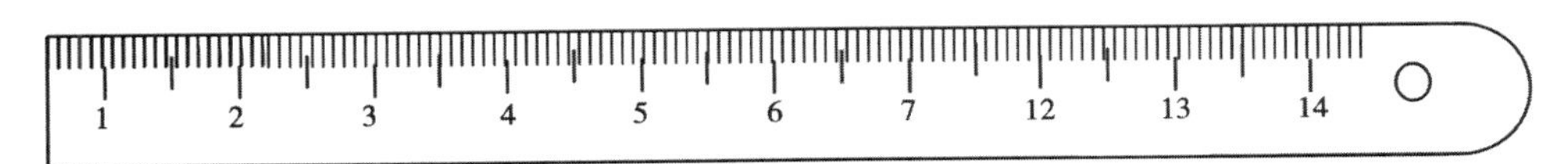

图 4-1　平直钢尺结构示意图

1)技术规范

平直钢尺按测量上限分为 150mm、300mm、500mm、1000mm 数种规格。

2)使用及注意事项

(1)测量时必须保证钢尺的平直度。

(2)连续测量时,必须使首尾测线相接,并在一条直线上。

(3)用钢尺画线时,注意保护钢尺的刻度和边缘。

2. 钢卷尺

1)钢卷尺的用途

钢卷尺用于测量较长工件的尺寸或距离。

2)钢卷尺的分类

钢卷尺分为自卷式卷尺、制动式卷尺、摇卷式卷尺。卷尺长度有 2m,3m,5m,…,20m,30m,50m 数种。

3)钢卷尺组成、结构及原理

卷尺主要由尺带、盘式弹簧(发条弹簧)、卷尺外壳三部分组成(图 4-2)。所谓盘式弹簧,就像旧式上链式钟表里的发条。当拉出刻度尺时,盘式弹簧被卷紧,产生向回卷的力,当松开刻度尺的拉力时,刻度尺就被盘式弹簧的拉力拉回。

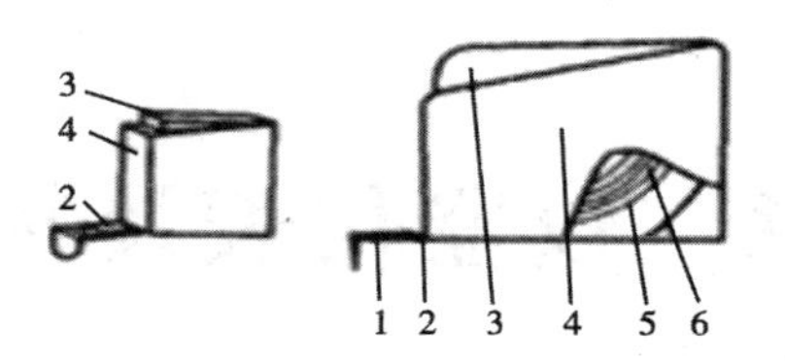

(a)制动式卷尺的结构
1—尺钩；2—尺带；3—制动按钮；4—尺盒；5—转盘；6—尺簧

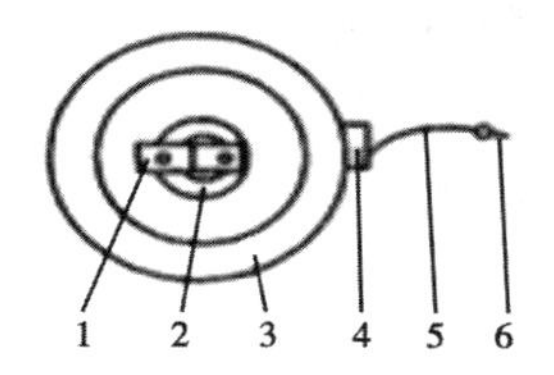

(b)摇卷盒式卷尺的结构
1—摇柄；2—眼圈；3—尺盒；
4—盒门；5—尺带；6—拉环

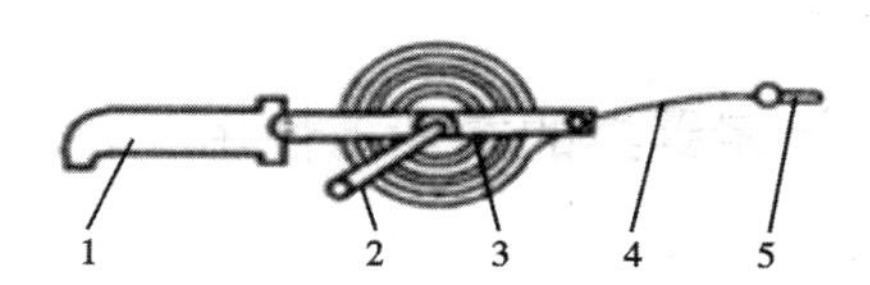

(c)摇卷架式卷尺的结构
1—手柄；2—摇柄；3—尺架；
4—尺带；5—拉环

图 4-2 钢卷尺结构示意图

4)使用注意事项

钢卷尺的尺带一般镀铬、镍或其他涂料,所以要保持清洁,测量时不要使其与被测表面摩擦,以防划伤。使用钢卷尺时,拉出尺带不得用力过猛,而应徐徐拉出,用毕也应让它徐徐退回。对于制动式卷尺,应先按下制动按钮,然后徐徐拉出尺带,用毕后按下制动按钮,尺带自动收卷。尺带只能卷,不能折。不允许将钢卷尺放在潮湿和有酸类气体的地方,以防锈蚀。为了便于夜间或无光处使用,有的钢卷尺尺带的线纹面上涂有发光物质,在黑暗中能发光,使人能看清楚线纹和数字,在使用中应注意保护涂膜。

5)使用后的保养

钢卷尺使用后,要及时把尺身上的灰尘用布擦拭干净;用没有使用过的机油润湿,机油用量不宜过多,以润湿为准;存放备用。

6)使用方法

用钢卷尺丈量油管、钻杆时,必须由三人同时进行。一人拉尺的开端,一人拉尺盒端,一人作记录。尺身要拉直,准确度要达到小数点后两位。

丈量油管、钻杆长度时,钢卷尺的开端零线对准油管外螺纹丝帽消失端或钻杆外螺纹接头螺纹台肩,尺盒端对准油管接箍端面或钻杆内螺纹接头端面的刻度线,即为被丈量的长度,报记录员记录。丈量时,防止将尺身卡在油管、钻杆的缝隙间,以免将尺子夹坏。钢卷尺用完,要擦拭干净,将尺身缠入尺盒。

3. 卡尺

卡尺是一种间接测量工具，与平直钢尺配合使用，测量工件的外形尺寸和内形尺寸。卡尺分内卡尺和外卡尺两种，内卡尺测量工件的孔和槽；外卡尺测量工件的外径、厚度、宽度。其结构见图 4-3。

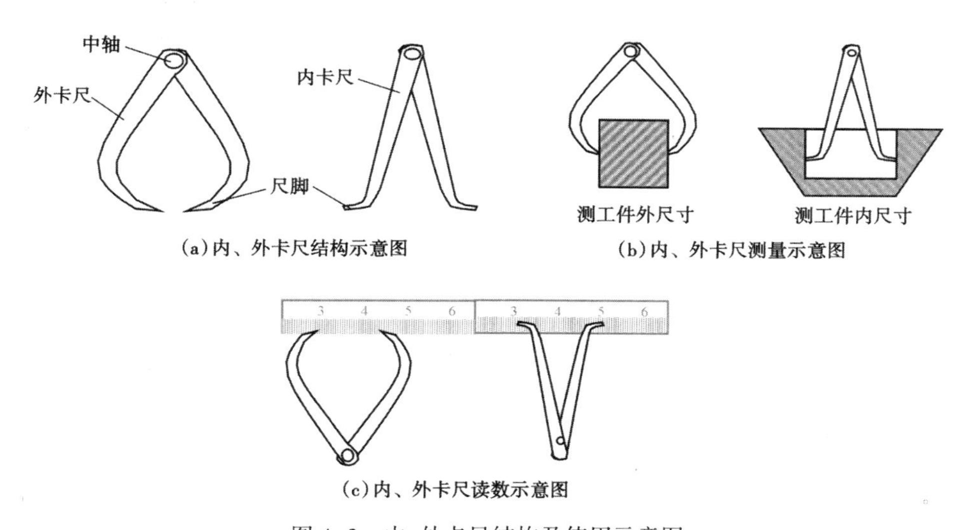

图 4-3　内、外卡尺结构及使用示意图

1）技术规范

规格（全长）：100mm，125mm，200mm，250mm，300mm，350mm，400mm，450mm，500mm，600mm。

2）使用及注意事项

（1）清理工件，调整卡尺的开度，要轻敲卡尺脚，不要敲击或扭歪尺口。

（2）用外卡尺测量工件外径时，工件与卡尺应成直角，卡尺的松紧程度适中（以不加外力，靠卡尺的自重通过被测量物为宜）。度量尺寸时，将卡尺一脚靠在钢尺刻度线整数位上，另一脚顺钢尺边缘对在齿面应对的刻度线上，眼睛正对尺口，该脚所指的刻度尺寸为度量尺寸。

（3）用内卡尺测量工件内孔时，应先把卡尺的一脚靠在孔壁上作为支撑点，将另一卡脚前、后、左、右摆动探试，以测得接近孔径的最大尺寸，度量尺寸同外卡尺。

（4）测量要准确，误差不得超过±0.5mm，每次操作重复 3 遍。

（5）卡尺的中轴不能自行松动。

（6）使用后清理现场，将卡尺擦拭干净，保养存放。

4. 游标卡尺

游标卡尺是一种中等精度的量具。它可以直接测出工件的内、外径和长度、深度尺寸。其结构见图 4-4。

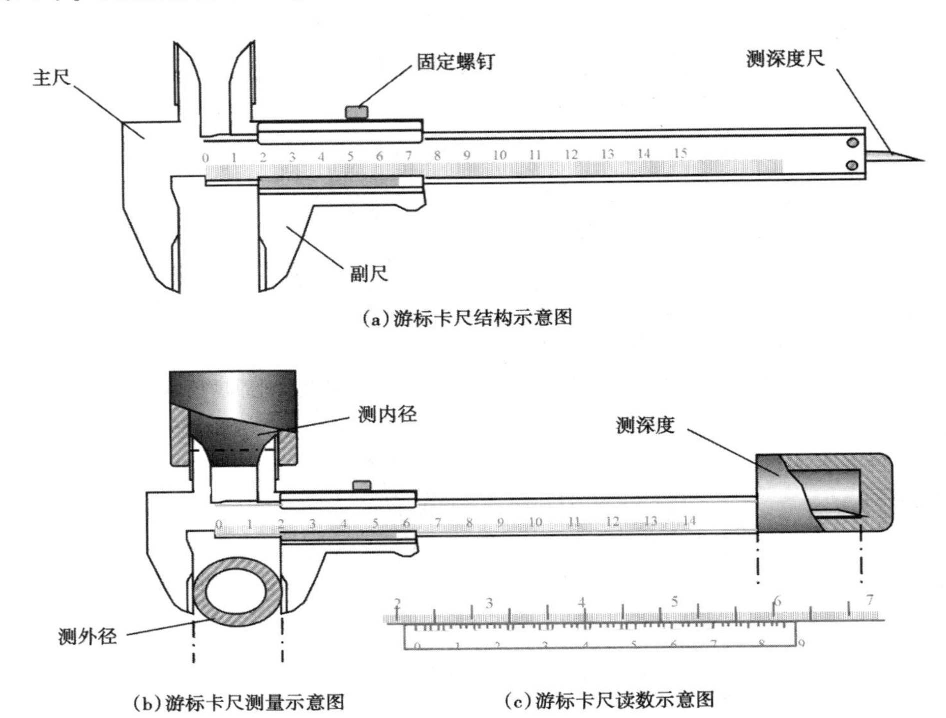

(a) 游标卡尺结构示意图

(b) 游标卡尺测量示意图

(c) 游标卡尺读数示意图

图 4-4　游标卡尺结构及使用示意图

1) 技术规范

常用的游标卡尺长度为 150mm、200mm、300mm、500mm 四种规格，150mm、200mm 两种游标卡尺的精度均为 0.02mm。

(1) 主尺：主尺有刻度，刻度线距离 1mm。主尺的刻度决定游标卡尺的测量范围。

(2) 副尺：副尺上有游标。游标的读数值（精度）有 0.1mm、0.05mm、0.02mm 三种。

(3) 深度尺：0~125mm 的卡尺，固定在副尺背面，能随着副尺在尺身导向槽中移动。测量深度时，应将主尺的尾部端点紧靠在被测物件的基准平面上，移动副尺使深度尺与被测工件底面相垂直，读数方法与测量内、外径的相同。

2) 使用及注意事项

(1) 使用游标卡尺测量工件的尺寸时，先擦净被测件和游标卡尺，检查游标卡尺是否归零，即主、副尺上的零刻度线是否同时对准，检查测量爪有无伤痕，对着光线看测量爪有无缝隙，是否对齐，检查合格后才可使用。

(2)松动游标卡尺的固定螺钉。

(3)一手握住被测件,另一手四指握住尺尾端。测量工件的外尺寸时,应先将两卡脚张开得比被测尺寸大些;测量工件的内尺寸时,则应将两卡脚张开得比被测工件尺寸小些。然后使固定卡脚的测量面贴靠工件,轻轻用力使副尺上活动卡脚的测量面也贴紧工件,并使两卡脚测量面的连线与所测工件表面垂直,再固定游标卡尺固定螺钉。

(4)在主尺上读出游标零位的读数,此数据为整数值(mm)。

(5)在游标上找到和主尺相重合的数值,此数值除以100即为需求数据(mm),将上述两数值相加,为游标卡尺测得的工件尺寸数据。

(6)读数时要在光线较好的地方进行,不能斜视读数,因游标卡尺的精度为0.02mm,所测得的最后一位小数应是0.02的倍数才对,每次测量不少于3次,取平均值。

(7)使用完后清理现场,将卡尺擦拭干净,加润滑油保养存放。

二、计量仪表的类型与使用

1. 压力表

1)常用压力表

压力表用来显示压力容器、管道系统或局部内的压力。

压力表的种类很多,常用压力测量仪表为弹簧管式压力表。

弹簧管式压力表结构简单、价格便宜、应用广泛,适用于-40~60℃环境中,相对湿度不大于80%的条件下,对钢或铜合金不腐蚀的气、液体的压力或真空测量。压力测量范围广(-0.1~100MPa),精度等级有1级、1.5级、2.5级,对震动较大的场所可选用其耐震型的。

(1)结构。

弹簧管压力表是由表接头、表壳、刻度盘、扁曲弹簧管、扇形齿轮、中心轴、指针组成。弹簧管压力表的使用技术规范主要指最大量程、精度等级、适用范围等。常用压力表有0.6MPa、1.0MPa、1.6MPa、2.0MPa、4.0MPa、6.0MPa、25MPa等规格。在压力表刻度盘下部写有数字0.5、1.5、2.5,这些数字表示压力表精度的等级。如25MPa的压力表,精度等级为0.5,那么它的最大误差是(25×0.5%),即0.125MPa。

(2)工作原理。

扁曲弹簧管固定的一端与表接头连通,另一端通过连杆扇形齿轮机构、中心轴和指针连接。由于扁曲弹簧管充压后,单位面积受力相等,而离心的受力面大于向心的受力面,使扁曲弹簧管向直线方向伸动(压力越大,伸动越大),从而拉动连杆,带动扇形齿轮机构、中心轴和指针转动，在表盘刻度上显示出压力值。

2）压力表的规格及选择

（1）压力表的规格。

压力表的规格包括压力表外壳直径、压力测量范围、测量精度等。

（2）压力表的选择。

①根据工艺设备要求，选择压力表外壳直径。

（a）为了便于操作和定期检查校验，工艺管网和机泵一般安装外壳直径为100mm压力表。

（b）受压容器（加热炉、锅炉、缓冲罐、注水泵进出口管线等）及震动较大的部位，一般安装直径为100~150mm的压力表。

（c）控制仪表系统一般多采用直径为60mm的压力表。

②根据所测量的工艺介质压力要求，选择压力表量程。

正确选择压力表的量程，对压力表安全运行、免遭损坏和延长使用寿命至关重要。因此，压力表的最高测量范围值不得超过全量程的3/4，按负荷状态的通性来说，压力表的测量范围在全量程的1/3~2/3之间时，其稳定性和准确性最高。

③根据工艺要求，选择压力表的测量精度。

合理选择压力表的测量精度，对提高测量准确性、提高产品质量、保证安全生产，都有着很重要的意义。一般按被测压力最小值所要求的相对允许误差，来选择压力表的精度等级。

选择压力表精度等级的方法如下：

（a）根据被测压力最小值所要求的相对允许误差，来选择压力表的精度等级，见式（4-1）及表4-1。

$$\text{精度等级} \leqslant \frac{\text{被测压力最小值}}{\text{测量上限}} \times \text{被测压力最小值允许误差值} \tag{4-1}$$

（b）根据绝对允许基本误差，来选择压力表的精度等级，见式（4-2）。

$$\text{精度等级} \leqslant \frac{\text{绝对允许基本误差}}{\text{测量上限}} \times 100\% \tag{4-2}$$

表4-1　精度等级与允许误差对应表

精度等级	允许基本误差（%）
1	±1
1.5	±1.5
2.5	±2.5
4	±4

3)压力表的使用

(1)压力表合理的选用。

压力表合理的选用是正确使用压力表和延长其使用寿命的基础。因为扁曲弹簧管对应的角度是270°,正常工作的压力可使扁曲弹簧旋转5°~7°,压力表的指针恰好在最大量程的1/3~2/3的范围内,此时所测量的压力值最准确。旋转超过这个角度,指针就超过了这个范围,则为超压工作,读数就有较大误差。因此,要求实际工作中压力要在压力表最大量程的1/3~2/3之间是压力表的特性所要求的。如果压力表指针转一圈,则扁形齿轮也失去了作用,必须重新校对。

(2)压力表出现下列情况必须停用:

①压力表指针在无压力时不归零,且离零位的数值超过压力表允许误差。

②表面玻璃破碎或表盘刻度不清楚。

③铅封损坏或超过检定有效期限,无有效合格证和检定证书。

④表内漏气(液)或指针跳动。

⑤有其他影响压力表准确度的缺陷。

⑥经检定不合格。

(3)压力表的读值。

正确读取压力值的方法如下:

①使眼睛对准表盘刻度,眼睛、表针和刻度之间呈垂直于表盘的直线;

②如果指针摆动,应多读取几次,取平均值,确保结果准确。

4)压力表常见故障及处理

(1)故障原因。

①压力表控制阀门未打开。

②传压流程有堵塞。

③指针不动,指针和中心轴松动,扇形齿轮和啮合齿轮脱节。

④指针不归零,弹簧弯管失去弹力,指针松动。

⑤指针跳动,游丝弹簧失效。

⑥传动件生锈或夹有杂物。

(2)故障处理。

①检查或更换控制阀门。

②清理压力表接头内残余物。

③用通针清理传压孔。

④放空检查液体是否畅通,再用棉纱擦净。

⑤重新安装校验合格压力表。

⑥把卸下的旧压力表送检。

2. 拉力表

1）拉力表的用途

拉力表可供石油钻井、修井、矿业勘探指示钻杆悬重；可供江河运输、海洋捕捞和各种锚链的拉力测量；可供海军部队用于水雷的布放及排除作业；可供电力行业高压线布线时拉力测量；可供工程建筑、皮带运输机的引力测量；可供各种安全装备的抗拉力实验；可以测量在静力载荷和动力载荷下牵引阻力的瞬时值，表盘上红针指示测量过程中的最大拉力值。

2）机械式拉力表结构

机械式拉力表结构分三部分：连接件部分、放大装置部分、显示部分（图 4-5）。

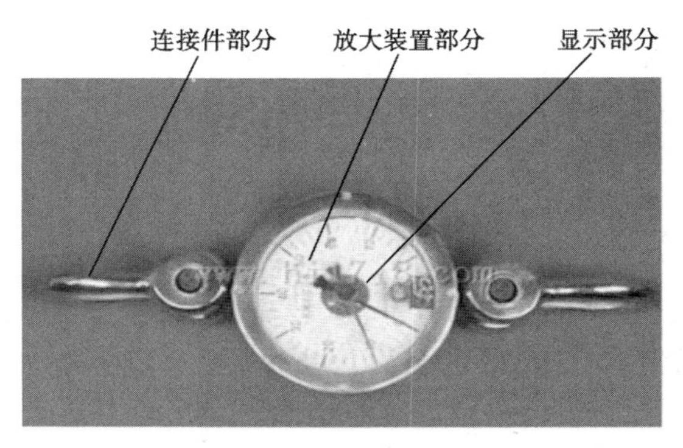

图 4-5　机械式拉力表结构

3）机械式拉力表工作原理

当作用力通过连接件作用在变形体上，使之产生弹性变形，在弹性范围内，变形量与作用力基本成正比，这样变形大小就可反映出作用力的大小。变形体的变形量经放大装置放大，通过指针在表盘上的指示读出作用力的值。

第二节　打捞落物工具

一、可退式打捞矛

1. 用途

可退式打捞矛是从落鱼内孔进行打捞的工具。其最大的优点是落鱼卡死捞不出时，打捞矛可退出鱼腔，起出打捞管柱。

2. 结构

可退式打捞矛由芯轴、圆卡瓦、释放环和引鞋组成，如图 4-6 所示。

芯轴的中心有水眼,可冲洗鱼顶和进行钻井液循环。上部是钻杆扣(或油管扣)与工具或管柱相连。中部是锯齿形大螺距外螺纹。下部用细牙螺纹同引鞋相连。圆卡瓦的内表面有与芯轴相配合的锯齿形内螺纹。圆卡瓦外表面有多头的打捞螺纹。打捞螺纹和锯齿形螺纹的旋向与接头螺纹的旋向相反,以实现打捞。在圆卡瓦的 360° 圆周上均布有四条纵向槽(其中有一条是通槽),使圆卡瓦成为可张缩的弹性体。释放环套在芯轴上,下接引鞋。释放环与引鞋接触面间有三对相互吻合的凸缘。工具组装后圆卡瓦内螺纹与芯轴外螺纹有一定的径向间隙,使其沿轴向有一定的自由窜动量。

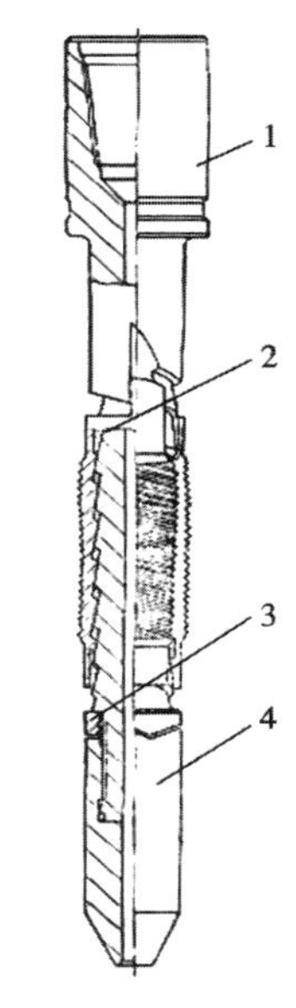

图 4-6 可退式打捞矛

1—接头及芯轴;2—圆卡瓦;3—释放环;4—引鞋

3. 工作原理

1)打捞

由于圆卡瓦外径略大于落物内径。当工具进入鱼腔时,圆卡瓦被压缩,产生一定的外胀力,使卡瓦贴紧落物内壁。随芯轴上行和提拉力的逐渐增加,芯轴、卡瓦产生径向力,使其咬住落鱼实现打捞。如图 4-7 所示。

2)退出

一旦落鱼卡死,无法捞出需退出工具时,只要给芯轴一定的下击力,就能使圆卡瓦与芯轴的内外锯齿形螺纹脱开(此下击力可由钻柱本身重量或使用下击器来实现),再正转钻具 2~3 圈(深井可多转几圈),圆卡瓦与芯轴产生相对位移,促使圆卡瓦沿芯轴锯齿形螺纹向下运动,直至圆卡瓦与释放环上端面接触为止(此时卡瓦与芯轴处于完全释放位置),上提钻具,即可退出落鱼。如图 4-8 所示。

4. 技术规范

技术规范见表 4-2。

表 4-2 可退式打捞矛技术规范

规格型号	外形尺寸(mm×mm)(直径×长度)	接头螺纹规格		使用规范及性能参数		
		钻杆扣	油管扣(in)	打捞范围(mm)	许用拉力(kN)	卡瓦窜动量(mm)
LM-T48	ϕ48×447	2A10	1.9TBG	44.3~44	210	6
LM-T60	ϕ86×618	2A10	$2\frac{3}{8}$TBG	46.1~50.3	340	7.7
LM-T73	ϕ95×651	230	$2\frac{7}{8}$TBG	54.6~62	535	7.7
LM-T89	ϕ105×670	210	$2\frac{7}{8}$TBG	66.1~77.9	814	10
LM-T102	ϕ105×761	210	3TBG	84.8~90.1	1078	10

续表

规格型号	外形尺寸（mm×mm）（直径×长度）	接头螺纹规格		使用规范及性能参数		
		钻杆扣	油管扣（in）	打捞范围（mm）	许用拉力（kN）	卡瓦窜动量（mm）
LM-T114	ϕ105×823	210		92.5~102.3	1078	10
LM-T127	ϕ110~118×850	210		101.6~115	1450	13
LM-T140	ϕ120~130×896	210		117.7~127.7	1632	13
LM-T168	ϕ146~160×1100	310		140.3~155.3	1920	16
LM-T178	ϕ157~170×1100	310		149.8~163.8	1920	19
LM-T219	ϕ198~210×1200	410		190.9~205.7	2200	19
LM-T245	ϕ222~235×1200	410		216.8~228.7	2200	19

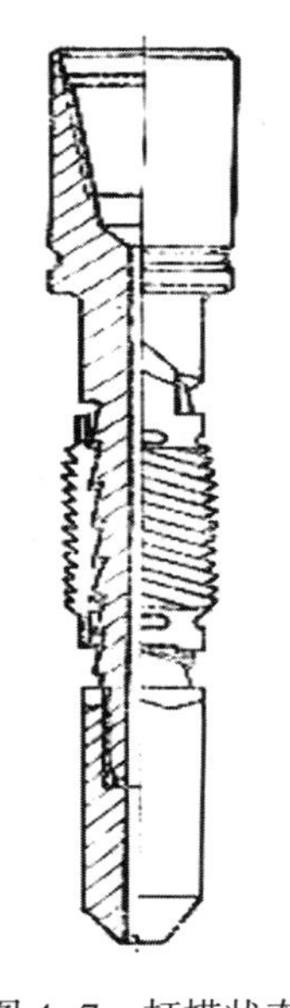

图 4-7　打捞状态

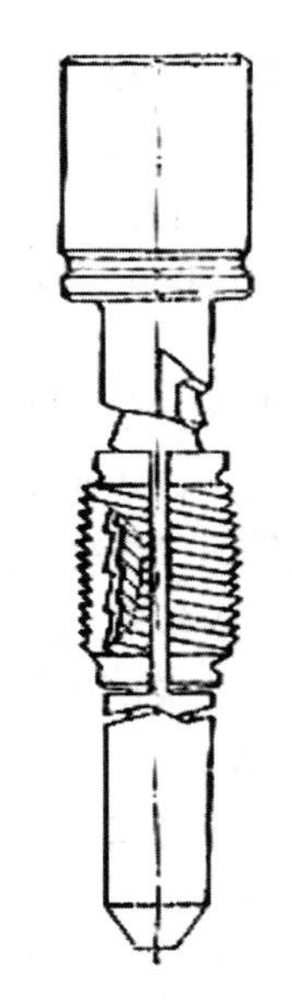

图 4-8　释放状态

5. 操作方法

（1）根据落鱼内径，选择相应的可退式打捞矛。

（2）检查工具卡瓦活动情况

（3）根据井况连接下井管柱。一般可按打捞矛+下击器+钻具进行连接；对于井况不明、出现捞后卡钻的情况，可按打捞矛+安全接头+下击器+上击器+钻铤+钻具进行连接。

(4)接好钻具下钻,下至鱼顶以上 2m 左右,开泵循环并缓慢下放钻具至鱼顶,探准鱼顶后,试提打捞管柱并记录悬重。

(5)记录完后下放管柱。当捞矛进入鱼腔,悬重有下降显示时,反转钻具 1~2 圈,芯轴对卡瓦产生径向推力,迫使芯轴上行,使卡瓦卡住落鱼而捞获。此时指重表悬重增加,即可起出管柱。

(6)如落鱼卡死,无法捞出,可用钻具(或下击器)下击芯轴,并正转钻具 2~3 圈后再上提钻具,即可将工具退出。

二、提放式可退捞矛

1. 用途

这类捞矛是通过落鱼内径实现打捞的工具。其特点是当落物卡死,不能捞出时,不必旋转管柱,只要上提下放管柱,工具即可退出鱼腔,避免事故复杂化。

2. 结构

提放式分瓣捞矛由上接头、内套、导向销、外套、卡瓦和芯轴组成,如图 4-9 所示。

上接头上部为油管或钻杆内螺纹,用来连接上部打捞管柱,下部有细牙螺纹与芯轴连接。内套、外套、卡瓦用螺纹连在一起,导向销安装在芯轴的轨迹槽内,使其带动卡瓦上下运动,实现打捞或释放状态。卡瓦的打捞螺纹为油管外螺纹(可与油管接箍实现对扣),开槽后分成六瓣,经渗碳淬火后具有良好的弹性和韧性。芯轴上有长短轨迹槽,从上至下有水眼,可在打捞前清洗鱼头,实现顺利抓捞。下部为锥体,便于引进落鱼。

3. 工作原理

在打捞过程中,芯轴下部锥体首先进入鱼腔,卡瓦抵住落鱼上端面,带动外套、内套和导向销沿轨迹槽上行,当内套上端面与上接头下端面接触时,卡瓦依其弹性变形进入鱼腔或接箍中实现对扣。此后上提管柱,卡瓦与被捞管柱已连在一起,带动外套、内套和导向销相对芯轴沿轨迹槽做螺旋下行运动,直到芯轴、卡瓦内外锥面内贴合,产生径向胀力抓住落鱼。此时导向销处在轨迹槽的长槽内。

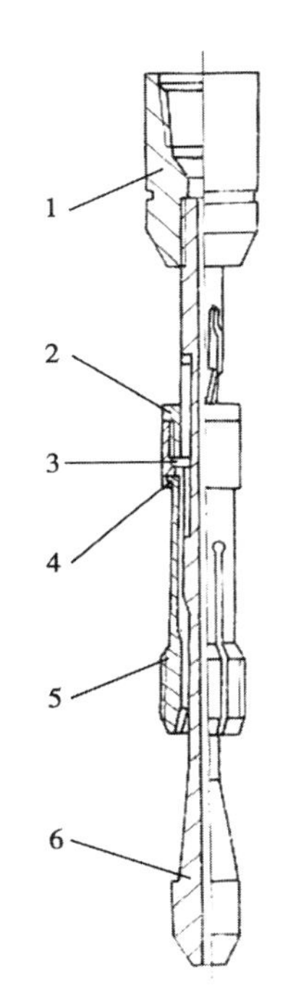

图 4-9 提放式分瓣捞矛

1—上接头;2—内套;3—导向销;4—外套;5—打捞抓;6—芯轴

当需释放落鱼时再次下放工具,导向销带动旋转装置和卡瓦上行,再次上提时导向销处于短槽中,使芯轴、打捞爪内外锥面脱开,卡瓦依其弹性变形脱开被捞管柱。

4. 技术规范

提放式分瓣捞矛技术规范见表 4-3。

表 4-3 分瓣捞矛技术规范

规格型号	外形尺寸（mm×mm）（直径×长度）	适用套管尺寸（mm）	接头螺纹规格（in）	适用落鱼尺寸（mm）	工作负载（kN）
TFB-73	ϕ107×580	140	3TBG	73 油管接箍	400
TFB-89	ϕ107×600	178	3TBG	89 油管接箍	500

5. 操作方法

(1)下井前检查工具规格，卡瓦尺寸是否合适，上下滑动是否灵活，转动是否灵活。

(2)下打捞钻柱至鱼顶，记好钻柱悬重与方入，开泵洗井。

(3)缓慢小心地下放钻柱，引入鱼腔观察碰鱼方入和入鱼方入及悬重变化。

(4)上提钻柱，悬重增加，则显示已捞获落鱼。如悬重未见增加，则再缓慢下放上提，直至捞获落鱼。

(5)如上提管柱拉不动，且悬重增加已明显超过落鱼管柱重量(不可超过许用负荷)，则说明落鱼管柱已严重卡死，为避免事故扩大化，可考虑退出工具。

(6)退出工具操作方法：将工具管柱下击，缓慢上提，如一次不成功可多次进行，直至退出为止。

三、接箍捞矛

1. 用途

接箍捞矛是专门用来捞取鱼顶为接箍的工具。

2. 结构

接箍捞矛按其打捞的落物分类，可分为抽油杆接箍捞矛和油管接箍捞矛。

1)抽油杆接箍捞矛

抽油杆接箍捞矛由上接头、锁紧螺母、芯轴、弹簧、卡瓦及引鞋等组成，如图 4-10 所示。

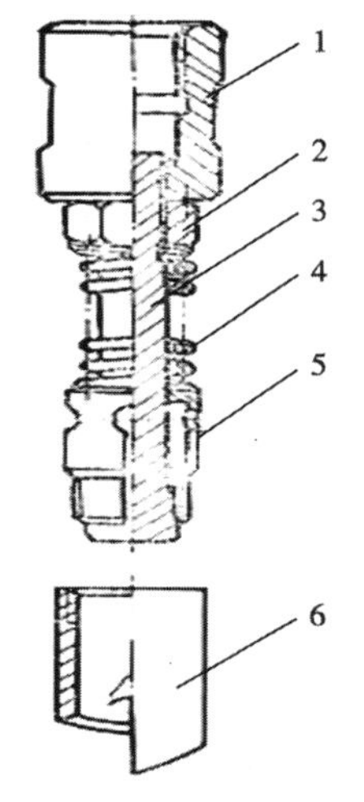

图 4-10 抽油杆接箍捞矛

1—上接头；2—锁紧螺母；3—芯轴；4—弹簧；5—卡瓦；6—引鞋

上接头的上部是抽油杆内螺纹，用以连接打捞管柱。下部是细牙螺纹同芯轴相连，并用一个锁紧螺母压紧，以防松扣。芯轴上装有弹簧和卡瓦，芯轴下端是圆锥体，锥度与卡瓦的内锥面一致。圆柱形螺旋弹簧将卡瓦紧紧压向芯轴下端,使其内外锥面贴合,卡瓦呈薄壳形,下端的外表面加工有与被打捞接箍螺纹一致的尖齿,纵向开 3~4 个槽。为便于引进落鱼,芯轴下端头部做成球台形,卡瓦下端面倒成 30°的锥角。

如果在较大的环形空间打捞抽油杆接箍,可在上接头外部安装拨鞋。

2)油管接箍捞矛

油管接箍捞矛主要由上接头、锁紧螺母、导向螺钉、芯轴、卡瓦、冲砂管等零件组成,如图 4-11 所示。

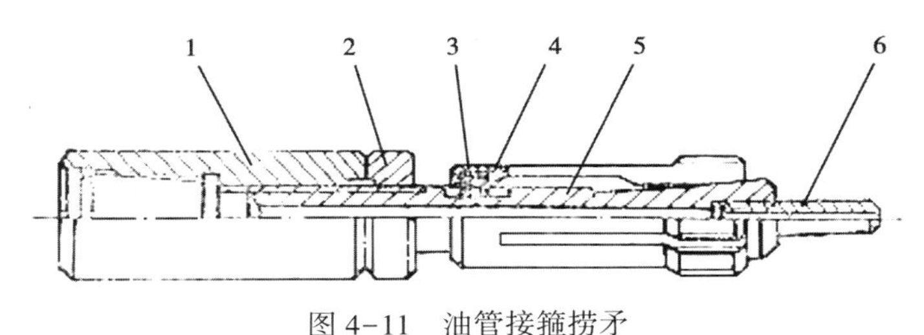

图 4-11 油管接箍捞矛

1—上接头;2—锁紧螺母;3—导向螺钉;4—芯轴;5—卡瓦;6—冲砂管

上接头上部为油管扣或钻杆扣,用以连接打捞管柱。下部的细牙螺纹与芯轴相连,并用一个锁紧螺母压紧,以防松扣。芯轴下端是锥体,其锥度与卡瓦的内锥面一致。芯轴中部有一导向槽,拧紧在卡瓦导向螺钉的下部圆柱头部就在此槽中。卡瓦下端的外表面加工有与被打捞接箍螺纹一致的尖齿,纵向开 4~6 个窄槽。为了便于引进落鱼,芯轴下端头部做成球台形,卡瓦下端倒成 30°锥角。工具从上至下有水眼,为了加强冲洗鱼顶的力量,芯轴水眼最下端有时安装一个冲砂管。

3. 工作原理

接箍捞矛实质上是一种内外螺纹的对扣打捞。为了能使接箍捞矛进入接箍,卡瓦纵向开了若干个槽,每个槽间便是一个卡瓦片,依其弹性变形进入接箍内螺纹中。又靠芯轴和卡瓦内外锥面贴合后的径向胀力,保持对扣后的连接性能,从而抓住落鱼。

具体过程是:卡瓦下端 30°锥角进入被捞接箍时,卡瓦上行,或者压缩弹簧,或者抵住上接头,迫使卡瓦内缩,于是卡瓦上的牙尖滑动,实现卡瓦下端外螺纹与接箍内螺纹的对扣。此后上提钻具,芯轴、卡瓦内外锥面贴合,产生径向胀力,阻止了对扣后的螺纹牙尖退出牙间,从而实现打捞。

4. 技术规范

技术规范见表 4-4。

表 4-4　接箍捞矛技术规范

规格型号	外形尺寸（mm×mm）（直径×长度）	接头螺纹规格（in）	使用规范及性能参数		
			落鱼规格（in）	许用拉力（kN）	井眼规格（in）
JKLM38	ϕ38×260	3/4 油杆接箍	5/8、3/4 油杆接箍	70	$2\frac{3}{8}$TBG
JKLM46	ϕ46×265	1 油杆接箍	7/8、1 油杆接箍	90	$2\frac{3}{8}$TBG
JKLM73	ϕ85×300	$2\frac{3}{8}$TBG	$2\frac{3}{8}$油管接箍	350	$4\frac{1}{2}$套管
JKLM90	ϕ95×380	$2\frac{7}{8}$TBG	$2\frac{7}{8}$油管接箍	550	5、$5\frac{1}{2}$套管
JKLM107	ϕ112×480	3TBG	$3\frac{1}{2}$油管接箍	700	$5\frac{1}{2}$、$6\frac{5}{8}$套管
JKLM121	ϕ126×550	4TBG	4 油管接箍	700	$6\frac{5}{8}$以上套管
JKLM133	ϕ140×600	4TBG	$4\frac{1}{2}$油管接箍	850	$6\frac{5}{8}$以上套管

5. 操作方法

（1）根据井内鱼顶的接箍规格，选用捞矛及卡瓦。

（2）将工具拧紧在打捞管柱的最下端，下入井内。如使用的是油管接箍捞矛，下至距鱼顶 1～2m 处，开泵循环，冲洗鱼顶。待循环正常后停泵，入鱼。

（3）当悬重回降，停止下放，慢慢上提，若悬重增加说明打捞成功。

（4）起钻。

（5）出井后反转卡瓦可退出工具。

四、滑块卡瓦打捞矛

1. 用途

滑块卡瓦打捞矛是内捞工具，它可以打捞钻杆、油管、套铣管等具有内孔的落物，又可对遇卡落物进行倒扣作业。

2. 结构

滑块卡瓦打捞矛由上接头、矛杆、卡瓦、锁杆及螺钉组成，如图 4-12 所示。上接头上端有与钻柱相连接的螺纹。下端有与矛杆相连接的内螺纹，矛杆为柱形长杆，外径比被打捞的落物小 3～4mm。杆身下端连引鞋，并有一燕尾导轨安装卡瓦。导轨终端安装有锁块，阻止卡瓦滑出。卡瓦外径为圆弧

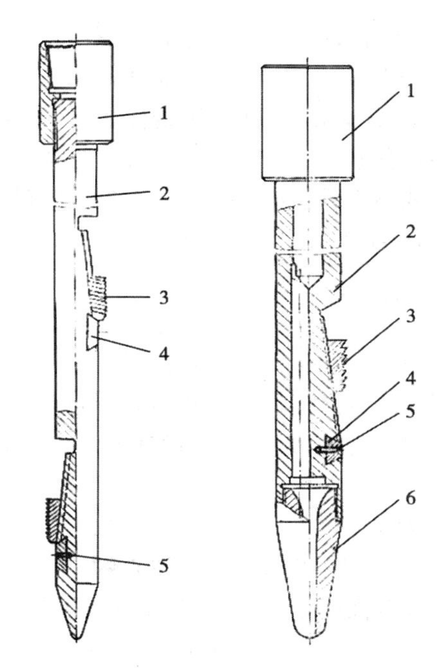

图 4-12　滑块卡瓦打捞矛

1—上接头；2—矛杆；3—卡瓦；4—锁杆；5—螺钉；6—引鞋

形，与被打捞落物内径相同，表面加工有梳形尖齿。圆弧背部有与矛杆燕尾导轨相配合的燕尾槽。锁块固定在矛杆横向燕尾槽内，以限定卡瓦的最大工作位置。

3. 工作原理

当矛杆与卡瓦进入鱼腔之后，卡瓦依靠自重向下滑动，卡瓦与斜面产生相对位移，卡瓦齿面与矛杆中心线距离增加，使其打捞尺寸逐渐加大，直至与鱼腔内壁接触为止。上提矛杆时，斜面向上运动所产生的径向分力，迫使卡瓦咬入落物内壁，实现打捞。

4. 技术规范

技术规范见表 4-5。

表 4-5　滑块卡瓦打捞矛技术规范

规格型号	外径(mm)	接头螺纹规格	使用规范及性能参数	
			打捞内径(mm)	许用拉力(kN)
HLM-D(S)48	73	2⅜in TBG	38	251
HLM-D(S)60	86	2A10	42~53.8	496
HLM-D(S)73	105	210	52.6~64	781
HLM-D(S)89	105	210	64.1~77.9	1093
HLM-D(S)102	105	210	77.6~92.1	1147
HLM-D(S)114	121	310	90~102.5	2246
HLM-D(S)127	121	310	103~117.8	2746
HLM-D(S)140	135	310	115.7~129.3	3854
HLM-D(S)168	165	310	138.3~156.3	5348
HLM-D(S)178	175	310	152.3~168.1	5928

注：D 表示单牙块，S 表示双牙块。

5. 操作方法

(1)选择合适的工具，并检查卡瓦活动是否灵活，在滑道上涂抹机油。

(2)下钻至鱼顶，记好钻柱悬重及方入，开泵洗井。

(3)下放钻柱，引入鱼腔，观察碰鱼方入与入鱼方入及悬重变化。

(4)上提钻柱，悬重增加，则已捞获落鱼。

(5)倒扣作业时，将悬重提至设计的倒扣负荷，再增加 10~20kN，即可进行倒扣作业。

五、公锥

1. 用途

公锥是一种专门从油管、钻杆、套铣管、封隔器等有孔落物的内孔进行造扣打

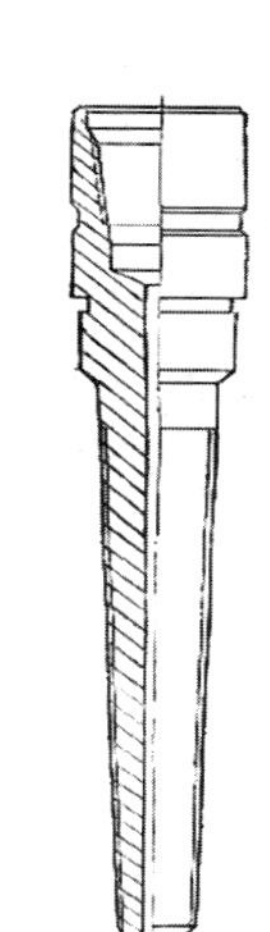

图 4-13　公锥

捞的工具。

2. 结构

公锥是长锥形整体结构，可分成接头和打捞螺纹两部分，如图 4-13 所示。

接头上部有与钻杆连接的螺纹，接头下部有细牙螺纹，用以连接引鞋。公锥从上至下有水眼。

公锥最重要的部分是打捞螺纹，按牙尖角分有两种规范。

（1）螺纹牙尖角为 55°，螺距为 8 扣/in 的。这种打捞螺纹使用较多，其优点是螺纹牙尖角小，易于吃入落鱼内壁，造扣扭矩也较小。但其强度较低，不适于打捞材质较硬、韧度较大的落物，如 P110 材质的落物，在造扣时可能使螺纹崩塌挤毁，导致打捞失败。

（2）螺纹牙尖角为 89°30′，螺距为 5 扣/in 的。这种打捞螺纹的优点是增大了牙尖角，加大了螺距，也相对地增加了螺纹根部的断面积，从而提高了打捞螺纹的强度，以承受较大的造扣扭矩及提拉负荷。但由于牙尖角的增大，使地面造扣扭矩也增大。这种打捞螺纹，对于材质较硬、韧度较大的落物，打捞成功率较高。

3. 作用原理

当公锥进入打捞落物的内孔之后，加适当的钻压，并转动钻具，迫使打捞螺纹挤压吃入落鱼内壁造扣。当所造之扣能承受一定的拉力和扭矩时，可采取上提或倒扣办法将落物全部或部分捞出。

4. 技术规范

技术规范见表 4-6。

表 4-6　修井用公锥技术规范

规格型号	外形尺寸（mm×mm）（直径×长度）	接头螺纹规格	使用规范及性能参数		
			螺纹表面硬度	抗拉极限（MPa）	打捞直径（mm）
GZ86-1	86×560	2A10	HRC60～65	≥932	39～67
GZ86-2	86×535	2A10			54～77
GZ105-1	105×535	210			54～77
GZ105-2	105×475	210			72～90
GZ121	121×455	310			88～103

5. 操作方法

当工具下至鱼顶上部 1～2m 时，开泵冲洗，并逐步下放工具至鱼顶，观察泵压变化。如泵压突然上升,指重表悬重下降,说明公锥进入鱼腔,可以进行造扣打捞。如悬重逐步下降而泵压并无变化,说明公锥插入鱼腔外壁的套管环形空间,应上提钻柱,然后转动钻柱,重对鱼腔,直至悬重与泵压均有明显变化(公锥入腔),才能加压造扣,进行打捞。打捞鱼腔畅通、泵压无明显变化的落鱼时,应增加扶正找中接头或采用引鞋结构,以防止造扣位置错误,酿成事故。

打捞操作时,不允许猛顿鱼顶,以防将鱼顶或打捞螺纹顿坏。尤其应注意分析判断造扣位置,切忌在落鱼外壁与套管内壁的环形空间造扣,以避免造成严重的后果。

六、可退式卡瓦打捞筒

1. 用途

可退式卡瓦打捞筒是从管子外部进行打捞的一种工具,可打捞不同尺寸的油管、钻杆和套管等落鱼。工具下端接引鞋,筒内加工有大螺距左旋锥面螺纹,在左旋螺纹最上端焊有挡圈,它与上接头倾角的空间安装一个舌形密封圈,以保证液体在井内正常循环。筒体下端的螺纹起点处有个键槽,限定着铣控环并传递着扭矩。筒体最下端是引鞋。

卡瓦内壁有经过淬火处理的多头锯齿形螺纹,外部有与筒体一致的左旋锥面螺纹,在同一筒体内只要装不同规格或不同类型的篮式卡瓦或螺旋式卡瓦,便可打捞不同规格的落物。在篮式卡瓦360°圆周方向开有四条均布纵向槽,其中一条是两端开通,在两端开通槽部有宽键槽与铣控环的键配合。正常情况下卡瓦内径略小于落物的外径。由于卡瓦有一开通槽,所以在工具入鱼过程中,卡瓦会胀开,并对落鱼有初夹紧力。

铣控环端部有铣齿,可对鱼顶进行外修整,另一端有与筒体开口键槽相配合的键。工具装配后,铣控环的键与筒体键槽配合定位,不能相对旋转。卡瓦也由此键定位,只能在筒体内沿轴向窜动,不能相对旋转。

2. 结构

螺旋式卡瓦打捞筒由上接头、壳体总成、密封圈、螺旋卡瓦、控制环和引鞋组成,如图4-14所示。

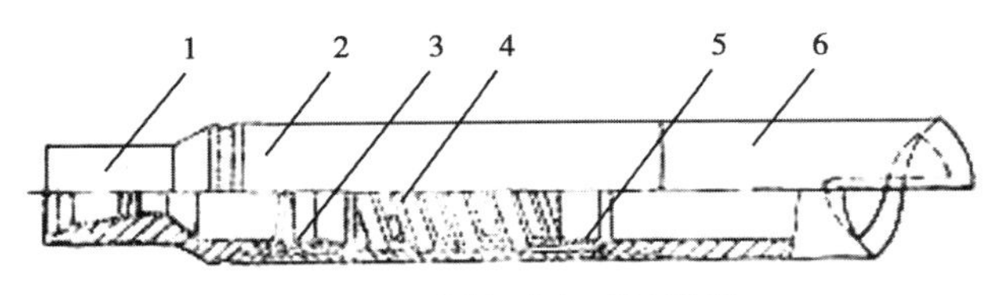

图4-14 螺旋式卡瓦打捞筒

1—上接头;2—壳体总成;3—密封圈;4—螺旋卡瓦;5—控制环;6—引鞋

螺旋式卡瓦捞筒的卡瓦壁比篮式卡瓦薄，因此，打捞相同尺寸的落物时，螺旋卡瓦捞筒外径要比篮式卡瓦捞筒小许多，这就使螺旋式卡瓦打捞筒在小井眼作业井上使用较多。

3. 工作原理

可退式卡瓦打捞筒由于卡瓦内径略小于落鱼外径，当落鱼挤入卡瓦后，卡瓦靠自身的力量夹紧落鱼，上提钻具，卡瓦外螺旋锯齿形锥面与筒体内相应的齿面有相对位移，而将落鱼卡紧捞出。需要退出时，只需下击、右旋上提，靠卡瓦内壁的反向螺纹退出鱼腔。

4. 技术规范

技术规范见表4-7、表4-8。

表4-7 B系列可退式卡瓦打捞筒技术规范

规格型号	外形尺寸(mm×mm) (直径×长度)	扣型	打捞尺寸 (mm)	许用提拉负荷 (kN)	工作井眼尺寸 (mm)
LT-01TB	95×795	2A10	53~62	1200	114.30
LT-02TB	105×815	210	63~79	1200	127.00
LT-03TB	114×846	210	81~90	1000	139.70~146.05
LT-04TB	134×875	210	93~105	1460	168.28
LT-05TB	145×900	310	106~119	1410	168.28~177.80
LT-06TB	160×900	310	120~134	1530	193.68
LT-07TB	185×950	310	139~156	2130	219.08

注：A代表篮式卡瓦捞筒，B代表螺旋卡瓦捞筒。

表4-8 A系列可退式卡瓦打捞筒技术规范

规格型号	外形尺寸(mm×mm) (直径×长度)	扣型	打捞尺寸(mm)		许用提拉负荷(kN)		工作井眼尺寸 (mm)
			不带台肩	带台肩	不带台肩	带台肩	
LT-01TA	95×795	2A10	47~49.3	52.2~55.7	100	620	114.30
LT-02TA	105×875	210	59.7~61.3	63~65 65.4~68	850	600	127.00
LT-03TA	114×846	210	72~74.5	77~79	900	450	139.70~146.05
LT-04TA	134×875	210	88~91	92~94.5 94.5~97.3	1300	928	168.28
LT-05TA	145×900	310	101~104	104~106 106.5~108.5	1330	950	168.28~177.80
LT-06TA	160×900	310	113~115	116~119	1300	928	193.68
LT-07TA	185×950	310	126~129 139~142	145~148	1800	1280	219.08

5. 操作方法

(1)按落鱼尺寸选择合适的工具,在下井前检查卡瓦是否活动灵活可靠。

(2)将工具下至鱼顶2~3m,开泵洗井,并观察泵压及悬重。

(3)慢放钻具至鱼顶时,边正转边下放,使打捞筒进入鱼顶,并观察方入、悬重及泵压变化。

(4)缓慢上提,若悬重大于原打捞钻柱重量,说明已捞获,可继续上提。如果在上提时悬重一直上升至工具允许最大载荷时,应停止上提,说明遇卡严重,应将打捞筒退出落鱼。其方法是:如果打捞筒上部带有下击器,可按下击器操作规程进行;若无下击器,可视钻柱重量加压下击或溜钻下击。然后边正转边上提即可退出落鱼。

在打捞遇卡严重的管柱时,应在工具上部连接震击器。

七、提放式可退捞筒

1. 用途

提放式可退捞筒是在套管内打捞油管及相应管柱的。如果被捞管柱严重卡死,无法捞提起出时,可下击管柱,直接上提即可丢手,避免事故复杂化。

2. 结构

提放式可退捞筒由上接头、筒体、导向销、导向套、连接套、丝堵、滚销、卡瓦、引鞋等组成,如图4-15所示。

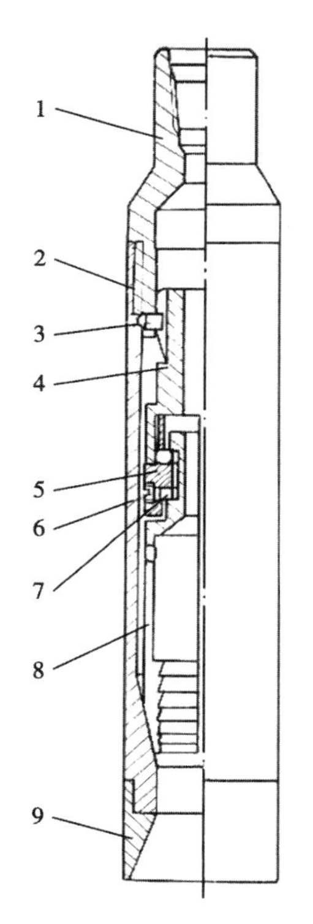

图4-15 提放式可退捞筒

1—上接头;2—筒体;3—导向销;4—导向套;5—连接套;6—丝堵;7—滚销;8—卡瓦;9—引鞋

上接头的内螺纹与钻柱连接,外螺纹与筒体连接。筒体的内螺纹与上接头相连,另一端与引鞋相连。筒内有一与卡瓦相配合的锥面,其他零件均装于筒体内。导向套的一端有内螺纹与连接套相连,另一端的外表面上铣有轨迹槽,即有两长槽和两短槽,起到导向和换向的作用。当导向销处于长槽时为打捞状态;导向销处于短槽时为释放状态。连接套为两瓣形式,它将卡瓦和导向套连为一体,并利用滚销而起到轴承的作用。卡瓦内有打捞螺纹,外锥面与筒体相配。引鞋位于工具最下端,可引导鱼顶进入工具内。

3. 工作原理

该捞筒是利用长短轨迹槽的换向和锥面胀紧

的原理来实现打捞和释放落鱼的。当工具接近鱼顶时,缓慢下放使其进入落鱼内。通过上提或下放,致使导向销在导向套的轨迹槽内运动,使之处于长槽或短槽位置,则卡瓦处于打捞或释放状态,从而实现不转动即可打捞或释放落鱼。

4. 操作方法

(1)根据落鱼直径选用合适规格的捞筒,并把卡瓦放到释放位置,然后连接打捞管柱。

(2)下放工具,当工具接近鱼顶时,应开泵循环,并观察泵压及悬重。

(3)慢放钻具,引入落鱼,待指重表悬重下降,停止下放。

(4)缓慢上提,若悬重大于原下井钻柱重量,说明已捞获,可继续上提。如果没有抓住落鱼,这时卡瓦可能处于释放位置,可重新下放工具,重新上提。

(5)如果在上提时,悬重一直上升至工具允许的最大载荷时应停止上提,说明落鱼被卡,应将捞筒退出落鱼。这时需下击工具,然后缓慢上提,可使工具退出。一次不成,可重复进行直至退出落鱼。

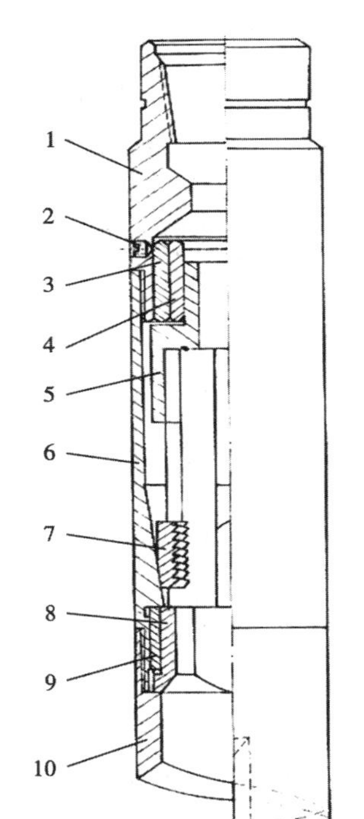

图 4-16　弯鱼头打捞筒

1—上接头;2—顶丝;3—花键套;4—座键;5—筒体;6—卡瓦座;7—卡瓦;8—腰形套;9—键;10—引鞋

八、弯鱼头打捞筒

1. 用途

弯鱼头打捞筒是从管柱外部进行打捞的一种不可退式工具,主要用于在套管内打捞由于单吊环或其他原因造成弯扁形鱼头的落井管柱,其特点是在不用修整鱼顶的情况下可直接进行打捞。

2. 结构

弯鱼头打捞筒由上接头、顶丝、花键套、筒体、卡瓦、卡瓦座、腰形套、键、引鞋等组成,如图 4-16 所示。

上接头内螺纹与钻柱连接,外螺纹与筒体连接,下部细牙内螺纹与花键套连接。筒体一端有细牙内螺纹与上接头连接,一端有细牙外螺纹与引鞋连接。内孔靠近下端是锥孔,与卡瓦外锥面配合,并与卡瓦外锥面锥度一致,内孔下端轴向对称开两键槽用来定位。

引鞋一端有细牙内螺纹与筒体连接,内孔尺寸略大于扁圆形鱼头长轴尺寸,便于鱼头顺利通过引鞋进入筒体。

花键套内孔与卡瓦座滑动配合,轴向对称开两道键槽与卡瓦座两道键槽吻合，用座键定位。

卡瓦座内孔为扁圆形筒形零件，下部外锥面与筒体锥面配合。扁圆孔长轴略大于鱼顶扁圆形长轴，中间轴向对称开两道轨迹槽，卡瓦在槽内可自由上下移动。

卡瓦为剖分式，下部外锥面与筒体内锥面有良好的配合，卡瓦座两道轨迹槽把两块卡瓦对称分开，卡瓦内孔有坚硬锋利的齿尖向上的内齿，下端大的内倒角使鱼头顺利通过。

腰形套在引鞋上部、筒体下部，内孔为椭圆形，长轴尺寸大于鱼头长轴尺寸，下端是上小下大的锥孔，使鱼头顺利引入工具。

装配时卡瓦座扁圆孔与筒体扁圆孔对正且顶紧顶丝，腰形套、筒体、卡瓦座三件扁圆孔同轴同心，使扁圆形鱼头顺利引入工具。

3. 工作原理

当工具引入落鱼后边缓慢旋转边下放钻具，落鱼通过腰形套锥孔进入扁圆孔，继续下放钻具，当悬重下降时，说明鱼头顶住卡瓦座内台阶到达抓捞位置。轻提钻具，卡瓦外锥面与筒体内锥面紧密贴合，卡瓦内齿轻轻咬住落鱼，此时缓慢上提钻具均匀加力，在筒体、卡瓦内外锥面贴合作用下产生径向卡紧力将落鱼咬住，提钻即可捞出落鱼。

4. 打捞规格

打捞规格见表4-9。

表4-9 弯鱼头打捞筒打捞规格

规格型号	打捞尺寸(mm)	鱼头最大长轴尺寸(mm)
WYLT-48	48.3	63
WYLT-60	60.3	81
WYLT-73	73	100
WYLT-89	88.9	116

5. 操作方法

(1)根据油管规格及鱼头变形量选用合适工具。

(2)检查工具，保证腰形套、卡瓦座、筒体扁圆孔对正，无影响鱼头引入的台阶，拧紧顶丝。

(3)接好钻具，下至离鱼顶1~2m处开始缓慢地边旋转边下放钻具，观察指重表，当悬重下降时，说明落鱼已进入筒体停放。

(4)缓慢上提，加力要均匀，当悬重大于原打捞管柱重量说明已捞获，继续上提。

九、抽油杆打捞筒

抽油杆打捞筒是专门用来打捞断脱在油管或套管内的抽油杆的一种工具。从性能上分有可退式和不可退式；从结构上分有螺旋卡瓦式、篮式卡瓦式和锥面卡瓦式多种。无论哪种形式的抽油杆打捞筒，其夹紧落物的机理都是靠锥面内缩产生的夹紧力抓住落井抽油杆的。

1. 可退式抽油杆打捞筒

1）用途

可退式抽油杆打捞筒用于打捞抽油杆类的落物，一旦需要可很方便地退出落鱼。它有篮式卡瓦和螺旋卡瓦两种。

2）结构

螺旋卡瓦抽油杆打捞筒、篮式卡瓦抽油杆打捞筒分别如图4-17、图4-18所示。

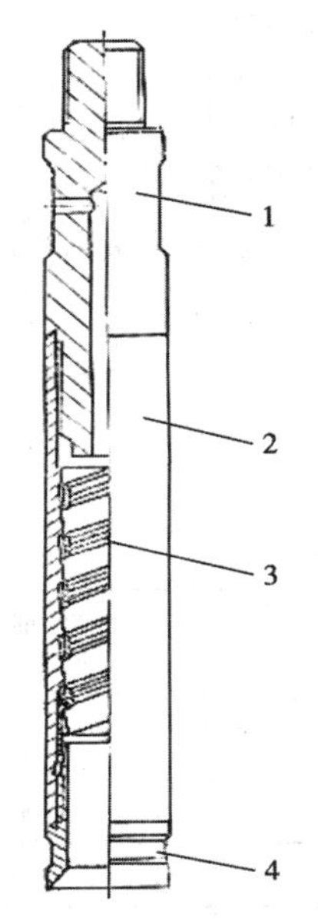

图4-17 螺旋式卡瓦抽油杆打捞筒
1—上接头；2—筒体；3—螺旋卡瓦；4—引鞋

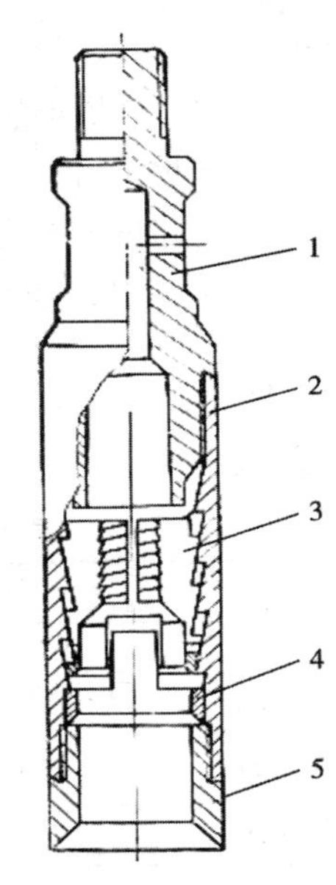

图4-18 篮式卡瓦抽油杆打捞筒
1—上接头；2—筒体；3—篮式卡瓦；4—控制环；5—引鞋

螺旋式卡瓦和篮式卡瓦抽油杆打捞筒均由上接头、筒体、引鞋和卡瓦所组成。其主要不同点除卡瓦结构不同外，篮式多一个控制环。

上接头上部的外螺纹与抽油杆接箍等打捞管柱连接。下部的外螺纹与筒体连接。中间有一阶梯形盲孔。盲孔的大孔比打捞的抽油杆尺寸大一些，小孔比打捞的抽油杆尺寸小。小孔与外部有横孔相通，构成T形通道，此通道是抽油杆捞筒在下井过程中外排钻井液的通道。

筒体上、下均为内螺纹，分别同上接头和引鞋连接。中间部分为宽锯齿形螺纹,形成一个螺旋锥面,卡瓦就安放在螺旋锥面上。在筒体下端的宽锯齿形螺纹的起点处有一个槽,槽内装螺旋卡瓦上的键。

控制环是篮式卡瓦捞筒的重要零件。它是在一个环体上焊接长键,长键在垂直方向上一半在筒体的键槽内,一半在篮式卡瓦的键槽内,从而保证了篮式卡瓦上、下滑动自如,以防止卡瓦单独绕工具轴线转动。

3)工作原理

可退式抽油杆打捞筒的工作原理与可退式打捞筒工作原理相同。

4)技术规范

技术规范见表4-10、表4-11。

表4-10 A型可退式抽油杆捞筒

规格型号	外形尺寸(mm×mm)(直径×长度)	接头螺纹规格(in)	打捞尺寸(mm)	许用提拉负荷(kN)	工作井眼尺寸(in)	备注
CLT01-TA	D×650	5/8 抽油杆螺纹	15~16.7	420	套管	D为根据套管内径所确定的引鞋尺寸
CLT02-TA	D×650	3/4 抽油杆螺纹	18~19.7	420	套管	
CLT03-TA	D×650	7/8 抽油杆螺纹	21~22.7	420	套管	
CLT04-TA	D×650	1 抽油杆螺纹	24~25.7	420	套管	

表4-11 B型可退式抽油杆捞筒

规格型号	外形尺寸(mm×mm)(直径×长度)	接头螺纹规格(in)	打捞尺寸(mm)	许用提拉负荷(kN)	工作水眼尺寸(mm)
CLT01-TA	55×350	5/8 抽油杆螺纹	15~16.7	350	ϕ73 油管
CLT02-TA	55×350	3/4 抽油杆螺纹	18~19.7	350	ϕ73 油管
CLT03-TA	55×350	7/8 抽油杆螺纹	21~22.7	350	ϕ73 油管
CLT04-TA	55×350	1 抽油杆螺纹	24~25.7	350	ϕ73 油管

注:A为篮式卡瓦抽油杆打捞筒,B为螺旋式卡瓦抽油杆打捞筒。

5)操作方法

(1)根据落鱼尺寸选择合适的抽油杆打捞筒,并检查卡瓦活动是否灵活。

(2)下入井内,当工具接近鱼顶时缓慢旋转下放工具,直至悬重有减轻显示时停止。

(3)上提钻具,若悬重增加则表示打捞成功,起出钻具。

(4)一旦遇卡,最大提拉力不得超过抽油杆许用载荷。如不能解卡,可先下击,然后缓慢右旋并上提工具,即可退出工具。

2. 不可退式抽油杆打捞筒

1)用途

用途与可退式抽油杆捞筒相同,只是抓获落鱼后无法释放。

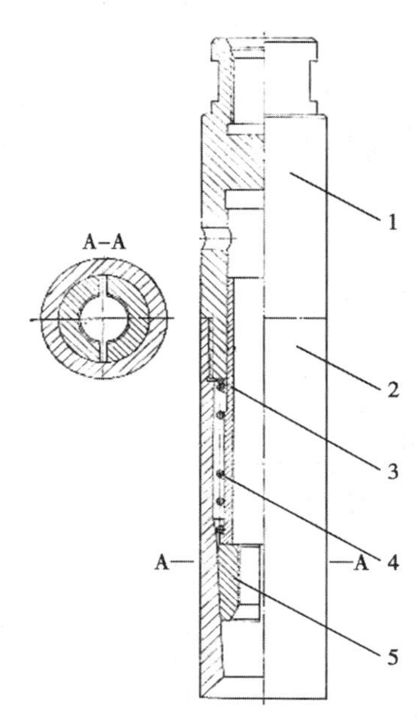

图 4-19　不可退式抽油杆打捞筒
1—上接头；2—筒体；3—内套；
4—弹簧；5—卡瓦

2）结构

不可退式抽油杆打捞筒由上接头、筒体、内套、弹簧、卡瓦等组成，如图 4-19 所示。

上接头上部是抽油杆内螺纹或外螺纹，与打捞时所用的抽油杆连接。下部是细牙外螺纹，与筒体相连。中间是不透孔，内套可在孔内自由滑动。为了解除工具在下井过程中的过大阻力，在与不透孔相垂直的方向上，加工两个较小的孔，使其内外相通。筒体下端有一大锥度的内锥面，起引鞋的作用。与其相接的是外小内大锥度较小的另一锥面，这一锥面的锥角与卡瓦外锥面的锥角相吻合。卡瓦为两块剖分式，内孔有坚硬的锯齿形牙齿，卡瓦被内套顶在筒体的内锥面上，上接头与内套间的弹簧及其弹性力，使两瓣卡瓦不分开，并顶在筒体上。

3）工作原理

经筒体大锥面进入筒体内的抽油杆，首先推动两瓣卡瓦沿筒体内锥面上行，并随卡瓦内孔逐渐增大，弹簧被压缩。当内孔达一定值后，在弹簧力的作用下将卡瓦下推，使筒体、卡瓦内外锥面贴合，卡瓦内孔贴紧抽油杆。此时，上提工具，由于卡瓦锯形牙齿与抽油杆的摩擦力，使卡瓦保持不动，筒体随之上升，内外锥面贴合得更紧。在上提负荷的作用下，内外面间产生径向夹紧力，使两块卡瓦内缩，咬往抽油杆。随着上提负荷的增加夹紧力也越大，从而实现打捞。

4）技术规范

技术规范见表 4-12。

表 4-12　不可退式抽油杆打捞筒技术规范

规格型号	外形尺寸（mm×mm）（直径×长度）	接头螺纹规格（in）	打捞尺寸（mm）	许用提拉负荷（kN）	工作井眼尺寸（mm）	备注
CLT01	55×346	5/8 抽油杆螺纹	15～16.7	392	ϕ73 油管	在套管内打捞时可加大引鞋直径
CLT02	55×346	3/4 抽油杆螺纹	18～19.7	392	ϕ73 油管	
CLT03	55×346	7/8 抽油杆螺纹	21～22.7	392	ϕ73 油管	
CLT04	55×346	1 抽油杆螺纹	24～25.7	392	ϕ73 油管	

5)操作方法

(1)按井内的落物选择合适的打捞筒,拧紧各部分螺纹,下入井内。

(2)当指重表悬重下降时,停止下放工具。

(3)上提工具管柱,出井后,卸去上接头、弹簧,取出卡瓦,即可抽出抽油杆。

十、组合式抽油杆打捞筒

1. 用途

组合式抽油杆打捞筒,是将打捞抽油杆的捞筒与打捞抽油杆接箍和台肩的捞筒组合在一起,构成的一种新式打捞工具。其用途是在不换卡瓦的情况下,可在油管内打捞抽油杆本体或打捞抽油杆台肩及接箍。

2. 结构

组合式抽油杆打捞筒由上、下两部分捞筒组成,如图 4-20 所示。

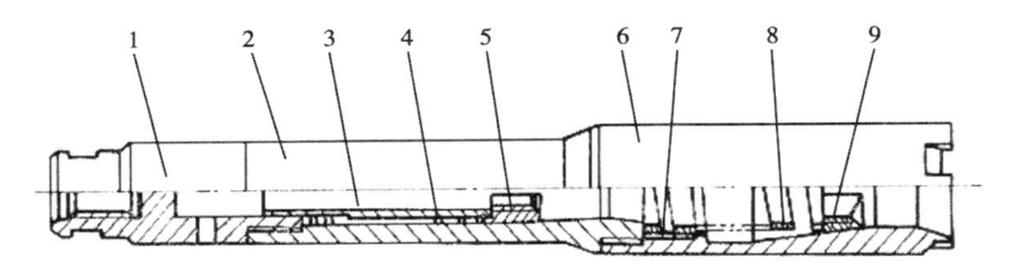

图 4-20　组合式抽油杆打捞筒

1—上接头;2—上筒体;3,7—弹簧座;4,8—弹簧;5—小卡瓦;6—下筒体;9—大卡瓦

上筒部分专供打捞抽油杆本体,是由上接头、上筒体、弹簧、弹簧座、小卡瓦等组成。上接头上部有连接抽油杆的内螺纹,下部有与上筒体连接的外螺纹,内孔与弹簧座滑动配合,小通孔用于内外连通,排除死油。上筒体上部有螺纹与上接头连接,其下部有一段内锥面,下端外部螺纹与下筒体连接。弹簧座的上部坐入弹簧,并在上接头内孔里配合滑动,在弹簧的作用下压紧小卡瓦。小卡瓦是剖分式结构,内部加工有抓捞螺纹牙齿,外部是与筒体同一锥度的锥面。

下筒部分可打捞抽油杆接箍和台肩。在结构组成上基本与上筒相同,由下筒体、弹簧套、弹簧、大卡瓦等组成。下筒体上部有与上筒体连接的螺纹,内部上段有装入弹簧套的配合孔,中间段是内锥面,下段内孔引导落鱼。弹簧采用了矩形截面的螺旋弹簧。弹簧套装在筒体内,起稳定弹簧的作用。大卡瓦结构与小卡瓦相同。

3. 工作原理

(1)打捞抽油杆本体工具下井过程中,如遇抽油杆本体,本体通过下筒体进入上筒体进而进入小卡瓦内,在弹簧力的作用下,卡瓦外锥面与筒体的内锥面相吻合,并使卡瓦内牙始终贴紧落鱼外表面。当提拉捞筒时,在摩擦力的作用下,落鱼带着卡瓦相对筒体下移，筒体内锥面迫使剖分式双瓣卡瓦产生径向夹紧力，咬住落鱼。

（2）打捞抽油杆台肩或接箍落鱼通过下筒体引入并抵住卡瓦前倒角。随着工具下放，落鱼顶开双瓣卡瓦进入并穿过卡瓦，上提捞筒。落鱼带着卡瓦与筒体产生相对运动形成径向夹紧力，落鱼部分弧面被卡瓦咬住或卡在卡瓦止口的台肩上。

4. 技术规范

技术规范见表4-13。

表4-13　组合式抽油杆打捞筒技术规范

规格型号	外形尺寸（mm×mm）（直径×长度）	接头螺纹规格（in）	使用规范
ZLT-3/4	59×540	3/4 抽油杆螺纹	ϕ73mm 油管内捞 5/8in、3/4in 抽油杆台肩、接箍
ZLT-1	72×542	1 抽油杆螺纹	ϕ73mm 油管内捞 7/8in、1in 抽油杆台肩、接箍

5. 操作方法

（1）将组合抽油杆打捞筒接在入井管柱上下井。

（2）当工具管柱下至鱼顶时，下放速度要慢，并可旋转3~5圈，以引进落鱼。

（3）当指重表指针回降后，停止下放，缓慢上提；若指重表指数超过原悬重，说明打捞筒抓住落鱼，即可起钻。

十一、活页式捞筒

1. 用途

活页式捞筒又名活门式捞筒，用来在大的环形空间里打捞鱼顶为带台肩或接箍的小直径杆类落物，如完整的抽油杆、带台肩和带凸缘的井下仪器等。

2. 结构

活页式捞筒由上接头、活页总成、筒体组成，如图4-21所示。

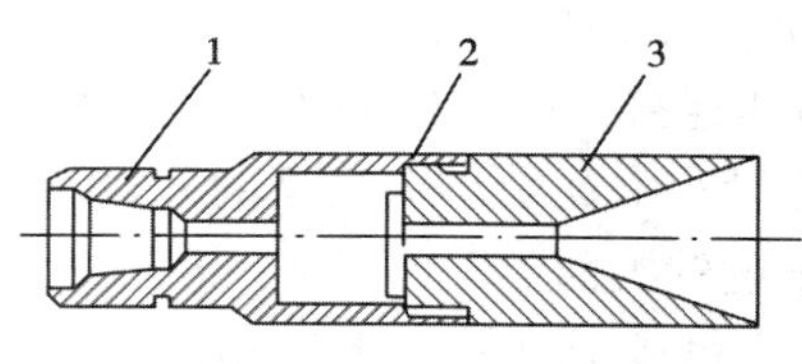

图4-21　活页式捞筒
1—上接头；2—活页总成；3—筒体

上接头上部为钻杆螺纹连接钻杆，下部呈筒形并有细牙内螺纹与筒体相连。筒体的上端面上安装着活页总成。活页总成由活页座、活页卡板、扭力弹簧、销轴组成。活页座焊在筒体上端面，与活页卡板上的凸缘插装在一起，一个销轴从活页座和活页卡板上的小孔穿过。活页卡板被扭力弹簧压在筒体上端面。活页卡板除凸缘外，中间还开一个宽度稍大于落鱼接箍下端管柱直径的长形口。筒体的下端为锥形喇叭口，便于引进落鱼。

3. 作用原理

鱼顶为接箍的落鱼引入筒体后，顶开活页卡板，活页卡板绕销轴转动。当接箍通过卡板后，在扭力弹簧的作用下卡板自动复位，接箍以下管柱正好进入活页卡板的开口里。上提工具，接箍卡在活页卡板上，实现打捞。

4. 技术规范

技术规范见表4-14。

表4-14 活页式捞筒技术规范

规格型号	外形尺寸(mm×mm)(直径×长度)	接头代号	使用性能及参数			备注
			接箍(mm)	抽油杆(in)	工作井眼(mm)	
HYLT16	95×500	2A10	38	5/8	114.3	可换筒体
HYLT19	105×500	210	42		127~139.7	
HYLT22	114×500	210	46	7/8	139.7	
HYLT25	140×500	210	55	1	168.28	
HYLT25	148×500	210	55	1	177.80	

5. 操作方法

(1)根据井底落鱼选择合适的工具，并检查活页卡板能否自由活动，弹簧能否使活页卡板自动复位，卡板开口尺寸与落鱼尺寸是否相同。

(2)下钻至鱼顶上1~2m，开泵洗井，慢转慢放使引鞋入鱼。下放时应注意观察指重表悬重变化，如有轻微变化，应立即停止下放，上提钻具。当悬重增加，说明已捞获，可以起钻。如无显示，应重复打捞，直至捞获。

十二、开窗打捞筒

1. 用途

开窗打捞筒是一种用来打捞长度较短的管状、柱状落物或具有卡取台阶落物的工具，如带接箍的油管短节、筛管、测井仪器、加重杆等。也可在工具底部开成一把抓齿形组合使用。

2. 结构

开窗打捞筒是由筒体与上接头两部分焊接而成(也有用螺纹连接的)，如图4-22所示。

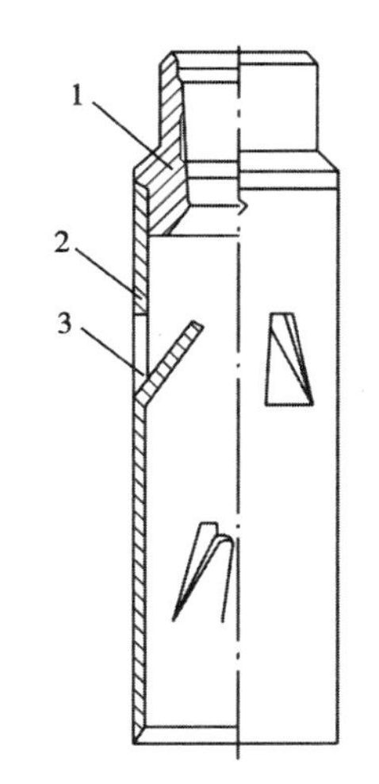

图4-22 开窗打捞筒

1—上接头；2—筒身；3—窗舌

上接头上部有与钻柱连接的钻杆螺纹，下端与筒体焊接。筒体上开有1~3排梯形窗口，在同一排窗口上有3~4只梯形窗舌，窗舌向内腔弯曲，变形后的舌尖内径略小于落物最小外径。在筒体上端钻有4~6个小孔，作为焊接孔，以增加与接头的连接强度。

根据打捞需要,筒体下端可以制成下列四种不同结构:

(1)螺旋形半斜向切口:便于旋转引入落鱼。

(2)锯齿形铣鞋切口:便于套铣清洗鱼顶较硬的落物和引导入鱼。

(3)内锥面喇叭口:便于直接引导入鱼。

(4)一把抓形切口:将一把抓与开窗打捞筒联合使用,增加打捞效果。

3. 工作原理

当落鱼进入筒体并顶入窗舌时,窗舌外胀,其反弹力紧紧咬住落鱼本体,窗舌也牢牢卡住台阶,即把落物捞起。

4. 技术规范

技术规范见表4-15。

表4-15 开窗打捞筒技术规范

规格型号	工具外径(mm)	接头螺纹	使用规范及性能参数			
			接箍尺寸(mm)	窗口排数	窗舌数	井眼尺寸(mm)
KLT92-1	92	2A10	38,42,46,55	2	6	ϕ114.30
KLT114-1	114	210	38,42,46,55	2	6	ϕ139.72
KLT92-1	92	2A10	73	2~3	6~12	ϕ114.30
KLT114	114	210	89.5	2~3	6~12	ϕ139.72
KLT140	140	210	107,121	3~4	9~16	ϕ168.28
KLT148	148	310	121,132	3~4	9~16	ϕ177.80

5. 操作方法

(1)检查各部螺纹或焊缝是否完好牢固。测量窗舌尺寸与闭合状态的最小内径是否能与落鱼配合,并留图待查。

(2)下钻至鱼顶以上2~3m开泵洗井。慢转钻柱下放。观察指重表与方入变化,记好碰鱼方入,引导筒体入鱼。

(3)继续下放钻柱,使落鱼进入工具筒内腔(视落鱼具体情况,可以稍加钻压或不加钻压)。若落物长度较短、井较深,方入及悬重变化难于判断时,可在一次打捞之后,将钻柱提起1~2m,再旋转下放,重复数次,即可提钻。在打捞中应注意观察指重表反应。在进行第二次打捞时如无碰鱼反应,可再行打捞一次。若仍无反应,说明在第一次已将落鱼捞获,即可以停泵提钻。

(4)提钻时应平稳操作,切勿顿碰与敲击钻柱,以免将落鱼震落,再次掉井。

十三、弯抽油杆打捞筒

1. 用途

该打捞筒主要用于打捞断脱在套管内的直的、侧弯或弯折达180°的弯抽油杆柱。

2. 结构

弯抽油杆打捞筒由上接头、筒体、卡块体、卡块、螺钉、扶正套组成，如图 4-23 所示。

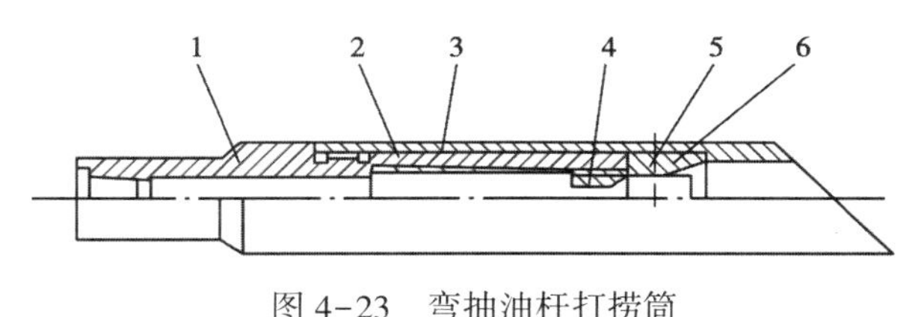

图 4-23 弯抽油杆打捞筒

1—上接头;2—卡块体;3—筒体;4—卡块;5—螺钉;6—扶正套

上接头上部有钻杆或油管螺纹与管柱连接，中心有水眼相通，下部螺纹同筒体连接。筒体上螺纹与接头相连，内装卡块体、扶正套，下部有斜口引鞋。卡块体固定在筒体上，内有燕尾斜面，扶正套用螺钉固定在筒体上，中心有适合弯折抽油杆柱的引入口。卡块内有坚硬的锯齿形牙齿，背有燕尾槽。

3. 工作原理

经筒体的斜口引鞋、扶正套引入到筒体内部的抽油杆柱推动两个卡块沿卡块体的燕尾斜面上行至上接头底部，使卡块贴紧抽油杆。此时，上提工具使卡块在卡块体燕尾斜面下行时紧紧咬住抽油杆本体。上提负荷越大，夹紧力越大，从而实现打捞。

4. 操作方法

(1)根据落鱼选择好合适的工具，并连好管柱下入井内。

(2)当工具管柱下至鱼顶，打捞管柱应反复旋转一定角度下放试提。

(3)当指重表悬重下降，说明抽油杆进入到捞筒内。此时上提管柱，若指重表指数超过原悬重，说明捞筒抓获落鱼，可起出管柱。

十四、三球打捞器

1. 用途

三球打捞器是专门用来在套管内打捞抽油杆接箍或抽油杆加厚台肩部位的打捞工具。

2. 结构

三球打捞器由筒体、钢球、引鞋等零件组成，如图 4-24所示。

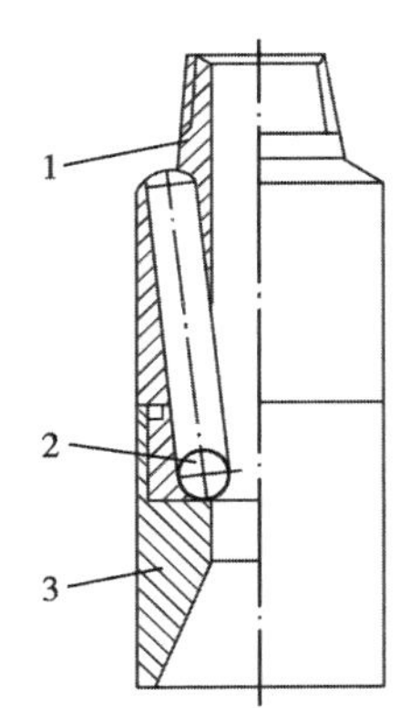

图 4-24 三球打捞器

1—筒体;2—钢球;3—引鞋

筒体上部是油管外螺纹，用来连接打捞管柱。在油管扣与筒体的台肩外，均布三个等直径斜孔，与筒体内大孔交汇。三个斜孔内各装一个大小一致的钢球，并被连接在筒体下端的引鞋上端面堵住斜孔。引鞋下部内孔有很大的锥角，以便引入落鱼。工具从上至下有水眼，可进行循环。

3. 工作原理

三球打捞器靠三个球在斜孔中位置的变化来改变三个球公共内切圆直径的大小，从而允许抽油杆台肩和接箍通过。

带接箍或者带台肩的抽油杆进入引鞋后，接箍或者台肩推动钢球沿斜孔上升，三个球形成的内切面逐渐增大。待接箍或台肩通过三个球后，三个球依其自重沿斜孔回落，依靠在抽油杆本体上。上提钻具，抽油杆台肩或接箍因尺寸较大无法通过而压在三个球上，斜孔中的三个钢球在斜孔的作用下给落物以径向夹紧力，从而抓住落鱼。

4. 技术规范

技术规范见表4-16。

表4-16　三球打捞器技术规范

规格型号	外形尺寸(mm×mm)(直径×长度)	接头螺纹规格(in)	使用规范及性能参数	
			落物规格(in)	工作井眼(mm)
SQ95-01	95×305	$2\frac{3}{8}$平母	5/8、3/4抽油杆	ϕ114.30
SQ95-02	95×305	$2\frac{3}{8}$平母	7/8、1抽油杆	ϕ114.30
SQ102-01	102×305	$2\frac{3}{8}$平母	5/8、3/4抽油杆	ϕ127.00
SQ102-02	102×305	$2\frac{3}{8}$平母	7/8、1抽油杆	ϕ127.00
SQ114-01	114×305	$2\frac{7}{8}$平母	5/8、3/4抽油杆	ϕ139.72
SQ114-02	114×305	$2\frac{7}{8}$平母	7/8、1抽油杆	ϕ139.72
SQ140	140×320	$3\frac{1}{2}$平母	5/8、3/4、7/8、1抽油杆	ϕ168.28
SQ150	150×320	4平母	5/8、3/4、7/8、1抽油杆	ϕ177.80

5. 操作方法

将三球打捞器连接在下井管柱中下井，待通过鱼头后，再缓慢上提。若指重表比原悬重增加，说明抓住落鱼，可起钻。

十五、强磁打捞器

1. 用途

强磁打捞器是用来打捞钻井、修井作业中掉入井里的钻头巴掌、牙轮、轴、卡瓦牙、钳牙、手锤及油管、套管碎片等小件铁磁性落物的工具。对于能进行正反循环的强磁打捞器，尚可打捞小件非铁磁性落物。

强磁打捞器的种类很多，按其工作性能分为强磁打捞器和高强磁打捞器，按其可循环的方向分为正、反循环强磁打捞器。

2. 结构

强磁打捞器虽分为强磁和高强磁两种类型，但结构没有区别，只是磁钢的材料不同。

1）正循环型强磁、高强磁打捞器

这种打捞器由上接头、压盖、壳体、磁钢、芯铁、隔磁套、引鞋等组成，如图 4-25 所示。上接头上部是钻杆螺纹或其他形式的螺纹，用于连接钻杆或其他打捞管柱及钢丝绳等，下部与壳体连接在一起。上接头从上至下有水眼。壳体内装有压盖、磁钢、芯铁和隔磁套，最下端连接引鞋。引鞋有三种结构形式：平鞋、引鞋、磨铣鞋。

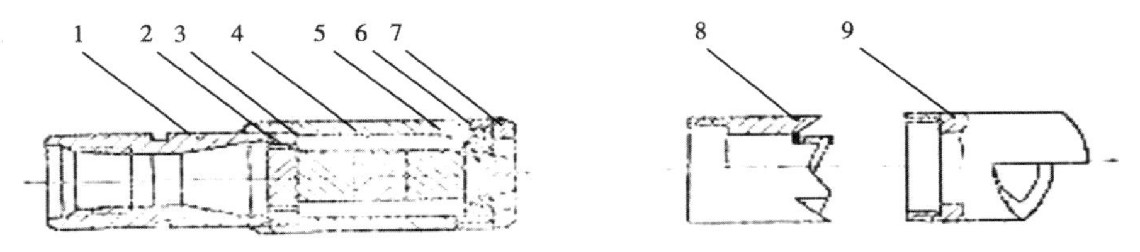

图 4-25　正循环磁力打捞器

1—上接头；2—压盖；3—壳体；4—磁钢；5—芯铁；6—隔磁套；7—平鞋；8—铣磨鞋；9—引鞋

引鞋的内孔中有一台肩，把隔磁套、芯铁、磁钢压住。压盖和隔磁套上有若干个轴向小孔，壳体与磁钢间有较大的环形空间，作为循环通道。

2）局部反循环型强磁、高强磁打捞器

这种打捞器由上接头、钢球、压盖、壳体、打捞杯、磁钢、隔磁套、芯铁和引鞋等组成，如图 4-26 所示。

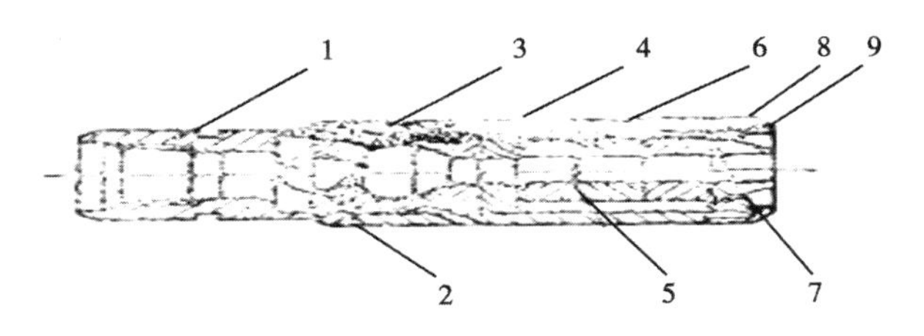

图 4-26　反循环磁力打捞器

1—上接头；2—钢球；3—打捞杯；4—压盖；5—壳体；6—磁钢；7—芯铁；8—隔磁套；9—引鞋

上接头上部是钻杆螺纹或者其他形式的螺纹，用以连接钻杆或其他管柱。上接头与壳体焊接在一体。壳体上部焊着一个打捞杯，其上端有锥形孔，钢球坐放在这里，成为一单向阀，堵塞上部钻井液进入杯腔的通道。杯腔(窝穴)与工具外部相通。杯体外表面与壳体间有环形空间，在其最下端有十余个小斜孔。壳体内有压盖、磁钢、芯铁。中间是水眼，直通杯内。

由此可见，当钢球坐放在锥孔上时，循环钻井液沿杯体外部的环形空间，经小斜孔流向井底，形成强大的旋流，又经压盖、磁钢、芯铁的水眼进入杯腔，从四个大孔泄出工具体外，返出地面，这样构成了局部反循环作用。

3. 工作原理

强磁打捞器以壳体引鞋和芯铁为两个同心环形磁极，两极磁通路之间为无铁磁材料区域，使铁芯、引鞋最下端有很高的磁场强度。由于磁通路是同心的，因此磁力线呈辐射状，并聚集与靠近打捞器下端的中心处，可把小块铁磁性落物磁化吸附在磁极中心。这种结构形式的磁力打捞器，即使所吸住的大块落物跨接芯铁、引鞋间的空间，也不会切断磁通路，还可以吸附一些与其相接触的小型落物，实现打捞。

对于非铁磁性落物的打捞，可在接近井底前投球，开泵循环，借助高压高速循环钻井液的小孔射流作用，将井的小型落物浮起，并随上返钻井液进入窝穴。由于铁磁性落物被吸附，存于窝穴中的落物再也不能回落井底，可实现对非铁磁性落物的打捞。

4. 技术规范

技术规范见表 4-17。

表 4-17 强磁打捞器技术规范

规格型号	外径(mm)	接头螺纹	使用规范及性能参数			
			吸力(N)		适应温度(℃)	适应井眼(mm)
			A	B		
CL(F)86	86	2A10	3500	1000	≤210	95~108
CL(F)100	100	210	5500	1700		108~137
CL(F)125	125	NC38	9500	2200		137~149
CL(F)140	140	310	11000	4000		149~184
CL(F)175	175	410	18000	5000		184~216
CL(F)196	196		21000	6200		203~220
CL(F)200	200		23000	6800		216~241
CL(F)225	225	6⅝in REG	28000	9800		241~279
CL(F)265	265		38000	13000		279~311
CL(F)290	290		42000	14000		311~375

5. 操作方法

1)准备工作

(1)根据井径及落物特点,选择合适的引鞋及打捞器。

(2)把打捞器放在木板或胶皮上,取出钢球并摘下护磁板后,检查工具尺寸,水眼是否畅通。

2)操作方法

(1)将打捞器拧紧在打捞钻柱上下井。

(2)当磁力打捞器下至距井底 3~5m 时,开泵循环冲洗井底。

(3)待井底冲洗干净后,在保持循环的前提下,缓慢下放钻具,触及落物。此时钻压不得超过 10kN。然后上提钻具 0.5~1m,将打捞器转动 90°,再重复上述动作。

(4)如果使用反循环磁力打捞器,在正循环洗井后停泵,投入钢球,将工具下至距井底 0.5m 处,开泵循环,排量要大,10~15min 即可,然后根据所选引鞋的不同,采用不同方法进行打捞。如果使用平鞋时,必须边循环边下放边转动钻具,反复上下几次即可。

(5)确认落物已被吸住,上提钻具 0.5~1m 停泵,起钻。

十六、内钩

1. 用途

内钩用于从套管内或油管内部打捞各种绳类及其他落物,如钢丝绳、电缆、录井钢丝、刮蜡片等。

2. 结构

内钩结构有多种,视不同的落物具体选用与制作。

1)死钩型内钩

这类内钩的钩齿与钩杆完全焊死,工作时无尺寸变化,常用于打捞套管及油管内绳类落物。

(1)双向内钩:由对称的两只钩身与钩尖组成,如图 4-27 所示。

这种内钩强度和外形尺寸较大,可用于打捞井内的钢丝绳、电缆等绳类落物。如果有特殊需要,也可加工成三只钩身的内钩。

(2)单向内钩:由单一钩身与钩齿组成,可根据不同的打捞要求选用。这种内钩除了打捞绳类落物外,还可以打捞有提环或有侧孔的落鱼,如图 4-28 所示。

2)活钩型内钩

此类内钩的特点是钩齿与钩身活动连接,钩子可以旋转收缩,又可分为双向与单向两种。

(1)双向活动内钩:这类内钩有于轴销连接,强度较低,只适合于打捞轻便落

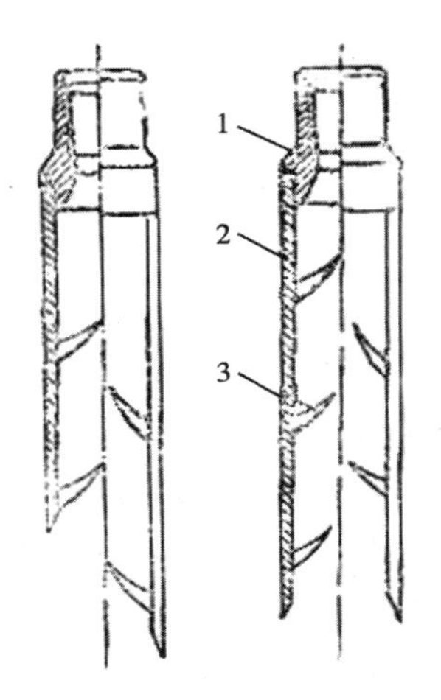

图 4-27　死钩型双向内钩

1—上接头;2—钩身;3—钩尖

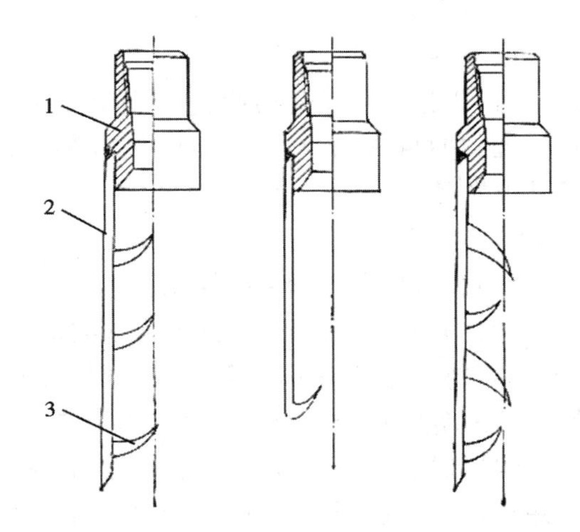

图 4-28　死钩型单向内钩

1—上接头;2—钩身;3—钩齿

物,如刮蜡片、铅锤等。

(2)单向活动内捞钩:这种内钩是在双向基础上将其去掉一半后所形成的打捞工具。

3. 作用原理

将内钩插入绳类或其他落物内,上提钻具时,钩齿钩住落物而带出地面。活动内钩的特点是内钩固定在销轴上,依靠弹簧及自重作用可以在筒体(或钩体)方槽内自由转动,形成最小打捞尺寸,当钩齿通过鱼腔之后,钩齿复位,将落鱼捞获。

4. 技术规范

技术规范见表 4-18。

表 4-18　内钩技术规范

落鱼管子尺寸(mm)	60.3	73	88.9	114.3	139.7	152.4	177.8	203.2	244.5
工具外径(mm)	46	58	70	95	114	136	150	180	210
长度(mm)	400	450	450	500	500	600	700	800	900
接头扣型	加重杆方扣	加重杆方扣	加重杆方扣	2A10 $2\frac{3}{8}$ 油管扣	210 $2\frac{7}{8}$ 油管扣	210 $2\frac{7}{8}$ 油管扣	310 $3\frac{1}{2}$ 油管扣	310 $3\frac{1}{2}$ 油管扣	420 $3\frac{1}{2}$ 油管扣

5. 操作方法

(1)地面检查螺纹是否完好,各焊点是否牢固无损,钩尖是否合适锐利。

(2)工具下入之前应根据井内落物的具体情况初步估算出鱼顶深度。当钻柱下至鱼顶以上50m时,应放慢速度进行试控打捞,注意观察指重表悬重变化。如指重表有下降情况,立即停止下放,上提钻具观察悬重有无增加,如无反应可以加深5~10m继续打捞。如此逐步加深打捞深度,直至钻压能加至5~10kN为止,即可提钻将落鱼捞出。

十七、外钩

1. 用途

外钩是用于从套管或油管内打捞各种绳类、提环、空芯短圆柱体、短绳套等落物的工具,如钢丝绳、电缆、深井泵衬套等。

2. 结构

外钩结构形式较多,因打捞对象不同其结构也各不相同,主要分以下几种进行介绍。

1)死钩型外钩

其结构如图4-29所示,由上接头、钩身、钩尖等组成。特点是钩型固定,钩尖向上,无伸缩活动余地,但强度较大。靠顺势的钩子和钩身插入绳类落物之中,稍加转动,绳类落物即缠绕在钩身上,钩尖阻止落物下滑,从而捞住柔性落物。

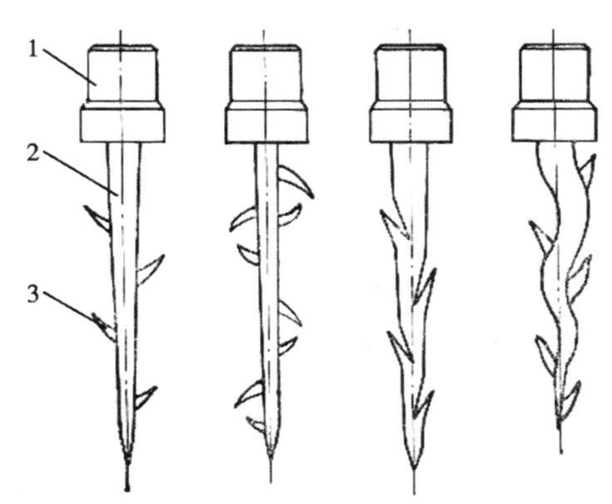

图4-29 死钩型外钩

1—上接头;2—钩身;3—钩尖

2)活动型外钩

如图4-30、图4-31所示,由上接头、钩身、凸轮钩、轴销与弹簧等组成,接头两端有螺纹与钻杆和钩身连接。钩身下部有长形方槽,并钻有轴销孔,以便安装凸轮钩与销子弹簧等零件。其特点是凸轮钩可以在方槽绕轴销自由转动,凸轮钩钩尖部分可以全部转入方槽之内,形成最小尺寸与钩身相同(即打捞时最小尺寸)。打捞时,当凸轮钩穿过落鱼内孔之后,依靠弹簧弹力将凸轮钩弹出,将落鱼捞获。由于轴销与凸轮钩受尺寸限制,强度较低,不能提拉较大负荷,因而只能用于打捞深井泵衬套或其他有内孔的小件落物。

3)偏心捞钩

在外捞钩上接头与钩身相连接的螺纹改为偏心之后,即成偏心捞钩,这对于前两种捞钩均适用。其目的是用以打捞井下偏心落物,如深井泵下接头螺纹断裂使

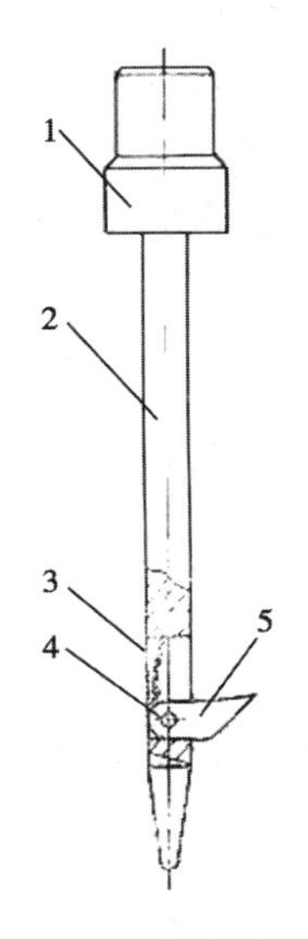

图 4-30　单钩活动型外钩

1—上接头；2—钩身；
3—弹簧；4—轴销；5—凸轮钩

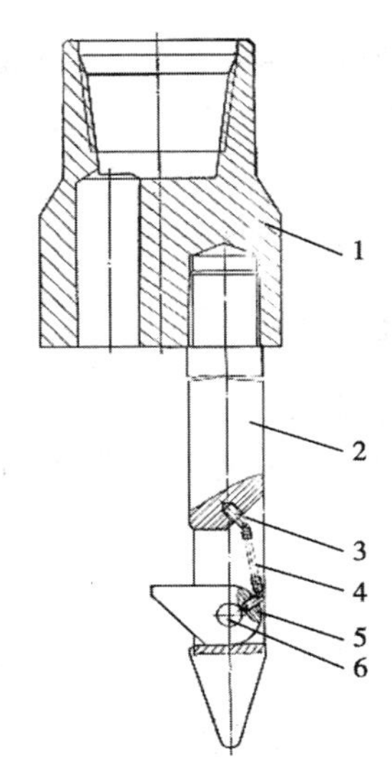

图 4-31　活动型外钩

1—上接头；2—钩身；3—螺栓；
4—弹簧；5—凸轮钩；6—轴销

全部衬套阀均落入井中，往往形成三只衬套并列于同一井深的多鱼顶状态，用其他工具打捞难以奏效。采用偏心捞钩在操作中多次转动钻柱打捞，可一次捞获多只，收到事半功倍的效果。

4）单钩捞钩

此种捞钩是为专门打捞某种落鱼而设计的。如打捞提捞筒与射孔枪提环、大直径加重锤提环等均可用此工具。其结构如图 4-32 所示。

此种工具设计加工的关键是钩子。应保证工具中心线在钩子的内侧，下端引尖长度应保证既能引导通过提环，又不影响工具转动与打捞。钩子本身开口一侧的横向长度，应超过套管中心线 20～30mm，这样当钩子在井下一次打捞成功之后，无论以后进行多少次打捞，均能保证落鱼不脱钩。使用时将工具下至鱼顶，遇阻后稍加压（一般 5kN），并在井口转动钻具 90°～120° 即上提一次，再行下放—上提—下放，如此多次提钻即可捞出落物。

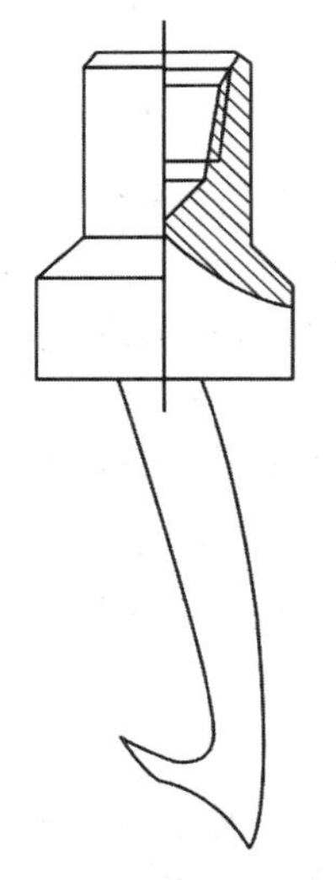

图 4-32　单钩捞钩

3. 工作原理

外钩工作原理与内钩相同。

4. 操作方法

地面上紧螺纹，检查凸轮钩弹簧弹性是否可靠，回位是否快速，轴稍是否良好，有无弯曲与剪切现象，如不合格应更换后方能使用。工具下至鱼顶后，只要有遇阻显示，应立即上提钻柱 1～2m，提完后转动钻柱 90°～120°，再行下放—上提—转动—下放，如此多次反复进行。在打捞中，如多次下放方入有所加深，说明已捞获落鱼，提钻后即可将落物取出。

十八、内外组合钩

1. 用途

内外组合钩是将内钩与外钩按工作需要进行各种不同的组合而成，即将两种工具的单一功能合并为复合功能，以提高打捞效果。

2. 结构

1）对称组合型

如图 4-33（a）所示，可内外两部分钩捞。

2）长短组合型

如图 4-33（b）所示，上部钩身与钩尖密集，下部为单一内钩。

3）阶梯型

如图 4-33（c）所示，各钩体长度不等，而短内钩体一般只有一个钩。

上述三种均系内外同时钩捞，并互相起阻止落物弹出的作用，以保证捞获绳类落物，不致因本身的弹性而脱钩。

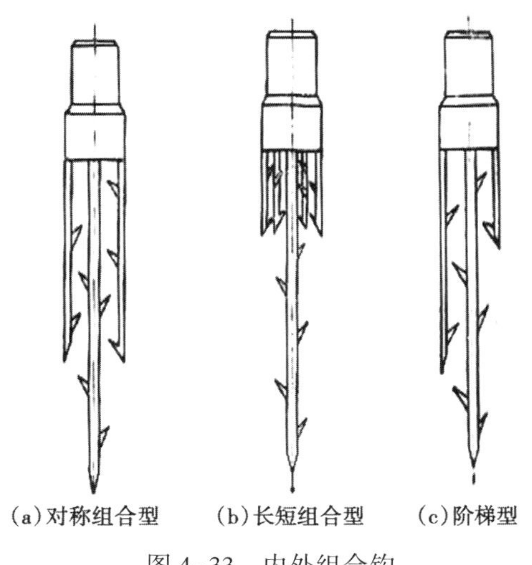

图 4-33　内外组合钩

除此之外，又可以在外钩上设计活动外钩等，以满足某些特殊打捞的要求。

3. 工作原理

内外组合钩工作原理与内钩相同。

4. 技术规范

内外组合钩技术规范与内钩相同。

5. 操作方法

内外组合钩操作方法与内钩、外钩相同。

十九、一把抓

1. 用途

一把抓是一种结构简单、加工容易的常用打捞工具，专门用于打捞井底不规则的小件落物，如钢球、阀座、螺栓、螺母、刮蜡片、钳牙、扳手、胶皮等。

2. 结构

一把爪由上接头与筒身焊接而成。筒身一般采用低碳薄壁管。上接头有与钻柱相连接的内螺纹。为了保证上接头与筒身的连接强度，除采用插入台阶焊接外，还采用筒身钻孔与接头塞焊方法。筒身下端加工成锥形抓齿。根据打捞对象的不同，抓齿的形状及数量也各不相同，如图 4-34 所示。

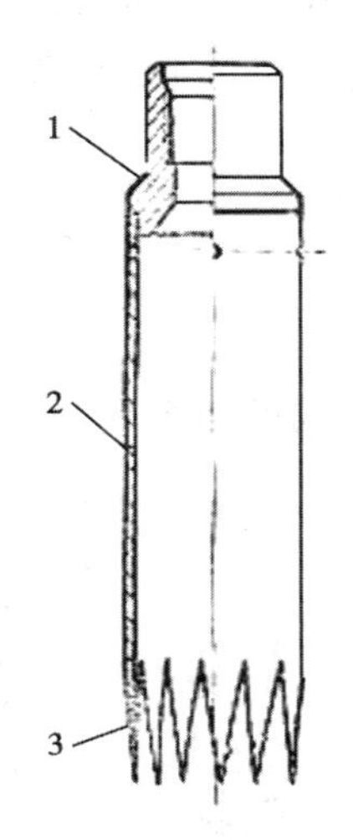

图 4-34　一把抓

1—上接头；2—筒身；3—抓齿

3. 工作原理

一把抓下至井底后，将井底落鱼罩入抓齿之内或抓齿缝隙之间，依靠钻柱重量所产生的压力，将各抓齿压弯变形，再使钻柱旋转，将已经压弯变形的抓齿，按其旋转方向形成螺旋状齿型，落鱼被抱紧或卡死而捞获。

由于一把抓是依靠抓齿弯曲变形原理捞获落鱼的，所以在抓齿设计上应充分考虑落鱼的几何形状：

(1)落鱼的几何形状为球形或类似球形，而且尺寸较大时，抓齿可以设计得粗短一些，齿数也可少些。

(2)落鱼形状为细长物，如螺栓、扳手、测井仪器等，抓齿可以设计得细长一些。一把爪除可将落物抱入筒内，还可利用抓齿之间的窄缝卡取剩余落物。

4. 技术规范

技术规范见表 4-19。

表 4-19　一把抓技术规范

套管尺寸(mm)	144.3	127	139.7	146.05	168.28	177.8	193.68	219.08	244.5
外径(mm)	95	89~108	108~114	114~130	120~140	146~152	146~168	180~194	203~219
齿数	6	6~8	6~8	6~8	8~10	8~10	10~12	10~12	10~16

5. 操作方法

工具下至井底以上 1~2m，开泵洗井，将落物上部沉砂冲净后停泵。下放钻柱，当指重表略有显示时，核对井底方入，上提钻柱并转动一个角度后再下放，如此找出最大方入。在此处下放钻柱，加钻压 30kN，再转动钻具 3~4 圈（井深时，可增加 1~2 圈），待指重表悬重恢复后，再加压 10kN 左右，转动钻柱 5~7 圈。以上操作完成之后，将钻柱提离井底，转动钻柱使其离开旋转后的位置，再下放加压 20~30kN，将变形抓齿顿死，即可提钻。

二十、老虎嘴

1. 用途

老虎嘴是一种由内、外捞钩结合的变种工具，具有结构简单、加工容易、打捞范围较广、效率较高的特点。它可以打捞井下各种悬浮物和碎块胶皮、密封圈、电缆、刮蜡片和其他短节、接箍等落物。

2. 结构

老虎嘴由上接头及钩体组成，如图 4-35 所示。上接头上部为钻杆螺纹（油管螺纹）同钻柱相连。下部与钩体用螺纹上紧后焊接。钩体由厚壁管用气焊切割成形，并在内腔上焊接一定数量的钩钉。钩钉主要结构有嘴腔、唇钩、虎牙和虎口等。嘴腔有 2~4 个，视具体的落鱼与井况而定。嘴腔上按先短后长的顺序焊接唇钩，形成钩尖朝上的倒刺钩，并焊有 2~4 对虎牙，每对虎牙上下相对错开，且从上至下逐渐加宽，最上部 1~2 排的牙尖应超过中心线，以增加打捞效果。

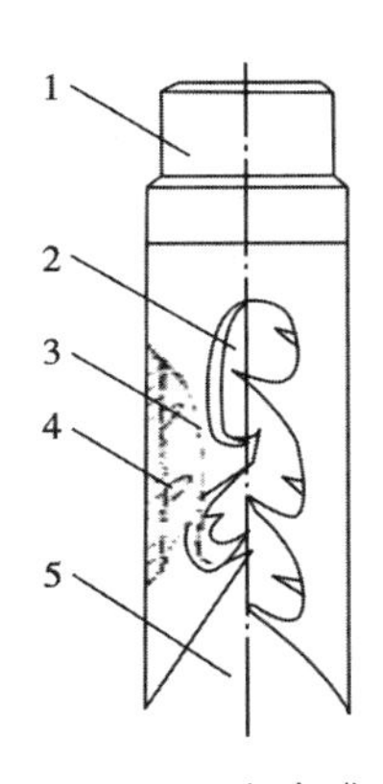

图 4-35 老虎嘴

1—上接头；2—嘴腔；3—唇钩；4—虎牙；5—虎口

3. 工作原理

（1）钩捞作用：当井下绳类落物进入虎口之后，既能被嘴腔上的虎牙钩住，又能被腔内的唇钩钩上，在双重钩的作用下，将落物牢牢钩住。加上虎牙的互相交错，更增加了打捞效果。

（2）卡取作用：当短小落物进入虎口之后，各方向上的唇钩与落鱼接触，在钻压的作用下，落鱼进入嘴腔，并将嘴唇向外扩张，在嘴唇本身弹性力的作用下，唇钩将落鱼卡住而捞获。

（3）筛网作用：各种胶皮碎块、密封圈碎段以及电缆包皮等落物，通过反洗井将其冲入嘴腔，依靠多唇钩的阻挡与钩捞作用，将其打捞出井。

4. 技术规范

技术规范见表 4-20。

表 4-20　老虎嘴技术规范

规格型号	外形尺寸(mm×mm)（直径×长度）	接头代号	使用规范及性能参数	
			嘴腔数	虎牙对数
HZ92	92×650	2A10	2	2
HZ100	100×650	230	2	2
HZ114	114×700	210	3	3
HZ140	140×750	310	3	3
HZ148	148×800	410	4	4

5. 操作方法

(1)地面检查虎牙、唇钩与嘴唇的唇尖是否完好尖锐,长度及咬合度是否合适,焊缝是否牢固,并测绘草图留查。

(2)下钻至鱼顶以上 1~2m 开泵洗井,如落物为各种胶皮,可进行反洗井,洗井中可以提放钻柱,使井底液体产生紊流搅动,将各种碎块胶皮冲入嘴腔内。

(3)下放钻柱至鱼顶,施加一定的钻压(一般不应超过 10kN),再上提,旋转钻柱 30°~120°下放打捞,如此操作 3~4 次后即可提钻。对于绳类落物的打捞操作,应采用与外钩相同的慢下轻压、逐级加深、多次打捞的方法,以避免形成钢丝活塞卡钻。

二十一、反循环打捞篮

1. 用途

反循环打捞篮是专门用以打捞诸如钢球、钳牙、炮弹垫子、井口螺母、胶皮碎片等井下小落物的一种工具。

2. 结构

反循环打捞篮由上接头、筒体、篮筐总成、引鞋等组成,如图 4-36 所示。上接头上端内螺纹与钻具连接,另一端外螺纹与筒体连接。筒体下连引鞋,内装篮筐总成。篮筐总成由筐体、篮爪、外套、轴销、扭簧等组成。篮爪沿筐体均匀分布,在扭簧的作用下垂直筒体轴线形成一个圆形筛底(其间隙可以过水),各个篮爪在外力作用下只能单向向上旋转 90°。

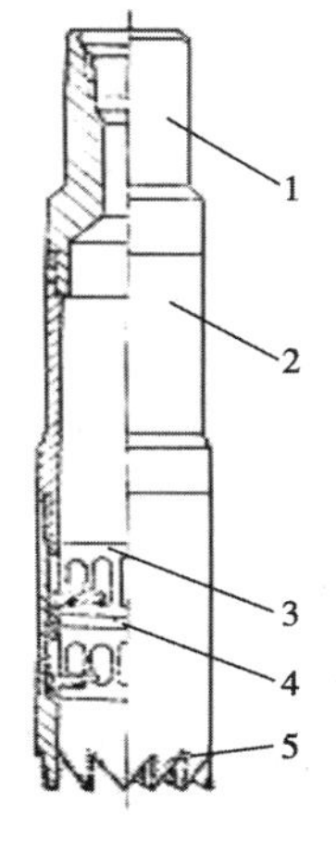

图 4-36　反循环打捞篮
1—上接头;2—筒体;3—篮筐总成;4—隔套;5—引鞋

3. 工作原理

反循环打捞篮的工作原理是靠大排量、高压力的反洗井钻井液冲击井底,使井底落物悬浮运动推动篮爪,使篮爪绕销轴转动竖起,篮筐开口加大,落物进入筒体,然后篮爪恢复原位,阻止了进入筒体内的落物出筐,实现打捞。

4. 技术规范

技术规范见表 4-21。

表 4-21 反循环打捞篮技术规范

型号	工具尺寸(mm×mm)(直径×长度)	接头螺纹代号	使用规范及性能参数	
			落物最大直径(mm)	工作井眼尺寸(mm)
FLL01	90×940	NC26	55	144.30
FLL02	100×1150	2⅞REG	65	127.00
FLL03	110×1153	NC31	75	139.70
FLL04	115×1153	NC31	80	146.05
FLL05	140×1155	NC38	105	168.28
FLL06	147×1161	NC38	110	177.80

5. 操作方法

(1)检查各零部件尤其篮筐总成是否完好灵活,可用手指或工具轻顶篮爪观察是否可以自由旋转,回位是否及时灵活。

(2)将工具接上钻具,下至距井底以上 3~5m 处开泵反洗井。

(3)循环正常后,再慢慢下放钻具,边冲边放。当工具遇阻或泵压升高时,可以提钻具 0.5~1m 并做好方入记号。

(4)以较快速度下放钻具,在离井底 0.3m 左右突然刹车,使井底工具快速下行,造成井底液体紊流,迫使落物运动进入筒体,以增加打捞效果。

(5)循环 10min 左右停泵,起钻。

第三节 高压管汇部件

石油钻采高压管汇部件额定工作压力值系列为:14MPa、21MPa、28MPa、35MPa、42MPa、53MPa、70MPa、105MPa、140MPa。

高压管汇部件主要承压件为阀体、阀座、阀杆、压盖、活动弯头体及接头本体、活接头、法兰、刚性直管。

高压管汇部件端部连接形式为活接头时,推荐采用 ANSI 美制梯形螺纹。端部活接头连接代号与额定工作压力对应关系见表 4-22。

表 4-22　端部活接头连接代号与额定工作压力对应关系表

额定工作压力(MPa)	端部活接头连接代号	螺纹类型
14	FIG206	ANSI 美制梯形螺纹
28	FIG400	
35	FIG602	
42	FIG602	
53、70	FIG1002、FIG1003	
105	FIG1502	
140	FIG2002	

一、旋塞阀

旋塞阀是关闭件或柱塞形的旋转阀,通过旋转 90°使阀塞上的通道口与阀体上的通道口相通或分开,实现开启或关闭的一种阀门(图 4-37)。旋塞阀的阀塞的形状可成圆柱形或圆锥形。在圆柱形阀塞中,通道一般成矩形;而在圆锥形阀塞中,通道成梯形。这些形状使旋塞阀的结构变得轻巧,但同时也产生了一定的损失。旋塞阀最适于作为切断和接通介质以及分流适用,但是依据适用的性质和密封面的耐冲蚀性,有时也可用于节流。

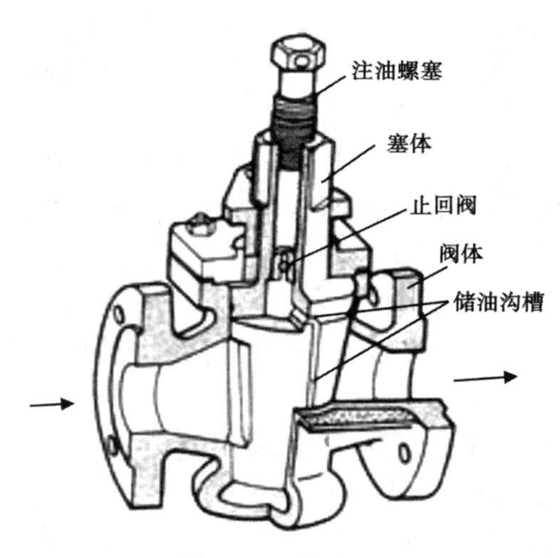

图 4-37　旋塞阀

旋塞阀是用带通孔的塞体作为启闭件的阀门。塞体随阀杆转动,以实现启闭动作。旋塞阀的塞体多为圆锥体(也有圆柱体),与阀体的圆锥孔面配合组成密封副。旋塞阀是使用最早的一种阀门,结构简单、开关迅速、流体阻力小。

1. 标注方法

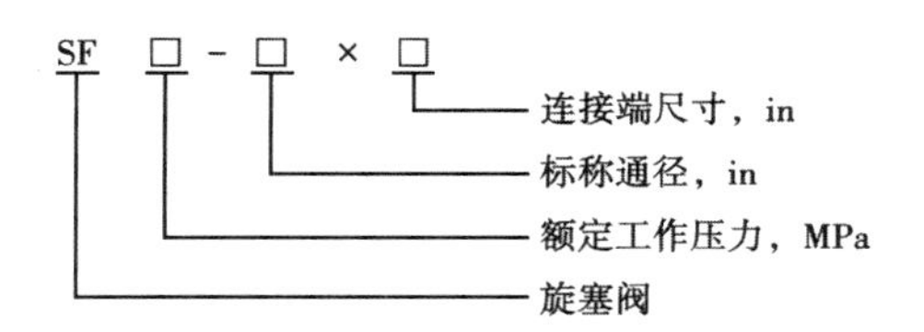

连接端部为活接头连接时直接标注标称尺寸,外螺纹在尺寸后加注 P,内螺纹在尺寸后加注 B。

示例:旋塞阀额定工作压力 105MPa、标称通径 1in、连接端为 2in P 外螺纹,型号表示为 SF105-1×2P。

2. 旋塞阀规格和端部连接形式

旋塞阀规格和端部连接形式见表 4-23。

表 4-23 旋塞阀规格和端部连接形式

标称通径(in)	额定工作压力(MPa)	端部连接形式
1	42、70、105	2in 外螺纹连接 P-P(LP、TBG)
	42、70、105、140	2in 活接头连接 F-M(ANSI 美制梯形螺纹)
2、3	42、70	内螺纹连接 B-B(LP、TBG)
	42、70、105、140	活接头连接 F-M(ANSI 美制梯形螺纹)
4	70、105、140	活接头连接 F-M(ANSI 美制梯形螺纹)

注:(1)P 表示外螺纹;B 表示内螺纹;F 表示梯形螺纹头;M 表示球面接头。

(2)TBG 表示石油油管螺纹;LP 表示石油管线螺纹。

二、平行闸板阀

闸板阀是最常用的截断阀之一,主要用来接通或截断管路中的介质,不适用于调节介质流量。闸板阀适用的压力、温度及直径范围很大,尤其适用于中、大直径的管道。闸板阀可按阀板的结构不同分为楔式和平行式两类。

平行式结构简单,不能靠自身达到强制密封,为了保证其密封性,一般采用固定或浮动的软密封,适用于中、低压,大、中直径,介质为油类或煤气及天然气等的管路。

平行式双阀板阀一般通过顶楔产生密封力,密封面间相对移动小,不易擦伤,多用于低压、中小直径的管路。

平行闸板阀规格见表 4-24。

表 4-24 平行闸板阀规格

标称通径(in)	额定工作压力(MPa)
$1\frac{13}{16}$	70、105、140
$2\frac{1}{16}$,$2\frac{9}{16}$, $4\frac{1}{16}$	21、35、70、105、140
$3\frac{1}{8}$	21、35
$3\frac{1}{16}$	70、105、140
$5\frac{1}{8}$, $7\frac{1}{16}$	21、35、70

三、节流阀

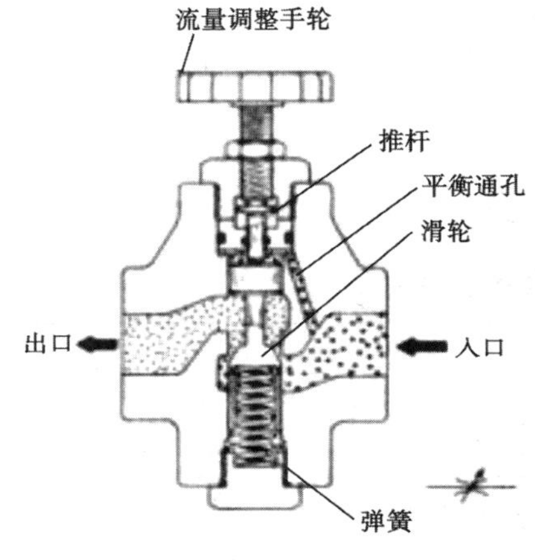

图 4-38 节流阀示意图

节流阀是通过改变节流截面或节流长度以控制流体流量的阀门(图 4-38)。将节流阀和单向阀并联则可组合成单向节流阀。节流阀和单向节流阀是简易的流量控制阀,在定量泵液压系统中,节流阀和溢流阀配合,可组成三种节流调速系统,即进油路节流调速系统、回油路节流调速系统和旁路节流调速系统。节流阀没有流量负反馈功能,不能补偿由负载变化所造成的速度不稳定,一般仅用于负载变化不大或对速度稳定性要求不高的场合。

节流阀的外形结构与截止阀并无区别,只是它们启闭件的形状有所不同。节流阀的启闭件大多为圆锥流线型,通过它改变通道截面积而达到调节流量和压力的目的。节流阀供在压力降极大的情况下作降低介质压力之用。

1. 标注方法

1)可调式节流阀

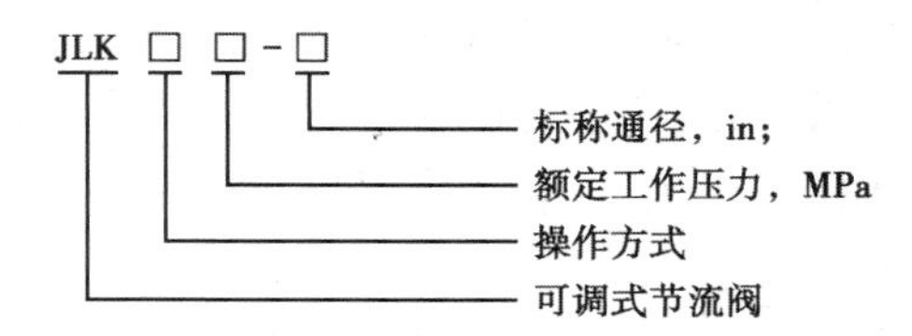

操作方式为液动时加注 Y,电动加注 D,气动加注 Q,手动不加注。

示例:节流阀额定工作压力 105MPa、标称通径 2in、操作方式为液动,型号表示为 JLKY105-2。

2)固定式节流阀

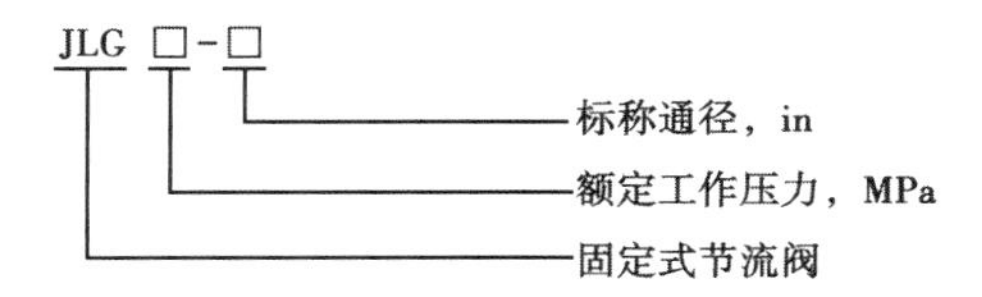

示例：固定式节流阀额定工作压力 105MPa、标称通径 3in，型号表示为 JLG105-3。

2. 节流阀规格、结构和端部连接形式

节流阀规格、结构和端部连接形式见表 4-25。

表 4-25 节流阀规格、结构和端部连接形式

标称通径(in)	额定工作压力(MPa)	结构形式	端部连接形式
2,3	105、140	针杆式、固定式	活接头连接 F-M
$2\frac{1}{16}$,$2\frac{9}{16}$,$4\frac{1}{16}$	14、21、35	柱塞式、固定式	法兰连接
	70、105、140	柱塞式、孔板式、楔形式、固定式	法兰连接
$3\frac{1}{8}$	14、21、35	柱塞式、固定式	法兰连接
$3\frac{1}{8}$	70、105、140	柱塞式、孔板式、楔形式、固定式	法兰连接

注：F 表示梯形螺纹头；M 表示球面接头。

四、安全阀

安全阀(图 4-39)是保障石油化工设备正常运行的重要组成部分，它的启闭件在外力作用下处于常闭的状态。当设备或管道内的介质压力升高，超过规定值时，它会自动开启，通过向系统外排放介质来防止管道或设备内介质压力超过规定数值。安全阀属于自动阀类，主要用于锅炉、压力容器和管道上，控制压力不超过规定值，由此对人身安全和设备运行起重要的保护作用。

图 4-39 安全阀

安全阀在系统中起安全保护作用。当系统压力超过规定值时，安全阀打开，将系统中的一部分气体/流体排入大气/管道外，使系统压力不超过允许值，从而保证系统不因压力过高而发生事故。

安全阀结构主要有三大类：剪销式、弹簧式和杠杆式。弹簧式是指阀瓣与阀座的密封靠弹簧的作用力。杠杆式是靠杠杆和重锤的作用力。随着大容量的需要，又有一种脉冲式安全阀，也称为先导式安全阀，由主安全阀和辅助阀组成。此外，随着使用要求的不同，有封闭式安全阀和不封闭式安全阀。

1. 标注方法

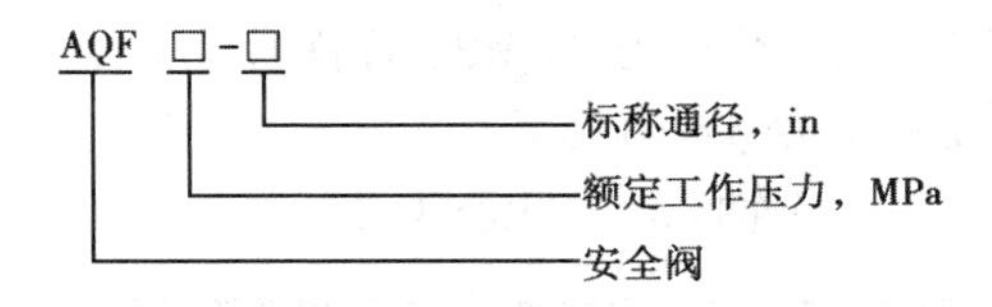

示例：安全阀额定工作压力105MPa、标称通径2in，型号表示为AQF105-2。

2. 安全阀规格和端部连接形式

安全阀规格和端部连接形式见表4-26。

表4-26　安全阀规格和端部连接形式

标称通径(in)	额定工作压力(MPa)	端部连接形式
2	42、70、105	螺纹连接(LP)
	105、140	活接头连接F-M(ANSI美制梯形螺纹)
3 4	42	螺纹连接(LP)
	70、105、140	活接头连接F-M(ANSI美制梯形螺纹)
5	42、70、105、140	活接头连接F-M(ANSI美制梯形螺纹)

注：ANSI表示美国标准梯形螺纹、美国标准短齿梯形螺纹。

五、活接头

活接头是一种能方便安装拆卸的常用管道连接件，可不动管子而将两管分开，便于检修。它包含螺纹头、球头和紧帽3个部分。活接头内部的密封面有平面(带垫)、球面、锥面等。活接头与管道的连接方式有对焊、承插焊、螺纹连接等。

高压活接头在石油行业用途极为广泛，掌握高压活接头的常见种类及规格非常重要，不管是现场作业还是作业准备，都需要对高压活接头做到熟知才能避免出现错误。

石油行业用到最多的活接头有以下几种：1502型、1002型、1003型、602型。下面对这几种类型活接头进行简单介绍。

1. 1502型活接头

1502型活接头额定压力为15000psi，测试压力为22500psi，推荐用于注水泥、压裂、酸化、测试及堵塞和压井管线，也可用于无压密封连接，采用对焊。1502 型活接头配有可更换的弹性丁腈橡胶密封环，坚固的壁厚设计用于高压系统（图 4-40）。

2. 1002 型活接头

1002 型活接头额定压力为 10000psi，测试压力为 15000psi，推荐用于注水泥、压裂、酸化及堵塞和压井管线场合。还可用于高压系统，包括车载系统。也可以用作无压密封活接头，采用对焊。1002 型活接头配有弹性丁腈橡胶密封环（图 4-41）。

图 4-40　1502 型活接头

图 4-41　1002 型活接头

3. 1003 型活接头

1003 型活接头额定压力为 10000psi，推荐用于不能对正时的高压管线连接，可应用于空气、水、油、钻井液或气体使用场合。活接头具有一个球形座，可以提供偏离中心 7°30′的偏斜或角度调整，总的偏斜能力是 15°。除钢对钢的配合外，丁腈橡胶 O 形环保证了在任何偏斜位置连接的气密性（图 4-42）。

4. 602 型活接头

602 型活接头额定压力为 6000psi，测试压力为 9000psi，推荐用于注水泥、压裂、酸化、测试及堵塞和压井管线，也可用于无压密封连接，采用对焊。602 型活接头配有可更换的弹性丁腈橡胶密封环，坚固的壁厚设计用于高压系统（图 4-43）。

图 4-42　1003 型活接头

图 4-43　602 型活接头

5. 活接头总成规格和端部连接形式

活接头总成规格和端部连接形式见表4-27。

表4-27 活接头总成规格和端部连接形式

标称通径(in)	额定工作压力(MPa)	端部连接形式
1、1½	14	FIG200、FIG206、FIG211
	42	FIG600、FIG602
	53、70	FIG1002
	105	FIG1502
2、2½	14	FIG200、FIG206、FIG211
	28	FIG400
	42	FIG600、FIG602
	53、70	FIG1002、FIG1003
2、2½	105	FIG1502
2、3、4	140	FIG2002
3、4	14	FIG200、FIG206、FIG207、FIG211
	28	FIG400
	42	FIG600、FIG602
	53	FIG1003
	70	FIG1002、FIG1003
	105	FIG1502
5	70	FIG1002、FIG1003

六、活动弯头

高压活动弯头是油田修井作业连接管线、冲砂的常用工具。它具有调节方位多变、连接快捷、结构合理、体积小、重量轻、密封性能好、安全可靠、操作方便的特点。

如图4-44和图4-45所示,可以分为短半径活动弯头和长半径活动弯头两大类。

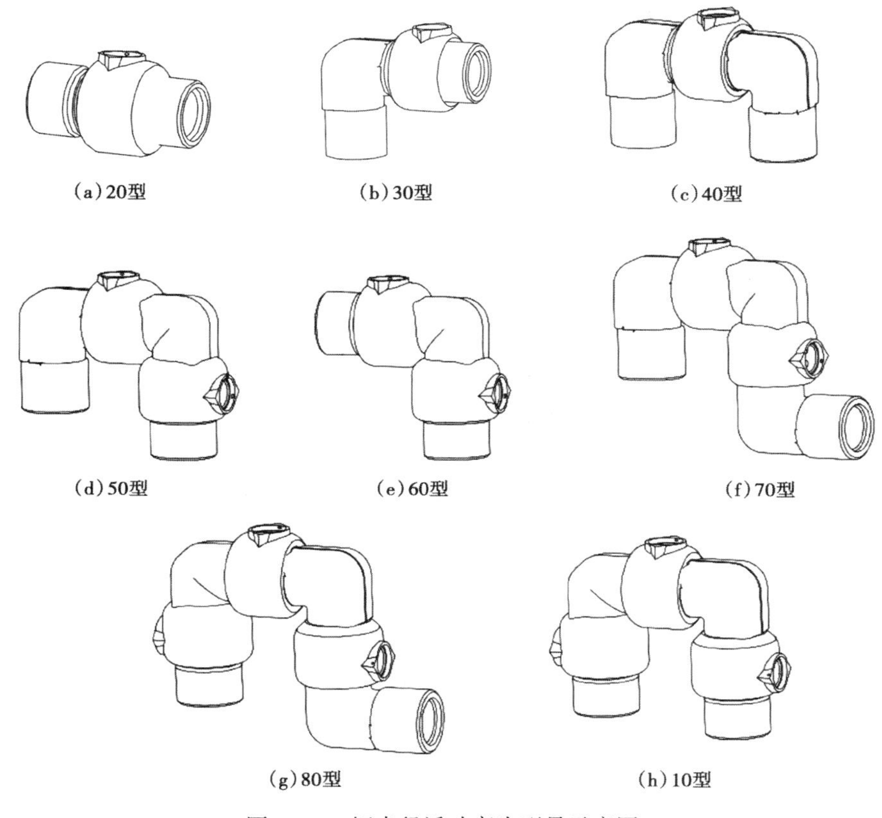

图 4-44　短半径活动弯头型号示意图

1. 标注方法

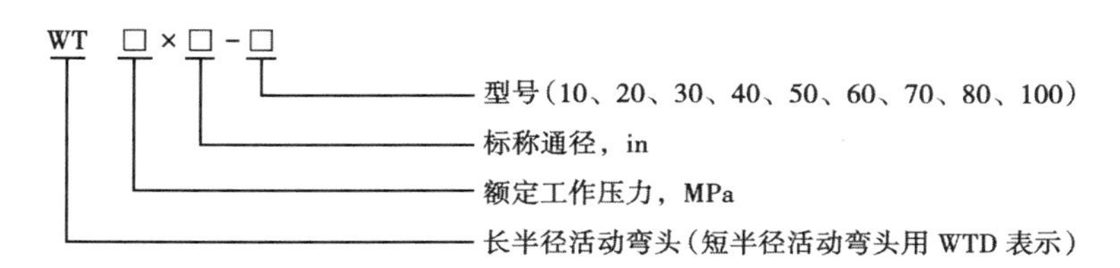

示例 1：长半径活动弯头 10 型、额定工作压力 105MPa、标称通径 3in，型号表示为 WT105×3-10。

示例 2：短半径活动弯头 50 型、额定工作压力 70MPa、标称通径 2in，型号表示为 WTD70×2-50。

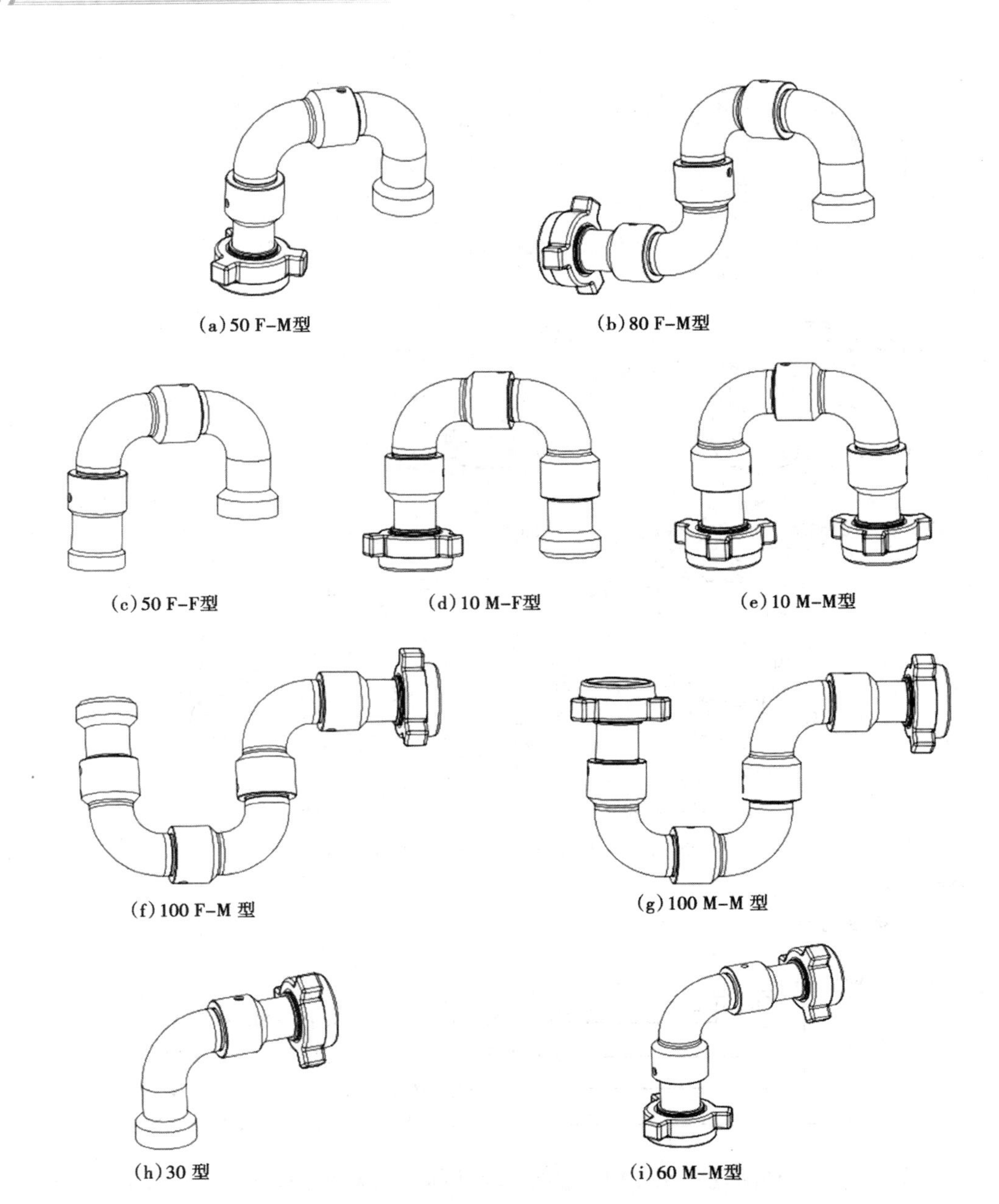

图 4-45　长半径活动弯头型号示意图

2. 活动弯头规格、结构和端部连接形式

活动弯头规格、结构和端部连接形式见表 4-28。

表 4-28 活动弯头规格、结构和端部连接形式

标称通径(in)	型号	额定工作压力(MPa)	结构形式	端部连接形式(螺纹类型)
1、1½	10 型至 100 型	42、70	短半径	内螺纹连接 B-B(LP)
1½	10 型至 100 型	70	长半径	内螺纹连接 B-B(LP、TBG)
2	10 型至 100 型	42、70	短半径	内螺纹连接 B-B(LP、TBG)
		42	短半径	活接头连接 F-M
		70	长半径	内螺纹连接 B-B(LP、TBG)
		70、105、140	长半径	活接头连接 F-M
2½	10 型至 100 型	42	短半径	内螺纹连接 B-B(LP、TBG)
3	10 型至 100 型	42	短半径	内螺纹连接 B-B(LP、TBG)
		42	长半径	内螺纹连接 B-B(LP、TBG)
		42	短半径	活接头连接 F-M
		42、70、105、140	长半径	活接头连接 F-M
4	10 型至 100 型	42	短半径	内螺纹连接 B-B(LP、TBG)
		42、70、105、140	长半径	活接头连接 F-M

七、整体异形接头

整体异形接头为高压接头,是油田修井作业连接管线常用的工具,如图 4-46 所示。

标注方法如下:

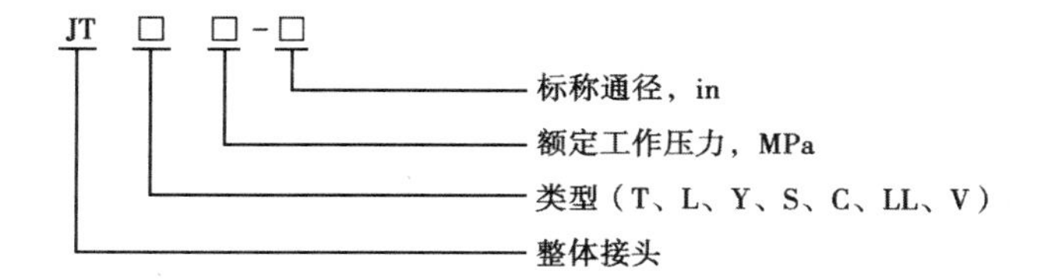

T 为 T 形三通,L 为 90°弯头,Y 为 Y 形三通,S 为十字形,C 形为歧管形,LL 为长半径 90°弯头,V 形为鱼尾接头。

示例:整体异形接头 L 形、额定工作压力 105MPa、标称通径 2in,型号表示为 JTL105-2。

八、刚性直管

刚性直管为高压刚性直管,是油田修井作业连接管线常用的工具,如图 4-47 所示。

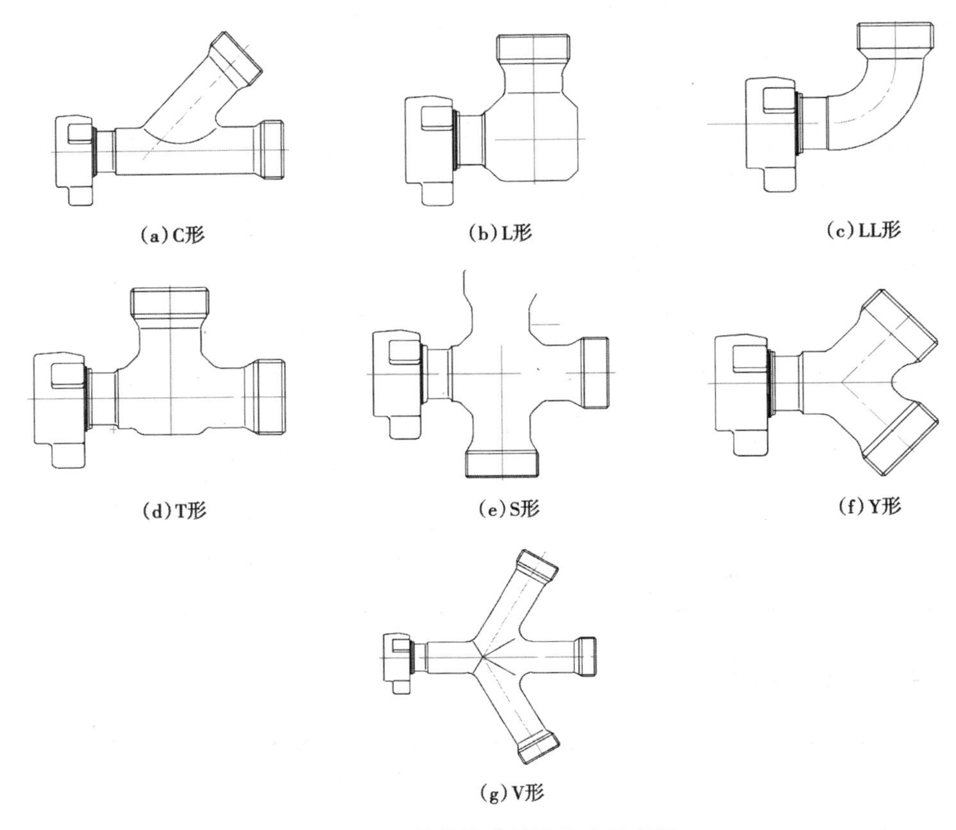

图 4-46 整体接头结构形式示意图

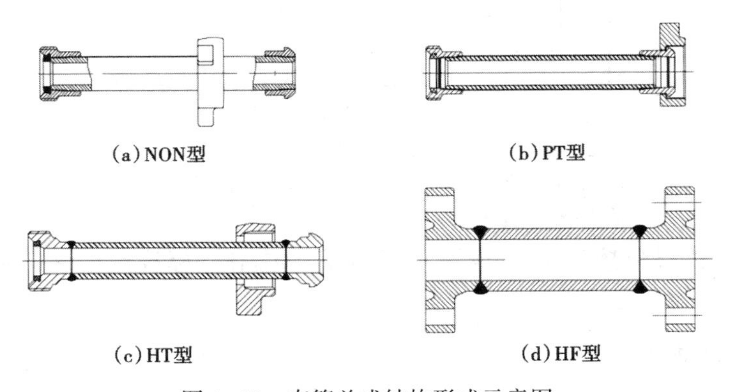

图 4-47 直管总成结构形式示意图

1. 标注方法

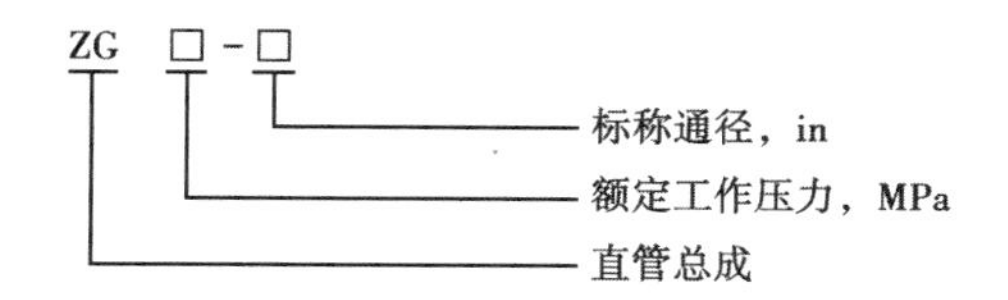

示例:直管总成额定工作压力 105MPa、标称通径 2in,型号表示为 ZG105-2。

2. 直管总成规格、结构和端部连接形式

直管总成规格、结构和端部连接形式见表 4-29。

表 4-29 直管总成规格、结构和端部连接形式

标称通径(in)	额定工作压力(MPa)	结构形式	端部连接形式(螺纹类型)
2、3	35、42、70	NON、PT、HT	活接头连接 F-M
	105	NON、ZT	活接头连接 F-M
	140	ZT	活接头连接 F-M
4	35、42、70	NON、PT、HT	活接头连接 F-M
	105	NON、ZT	活接头连接 F-M
	140	ZT	活接头连接 F-M
$2\frac{1}{16}$、$2\frac{9}{16}$、$4\frac{1}{16}$	14、21、35、70	HF、PF、ZF	法兰连接
	105、140	ZF	法兰连接
$3\frac{1}{8}$	14、21、35	HF、PF、ZF	法兰连接
	70	HF、PF、ZF	法兰连接
	105、140	ZF	法兰连接

注:NON 表示非压力螺纹密封型;PT 表示压力螺纹密封型;ZT 表示整体型;HT 表示焊接型;PF 表示螺纹法兰型;HF 表示焊接法兰型;ZF 表示整体法兰型。

第四节 案例分析

案例一 朝 71-81 井压裂中下井工具断脱

1. 基本情况

该井为新井普通压裂施工,前磁遇阻深度 1118.99m,射孔层段为扶余油井段 925.8~1012.0m,设计要求使用 55MPa 管柱压裂。具体压裂层位见表 4-30。

表 4-30 压裂层位

层位（m）	井段（m）	厚度（m）		小层数	孔数	夹层厚度（m）	
		射开	有效			上	下
927.2~925.8	925.8~927.2	1.4	1.2	1	16	未射	3.6
931.6~930.8	930.8~931.6	0.8	0.6	1	16	3.6	6.4
942.4~938.0	938~942.4	4.4	3.4	1	16	6.4	61.6

2. 事故发生过程

该井2007年3月18日就位，当天下入压裂油管98根，K344-115封隔器4级，喷砂器3级，ϕ50mm工作筒、ϕ62mm丝堵各1个，深度954.26m。当天压裂，第一层压裂正常。投ϕ38mm钢球压裂第二层，经多次试挤，最高压力48MPa压开，排量达到正常，正常施工压力36MPa，当加砂2.5min时，压力突然上升（计算加砂量为1m^3），被迫停车。放空后，再次启车试挤，油管上顶，套管短节与套管头连接处脱扣，投球器爆裂，停止压裂施工。起出压裂油管95根、ϕ50mm工作筒1个、K344-115封隔器1个，发现最上一级封隔器下胶筒座与封隔器中心管之间以及本级封隔器下面外螺纹与ϕ62mm油管接箍处共两处脱扣，鱼顶是封隔器胶筒座。用螺纹规测量，封隔器外螺纹符合标准，中心管上胶筒座连接部分外螺纹平扣。

3. 处理过程

18日17:00至19日4:00修作业机。检查起出的95根压裂油管和1级封隔器，发现封隔器上部48根油管发生不同程度的弯曲。井内余3根油管、3m短节、3级封隔器、3级喷砂器和1个丝堵，鱼顶是封隔器胶筒座。

19日，下顶面直径ϕ81.5mm公锥打捞胶筒座（胶筒座内径ϕ82mm、长度0.4m），捞空。下入带水眼反扣捞矛进行冲砂打捞，遇阻深度929.26m。

20日冲砂，用水量24m^3，冲入ϕ62mm油管13根，进尺120.61m，鱼顶深度1049.87m，冲出少量砂子，捞住管柱，活动管柱29h，活动范围0~24kN，未活动开。

21日倒扣，正转倒钻杆扣未倒动，反转倒20圈，负荷由10.2kN降至7.2kN，油管脱扣。起出ϕ62mm油管106根，其余部分落入井中。起出后发现捞矛及捞矛以上2根油管余在井中，鱼顶为ϕ62mm油管接箍。

22日下ϕ58mm捞矛打捞油管，遇阻深度1030.79m，上提负荷达24kN时捞住。倒扣12圈，负荷由13.2kN降至12kN。起打捞管柱，捞出油管1根，鱼顶为ϕ62mm油管接箍。下套铣，遇阻深度1045.26m，冲砂，进尺4m。下光油管对扣，遇阻深度1040.40m，进行对扣打捞，负荷下降0.1kN，正转巧圈上提负荷升至18kN，正转12圈负荷由10.2kN降至7.2kN。

23日起打捞管柱，捞出油管1根，钻杆/油管变扣头1个，鱼顶为反扣捞矛接箍。下钻杆对扣,遇阻深度 1050.26m,对扣,负荷降至 132kN,反转 20 圈负荷上升,对扣成功。用转盘倒扣,上提负荷 20kN 时,倒扣 30 圈无明显显示,上提负荷至 36kN 管柱上走,反复进行上提倒扣,起出 18m 后负荷正常。

24 日起钻杆 15 根,作业机坏。

26 日起打捞管柱,捞空,捞矛牙块平扣,鱼顶为封隔器胶筒座。下油管(下接钻杆扣公锥)打捞,遇阻深度 1050.46m,冲砂,无进尺。

27 日起打捞管柱,捞空。下强磁打捞器,捞空。下 ϕ58mm 捞矛,遇阻深度 1051.46m,上提负荷上升,活动管柱,活动范围 0~30kN,30min 活动开。

28 日起打捞管柱,捞出 ϕ62mm 油管 1 根、封隔器胶筒座 1 个,余顶为喷砂器上接头,经检查油管接箍内螺纹扩径,扣顶平扣。下套铣,遇阻深度 1055.66m。

28 日套铣冲砂,正打清水 24m^3,冲砂进尺 9.63m,冲至深度 1065.29m。起出套铣管柱,下 ϕ62mm 螺纹抓及打捞管柱,遇阻深度 1065.29m,上提负荷上升,捞住。

29 日活动管柱 6h,活动范围 0~30kN,活动开,捞出井中全部落物,经检查捞出的油管及工具内存有压裂砂。该井经过 9 次打捞、4 次冲砂,捞出井内全部落物。

4. 原因分析

(1)从压裂层位上看,该层位薄,地层物性较差,压裂过程存在一定难度。

(2)该事故井压裂过程中处理不当是造成砂堵的直接原因。扶余油层岩性相对比较致密、渗透率较低、破裂压力高,因此压裂过程中多次憋放排量才能达到要求。同时加砂过程中发生前部堵塞,憋起高压,第二次启泵车时由于无泄压通道致使压力过高,造成压裂管柱脱扣,管柱上顶将封隔器胶筒座撸掉,由于上吊绳没断,致使套管头与套管短节的连接处脱扣。同时在高压和大弯管的作用下,投球器处应力释放造成其爆裂。

(3)压裂油管螺纹抗拉强度有所减弱是造成管柱断脱的次要原因。

(4)处理过程中抱有侥幸心理,使用带水眼的捞矛冲砂,由于排量不够,冲砂液未能将环空中的压裂砂携带出地面,活动管柱过程中压裂砂下落将冲砂管柱砂埋,增加了处理难度。

5. 经验教训

(1)增强压裂现场施工的责任心,压裂施工时一定要依据“作业施工指导书”的要求,根据地层情况控制好施工时各项参数,根据不同情况设定复位压力,发生特殊情况采取适当措施,冷静处理,严防事故的发生。

(2)作业队要定期对压裂油管螺纹进行检查,避免油管超期使用或螺纹磨损造成抗拉强度减弱。

(3)处理事故过程中根据井下落物的实际情况,使用相应的打捞工具,正确评价施工过程中可能出现的风险,防止出现新的事故,加大处理难度。

(4)新井、提捞井等施工前一定将套管短节上紧。

案例二　杏 10-3-水 4112 井压裂中喷砂器中心管断

1. 基本情况

该井为新井限流法压裂施工,设计压裂 4 层,压裂管柱中下井工具为 K344-115 封隔器 4 级、喷砂器 3 级、ϕ55.5mm 工作筒 1 个、ϕ62mm 丝堵 1 个。压裂层位情况见表 4-31。

表 4-31　压裂层位

射孔层位	射孔深度(m)	砂岩厚度(m)	炮眼个数	小层数	夹层厚度(m)	
					上	下
萨Ⅱ2-3/2	972.0~978.8	2.4	6	3	未射	2.7
萨Ⅱ4/1-4/4	981.5~984.9	1.0	8	4	2.7	7.7
萨Ⅱ6-9	992.6~1001.3	4.6	6	5	7.7	6.1
萨Ⅱ10/2-11/4	1007.4~1016.2	4.8	6	5	6.1	15.6

2. 事故发生过程

2007 年 6 月 16 日就位该井,17 日射孔,18 日压裂,先压裂萨Ⅱ10/2-11/4 层,上提 16m 压裂萨Ⅱ6-9 层,投球压裂萨Ⅱ4/1-4/4 层,再投球压裂萨Ⅱ2-3/2 层。压裂后活动管柱 3 次,活动开,套管压力为 12MPa,控制防喷 8h,排出 12 罐液。19 日起出压裂管柱时发现,喷砂器中心管断,落物为喷砂器级 1 级、封隔器 1 级、尾管 1 根,鱼顶为喷砂器弹簧、喷砂器弹簧座和喷砂器中心管喷砂口以下部分。

3. 事故处理过程

该井经过 3 次打捞未成功,经过采油厂同意终止施工。

4. 原因分析

该井压裂 4 层,第一级喷砂器过砂量 20m^3,上提 16m 压第二层时破裂压力为 43MPa,在替挤停车瞬间,管柱有上顶现象,当时分析认为停车时井底压力反弹,上顶油管为正常现象。从压裂曲线上分析,停车后无停泵压力,说明管柱有脱落可能。在投球压第三层时,有明显剪套显示,从起出来的第一级喷砂器中心管上半部分看出,第二级喷砂器滑套已经到位,因此不会影响其他两层的压裂。

从上面的分析可以看出,由于喷砂器的重复使用,加上限流法压裂排量大、砂量大、压力高,导致喷砂器出口部位磨损严重,刚体变薄,发生断裂。

5. 经验教训

(1)封隔器、喷砂器等下井工具,在检修过程中要认真,尤其是喷砂器出砂孔等易磨损的部位是检查的重点。

(2)压裂过程中注意压力控制,防止压裂过程中发生管柱断脱现象。

案例三　英 14-18-斜 12 井压裂砂堵且管柱活动不开

1. 基本情况

该井设计压裂 2 层,下入 Y344-114 封隔器 2 级、导压喷砂器 1 级、安全接头 1 级、水力锚 1 级。压裂层位见表 4-32。

表 4-32　压裂层位

层位	井段(m)	厚度(m)		小层数	夹层厚度(m)	
		射开	有效		上	下
GIV6-8	2234.5~2246.5	9.6	0.6	4	未射	4.7
GIV10	2251.2~2252.9	1.7	1.1	1	4.7	63.7

2. 事故发生经过

该井于 2008 年 4 月 8 日下入 ϕ62mm 压裂管柱 237 根、Y344-114 封隔器 2 级、导压喷砂器 1 级、水力锚 1 级。4 月 9 日压裂,压裂第一层加陶粒 6m^3 时,压裂液供液不足,产生抽空现象,停车,放空。随后启车,压力上升至 50MPa,又放空 2 次,启车后压力仍上升至 50MPa,待液量恢复正常后试挤,压力上升,停车试挤两次,没有通道,开油管放空。上提管柱,提出 15m,压裂车从套管反洗注液 4m^3,油管见液,停车等液,由于压裂液不够,没有继续反洗。1h 后,具备施工条件,开始压裂第二层,启车 2min,压力上升,无注入量,活动数次,管柱上行不下行,负荷始终不正常,为 0~270kN,起出 18 根油管后,上提遇卡,继续活动起柱起出 2 根油管后管柱卡死。4 月 10 日,水泥车和水罐到井进行处理,循环不通。活动管柱 8h,活动负荷范围 0~270kN,未活动开。

3. 事故处理过程

4 月 11 日,倒扣起出油管 205 根(前 30 根油管内有水),井内剩余油管 12 根、Y344-114 封隔器 2 级、导压喷砂器 1 级、水力锚 1 个、丝堵 1 个,鱼顶深度 1975m,鱼顶为外加大油管接箍。下入 ϕ73mm 钻杆 206 根、下击器 1 个、螺纹爪 1 个,反复打捞 5 次,捞住,活动 1h 无效果。

4 月 12—15 日,因有其他工作需求,暂停该井施工。

4 月 16 日,倒扣,倒出油管 1 根(油管内有砂)。

4 月 17 日,下 ϕ73mm 钻杆 207 根、螺纹爪 1 个,反复打捞 4 次,捞住。打捞出 1 根油管(油管内有砂)。

4 月 18 日,下 ϕ38mm 油管 8 根、ϕ62mm 油管 199 根,准备进行管内冲砂。

4 月 19 日,进行管内冲砂,由于井斜,管内冲砂无进尺,起冲砂管柱。下入

ϕ73mm 钻杆 208 根、螺纹爪 1 个，捞住，活动 1h 无效果，倒扣困难，反复活动管柱，拉力表指数上升，1h 左右活动正常。倒出 1 根油管，发现油管 9m 磨亮，套管内见砂。

4 月 20—21 日，套铣、打捞，捞出油管 1 根。

4 月 23—5 月 3 日，下打捞管柱 6 次，冲砂 5 次，捞出油管 5 根。

5 月 4 日，下打捞管柱，管柱活动开，捞出全部落物。

4. 事故原因分析

(1)压裂中供液不足是造成这起事故的主要原因。供液不足的原因主要是：一是压裂井场小，罐车摆放后头低尾高，致使供液不足；二是调罐不及时，没有及时补充液量，耽误了压堵后的最佳反洗井处理时机。

(2)采取措施不当，当压裂第一层砂堵以后，没有彻底进行反洗井，直接上提压第二层，致使管内砂堵严重，增加处理事故的难度。

(3)在活动管柱中只能上提不能下放的情况下，没有及时进行反洗井，同时急于求成，造成管柱卡死。

5. 经验教训

(1)压裂施工前，勘查好压裂施工现场，对于井场小和低洼的情况，一定要采取有效的办法来预防供液不足的情况发生。

(2)加强现场质量管理，施工过程中要看好剩余液面，发现液面下降快时提前换罐，防止出现供液不足的现象。

(3)压裂队和作业队现场施工过程中要配合好，砂堵后一定要协助作业队将井洗通，当油管提起来时，应该在井场多停留一段时间，观察一切正常后再撤离井场。

(4)施工过程要严细认真，现场施工时要备足液量，协调好车组，确保入井材料供应及时。

案例四　高 161-504 井压裂中喷砂器中心管断

1. 基本情况

该井是萨尔图油田老井压裂，设计压裂 3 层多 1 条缝，施工层位见表 4-33。

表 4-33　压裂层位

层位	井段(m)	厚度(m)		小层数	夹层厚度(m)	
		射开	有效		上	下
GIV1-3	1139.4~1151.2	8.7	5.5	5	未射	1.8
GIV6-7(1)	1162.8~1168.8	4.6	2.8	3	1.8	8.7
GIV7(3)-7(5)	1171.1~1176.2	3.3	0.7	3	8.7	未射

2. 事故发生经过

本井于 2008 年 4 月 14 日下入 ϕ62mmN80 油管 121 根,4 级 K344-114 型封隔器,3 级喷砂器,ϕ55mm×5mm 工作筒、ϕ62mm 丝堵各 1 个,磁性定位管柱无误。4 月 15 日压裂,压裂第一层施工正常。投 ϕ38mm 钢球,压裂第二层施工正常。开放空,放空出口满口出液(说明第二级喷砂器已经不密封),活动管柱,上提 9.6m,投 ϕ44mm 钢球,扩散 40min,上提管柱很容易,负荷接近管柱自身重量。压裂第三层,第三层为 1 层多 1 条缝,破裂压力为 18MPa,加砂压力稳定,压裂施工正常。扩散 40min 后,活动管柱 15 次,拉力表指数由 35kN 降至 15kN,活动开。起出井内压裂管柱,发现第二级喷砂器中心管脱扣,起出 2 级封隔器 1 级喷砂器及以上压裂油管,井内落物为一个半喷砂器、两个封隔器、两个短节和一根尾管,鱼顶为喷砂器弹簧、阀座和喷砂器内螺纹接箍。

3. 事故处理经过

4 月 16 日,下入 ϕ62mm 油管 124 根、ϕ118mm 闭窗捞筒 1 个,遇阻深度 1196.8m,上提 2.0m,使用水泥车正打清水 40m^3,泵压 5MPa,无进尺。起 ϕ62mm 油管 124 根及全部下井工具,起出闭窗捞筒,捞出喷砂器钢体弹簧。下 ϕ56mm 捞矛 1 个、ϕ62mm 油管 124 根,捞空。分析原因是喷砂器阀门翻转卡在护套内,堵住了喷砂器的中间通道,无法进行内捞和外捞。下 ϕ100mm 强磁打捞器 1 个,捞空。由于施工难度较大,暂时终止施工。

4. 事故原因分析

(1)造成此次事故的主要原因是喷砂器中心管脱扣,从起出的中心管螺纹来看,有 7~8 扣已经平扣,分析是在组装工具的过程中,在偏扣的情况下,使用动力钳连接,致使扣被磨平。

(2)从施工过程看,第三层上提前放空时,油管大量返排液,分析此时的中心管已经脱扣。

5. 经验教训

(1)在下管柱或工具组装使用螺纹连接时,一定要保证螺纹在不偏扣的情况下才能使用动力钳连接,防止偏扣断管柱的现象发生。

(2)对于新上岗的员工要进行上岗前培训,掌握技术要领及规范,保证工具连接、下井管柱的安全性。

(3)施工过程中要仔细观察井口状态,遇到管柱上顶或套管压力突然上升等情况时,一定要及时采取措施,防止因断管柱或窜槽引发事故。

第五章　入井工具、用具

第一节　抽油泵

一、抽油泵的分类

抽油泵分为有杆抽油泵和无杆抽油泵。

1. 有杆抽油泵的分类

有杆抽油泵一般分为管式泵和杆式泵两大类：

- 有杆抽油泵
  - 管式泵
    - 组合泵(衬套泵)
    - 整筒泵
      - 厚壁泵筒泵
      - 薄壁泵筒泵
  - 杆式泵
    - 定筒式泵
    - 动筒式泵

有杆抽油泵从用途上又可以分为常规泵和特种泵两类：

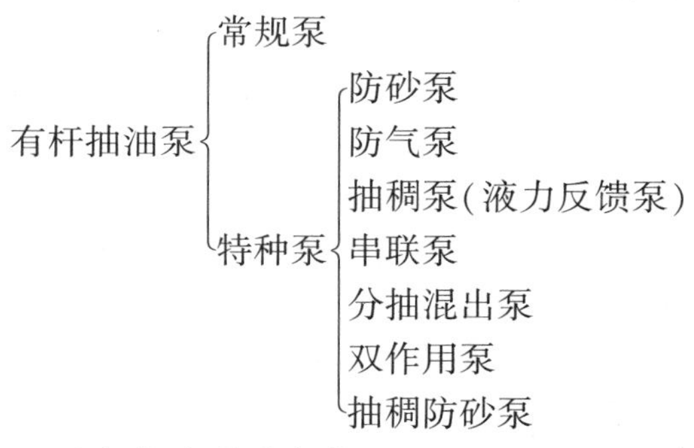

2. 无杆抽油泵的分类

一般无杆抽油泵有水力活塞泵、潜油电动离心泵、螺杆泵等。

二、抽油泵型号的表示方法

抽油泵型号采用下列表示方法：

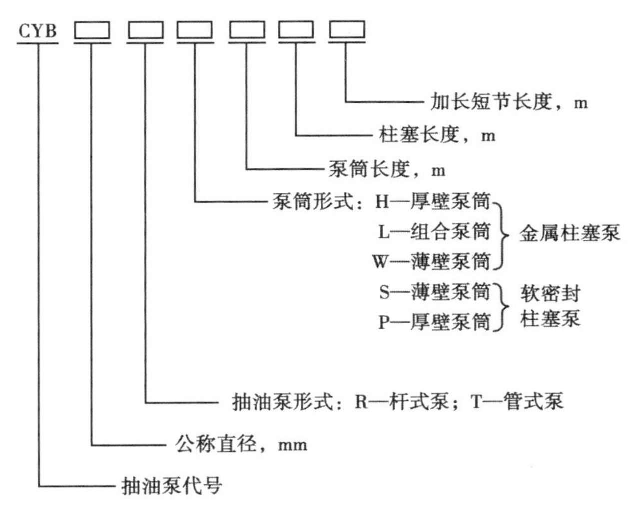

三、有杆抽油泵

1. 管式泵

1)结构特点

管式泵可分为整筒泵(无衬套泵)和组合泵(衬套泵)。整筒泵的泵筒没有衬套,是由一个整体的无缝钢管加工而成;组合泵的泵筒由多节衬套组成。整筒泵与组合泵相比,具有泵效高、冲程长、形式多、规格全、质量轻和装卸方便等优点。目前常用的是整筒泵,组合泵已基本上不再使用。根据固定阀结构,管式泵又可分为可打捞型管式泵和不可打捞型管式泵。

组合泵泵筒强度高,衬套材质一般为20CrMn,渗碳或碳氮共渗处理,硬度高、耐磨、衬套短、易加工,但衬套易错位。组合泵结构简图见图5-1。

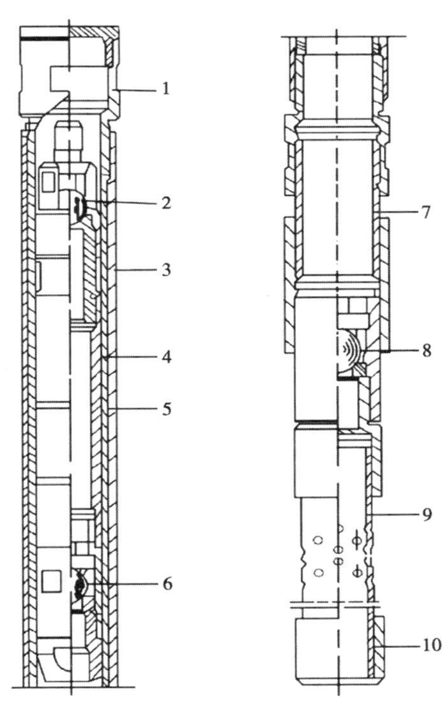

图5-1 组合泵结构简图

1—上接头;2—上出油阀;3—泵筒;4—衬套;5—柱塞体;6—下出油阀;7—加长短节;8—进油阀;9—滤管;10—下接头

整筒泵(固定阀可捞式)一般由泵筒总成、柱塞总成、固定阀固定装置、固定阀及打捞装置组成,结构简图见

图 5-2。

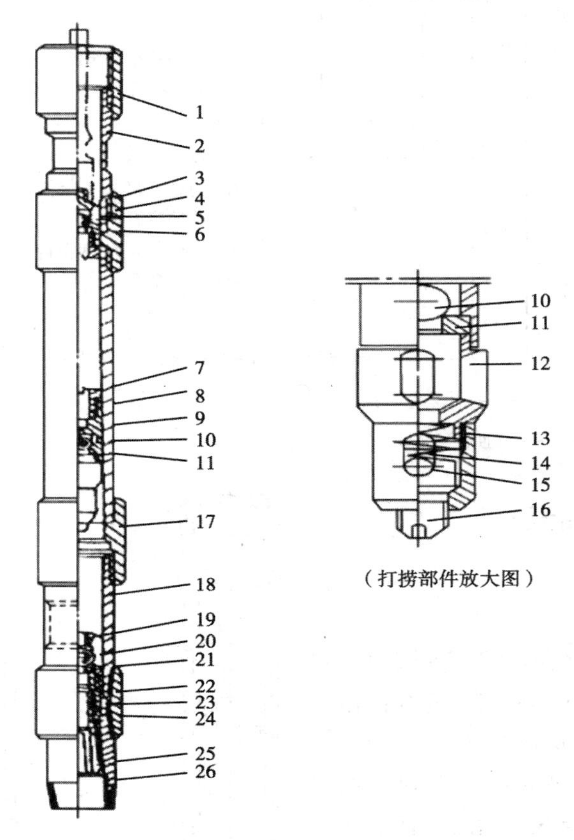

图 5-2　整筒泵(固定阀可捞式)结构简图

1—油管接箍;2—加长短节;3—上出油阀罩;4—接箍;5—上出油阀球;6—阀座;7—柱塞;8—泵筒;9—下出油阀罩;10—下出油阀球;11—阀座;12—打捞体;13—导向套;14—弹簧;15—销子;16—丝锥式打捞头;17—泵筒接箍;18—加长短节;19—固定阀罩;20—固定阀球;21—固定阀座;22—油管接箍;23—接头;24—密封支撑环;25—弹性芯轴;26—支撑套

整筒泵泵筒的材质一般为铬钼铝,经氮化处理,硬度高、耐磨、耐腐蚀、结构简单,但泵筒加工难度大。

泵筒总成包括泵筒、泵筒接箍、加长短节、油管接箍。柱塞总成由柱塞上出油阀罩、上下出油阀球、阀座、柱塞、柱塞下出油阀罩组成。柱塞按表面强化工艺可分为镀铬柱塞和喷焊柱塞。固定阀固定装置由密封支撑环、弹性芯轴、支撑套组成。固定阀由固定阀罩、固定阀球、筛管、固定阀座及接头等组成,由锁紧装置将其固定。弹性芯轴上端与固定阀总成的接头用螺纹连接,并将密封支撑环压紧。打捞装置由打捞体、导向套、弹簧、销子、丝锥式打捞头组成。

固定阀(不可捞式)结构简图见图5-3。

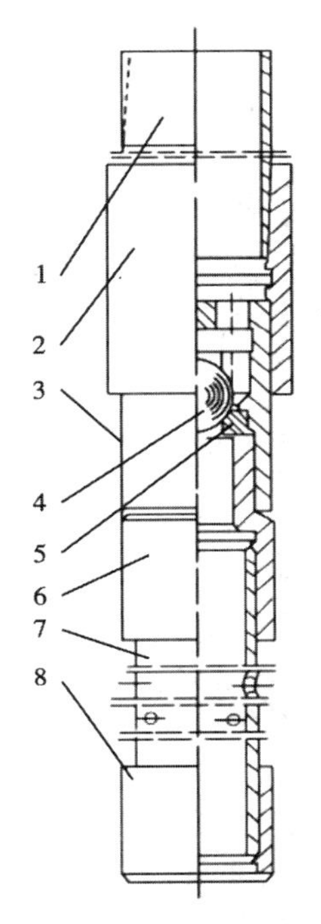

图5-3 固定阀(不可捞式)结构图

1—短节;2—接箍;3—阀罩;4—阀球;5—阀座;6—接头;7—筛管;8—筛管帽

2)工作原理

抽油泵的柱塞做上下往复运动,其工作冲程分为上冲程和下冲程。

上冲程中,柱塞在抽油杆的带动下向上移动,游动阀在柱塞上面的液柱载荷的作用下关闭,固定阀在沉没压力的作用下打开,柱塞让出泵筒内的容积,原油进入泵筒,这是泵的吸入过程。同时,在井口将排出相当于柱塞冲程长度的一段液体。

下冲程中,抽油杆带动柱塞向下移动,液柱载荷从柱塞上转移到油管上,在泵内液体压力的作用下游动阀打开,固定阀关闭,泵内的液体排出泵筒,这是泵的排出过程。

由上述抽汲过程可知,上冲程是泵内吸入液体,井口排出液体的过程,泵内吸入的条件是泵内压力低于沉没压力;下冲程是泵向柱塞以上油管中排液,井口排出相当于冲程长度光杆体积的液体,泵向柱塞以上油管内排液的条件是泵内压力高于柱塞以上液柱压力。

3)适用范围

管式泵结构简单、成本低、承载能力大,但检泵需要起出全部油管,检泵工作量比杆式泵大,适用于浅井或中深井。

2. 杆式泵

1)结构特点

杆式泵有内、外两个工作筒,外工作筒上端装有锥体座及卡箍,使用时将外工作筒随油管先下入井中,然后把装有衬套、柱塞的内工作筒接在抽油杆的下端放到外工作筒中并由卡簧固定。检泵时不需起出油管,而是通过抽油杆将内工作筒提出。因此,杆式泵又叫插入式泵。

按固定装置在泵上的位置和在抽油时是泵筒还是柱塞移动,杆式泵又分为定筒式顶部固定杆式泵、定筒式底部固定杆式泵和动筒式底部固定杆式泵。定筒式顶部固定杆式泵可以用于斜井、含砂或含气的油井;定筒式底部固定杆式泵适用于深井；动筒式底部固定杆式泵可用于含砂的油井。

对于泵径大于 ϕ83mm 的抽油泵一般统称为大泵，大泵具有采液量大的优点。但由于大泵柱塞直径大，不能通过 ϕ89mm 油管，需要配套工具。大泵由泄油器、脱接器、泵筒总成、柱塞总成、固定阀总成等五部分组成，如图 5-4 所示。配套工具主要有脱接器。

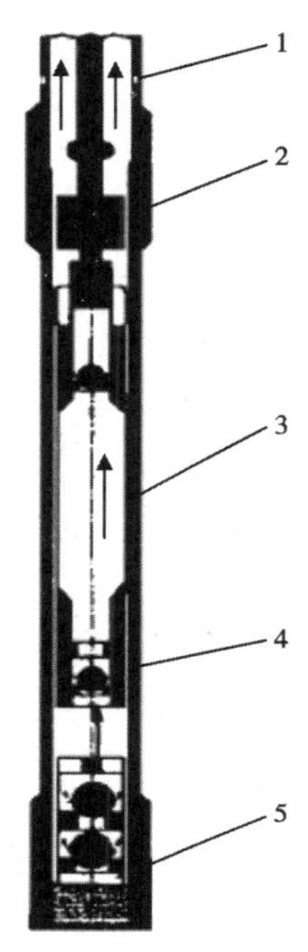

图 5-4　大泵结构示意图
1—泄油器；2—脱接器；3—柱塞总成；
4—泵筒总成；5—固定阀总成

2）工作原理

抽油泵的柱塞做上下往复运动，其工作冲程分为上冲程和下冲程。

上冲程中，柱塞在抽油杆的带动下向上移动，游动阀在柱塞上面液柱载荷的作用下关闭，固定阀在沉没压力的作用下打开，柱塞让出泵筒内的容积，原油进入泵筒，这是泵的吸入过程。同时，在井口将排出相当于柱塞冲程长度的一段液体。

下冲程中，抽油杆带动柱塞向下移动，液柱载荷从柱塞上转移到油管上，在泵内液体压力的作用下游动阀打开，固定阀关闭，泵内的液体排出泵筒，这是泵的排出过程。

由上述抽汲过程可知，上冲程是泵内吸入液体、井口排出液体的过程，泵内吸入的条件是泵内压力低于沉没压力；下冲程是泵向柱塞以上油管中排液，井口排出相当于冲程长度光杆体积的液体，泵向柱塞以上油管内排液的条件是泵内压力高于柱塞以上液柱压力。

脱接器使用方法如下：

（1）脱接器对接后，上提抽油杆，指重表读数明显增加，否则需用倒扣器逆时针转动抽油杆帮助对接。

（2）脱接器脱接时，将柱塞下移，使固定阀总成与柱塞总成处于连接状态，此时指重表显示为“0”，慢慢上提抽油杆，使指重表微有显示后，顺时针转动抽油杆，使脱接器上下体相对旋转 90°后，边转边上提抽油杆，从而使脱接器释放。

（3）抽油机冲程长度小于泵的冲程长度，按工艺设计要求调好防冲距，严禁在抽油时脱接器上碰。

3）适用范围

杆式泵检泵方便，无须起出油管，适用于下泵深度大、产量较小的油井。

3. 特种抽油泵

特种抽油泵主要用于开采条件复杂的油井，如高含砂井、稠油井等，特种抽油泵主要包括防砂泵、抽稠泵和螺杆泵。

1)防砂泵

(1)等径柱塞泵。

①结构特点。

等径柱塞泵是一种常规泵的改造泵，结构基本上与常规抽油泵相同，只是柱塞有所差别。等径柱塞泵采用等径刮砂柱塞结构，该柱塞无环形槽，上下等径，具有防砂卡、防砂磨和自冲洗功能。等径柱塞泵示意图见图5-5。

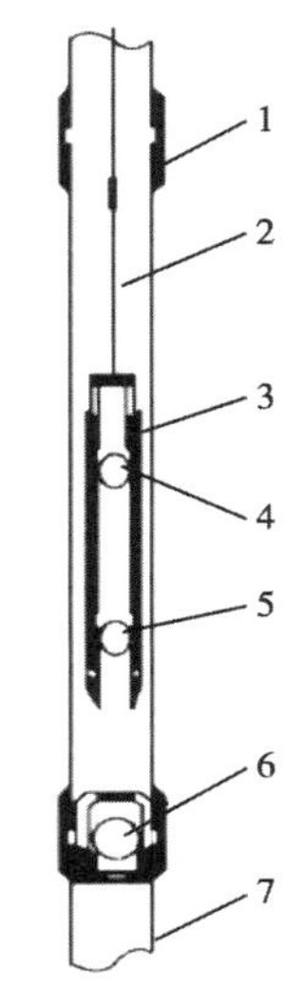

图5-5 等径柱塞泵

1—接箍；2—抽油杆；3—柱塞；4—上游动阀；5—下游动阀；6—固定阀；7—油管

②工作原理。

抽汲工作原理与常规泵相同。上冲程时，柱塞上行，由于刮砂柱塞的作用，可有效地将泵筒内壁上的砂粒刮出泵筒，消除了柱塞与泵筒之间砂粒的压实作用形成的硬性挤压摩擦力，从而防止砂卡柱塞，并且由于柱塞只运动于最小摩擦力状态下，所以也能最大限度地延长柱塞使用寿命。下冲程时，不仅具有下行刮砂作用，而且相对于柱塞运动，排出的井液能将积存于柱塞排液口附近的少量砂粒冲刷干净，以便保证柱塞在下一冲程中工作于最佳的清洁环境，起到自动冲洗防砂卡的作用。只要不砂埋柱塞，就可正常抽汲。

③适用条件。

(a)一般适用于含砂≤0.2%的油井。

(b)适用于原油黏度≤2000mPa·s的油井中。

(2)长柱塞防砂泵。

①结构特点。

长柱塞防砂泵采用长柱塞、短泵筒及双筒环空沉砂、侧向进油结构，主要由长柱塞、短泵筒、双通接头、沉砂外筒、进出油阀、水力连通式挡砂圈等部件组成。其示意图如图5-6所示。

②工作原理。

该泵抽汲原理与常规泵相似，采用侧向进油结构，泵下接沉砂尾管。柱塞上行时，借助挡砂圈及漏失液的共同作用，阻止砂粒进入柱塞与泵筒之间的密封间隙，携出的砂粒在重力作用下沿斜面进入沉砂环空，沉入尾管，从而防止砂卡和砂磨。

由于减轻了泵筒与柱塞的磨损,其表面氧化层不易被破坏,因此耐腐蚀性能增强。当油井停抽时,由于长柱塞超出泵筒,携出的砂粒将沿沉砂环空沉入尾管,不会聚集在柱塞上面使抽油杆上行困难,防止砂埋抽油杆。

③使用要求。

(a)泵上须接1根ϕ89mm油管。

(b)根据需要泵下须接大于50m的沉砂管(要求密封良好)。

④适用条件。

(a)适用于停抽易砂卡抽油泵的油井。

(b)气油比较高,易发生气锁的油井不宜采用该泵。

(c)严禁在拐点及其下部使用。

(3)长柱塞泵。

①结构特点。

长柱塞泵采用长柱塞、短泵筒及双固定阀结构,主要由柱塞总成、泵筒总成和双固定阀总成组成。长柱塞泵示意图如图5-7所示。

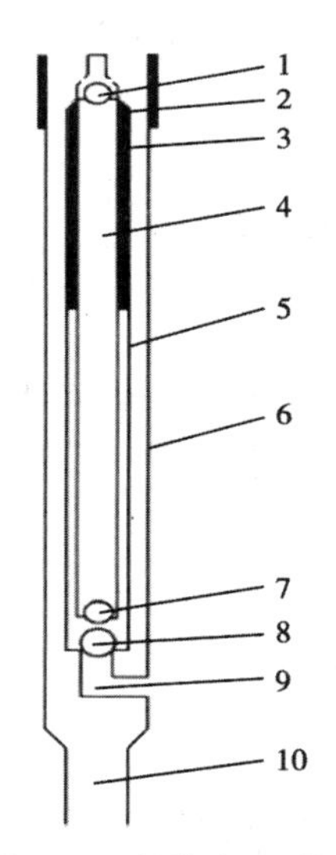

图5-6 长柱塞防砂泵

1—上出油阀;2—挡砂圈;3—短泵筒;4—长柱塞;5—加长内筒;6—沉砂外筒;7—下出油阀;8—进油阀;9—双通接头;10—下接头

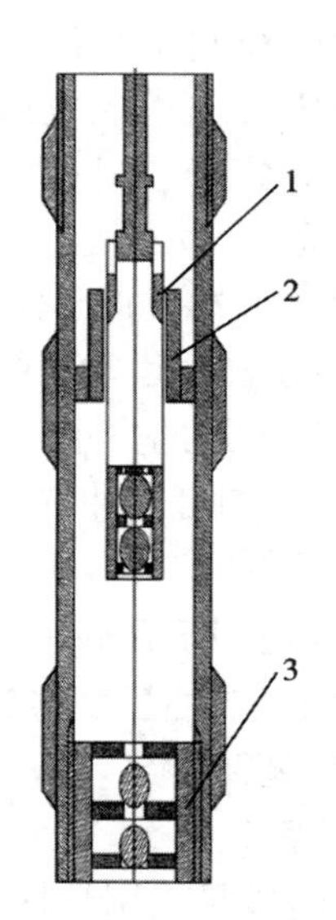

图5-7 长柱塞泵

1—柱塞总成;2—泵筒总成;3—双固定阀总成

②工作原理。

该泵抽汲原理与常规泵相似。柱塞上行时,阻止砂粒进入柱塞与泵筒之间的密封间隙,减轻了泵筒与柱塞的磨损,其表面氧化层不易被破坏,因此耐腐蚀性能增强。当油井停抽时,因长柱塞超出泵筒,使砂粒携出,不易造成柱塞卡在泵筒内。

③使用要求。

(a)ϕ57mm 泵上须接 1 根 ϕ89mm 油管。

(b)一般用于含砂≤0.1%的油井。

(c)严禁在拐点及其下部使用。

2)强制启闭阀式抽稠泵

(1)结构特点。

强制启闭阀式抽稠泵是针对稠油井使用常规泵泵效低的问题,而专门设计的新型抽稠油泵,主要由泵筒总成、柱塞总成和固定阀总成组成,如图 5-8 所示。柱塞总成上的出油阀为强制启闭连杆阀结构,由抽油机上、下行程控制连杆阀的开启与关闭。固定阀为加大阀球、大通道阀座结构,并设计阀球复位轨道。其优点是:阀的启闭是强制性的,能够迅速开启与关闭,同时阀座设计了流线型结构,固定阀球加大,阀的过流面积增大,能克服稠油阻力和气锁力,解决了阀球关闭滞后的问题,大幅度地提高了泵效。

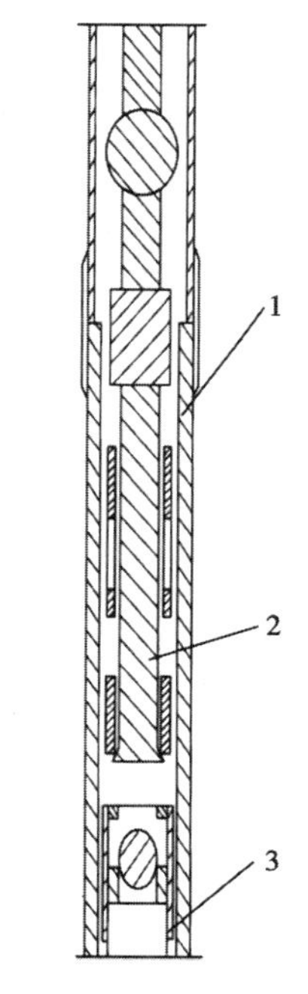

图 5-8 强制启闭阀式抽稠泵
1—泵筒总成;2—柱塞总成;
3—固定阀总成

(2)工作原理。

与常规抽油泵基本相同。游动阀的启闭由连杆通过抽油杆柱的上、下行程控制。

(3)主要技术参数。

公称直径分别为 57mm、70mm;冲程长度为 5.1m;柱塞长度分别为 0.9m、1.2m;泵筒长度为 6.3m;连杆直径分别为 22mm、25mm。

(4)适用条件。

该泵适用于黏度小于 6000mPa · s 的油井。

3)螺杆泵

(1)结构特点。

地面驱动采油螺杆泵,主要由地面驱动装置和井下螺杆泵两部分组成。地面驱动装置将井口动力通过抽油杆的旋转运动传递到井下,驱动井下泵工作。

井下螺杆泵由转子和定子组成。转子是井下泵中唯一的运动部件,它是由高强度钢经精加工及表面镀铬而成;定子是在钢管内模压高弹性合成橡胶而成,根据不同应用场合有多种橡胶类型。

地面驱动螺杆泵采油系统如图5-9所示。地面驱动装置的作用是支撑并驱动抽油杆，进而带动井下转子，完成将井下液体抽汲到地面的工作。停机时，吸收抽油杆反转扭矩，防止脱扣。地面驱动装置由驱动电动机、传动皮带、齿轮箱、反转自动控制装置、井口密封盒组成。采用的驱动电动机为Y系列三相异步电动机。

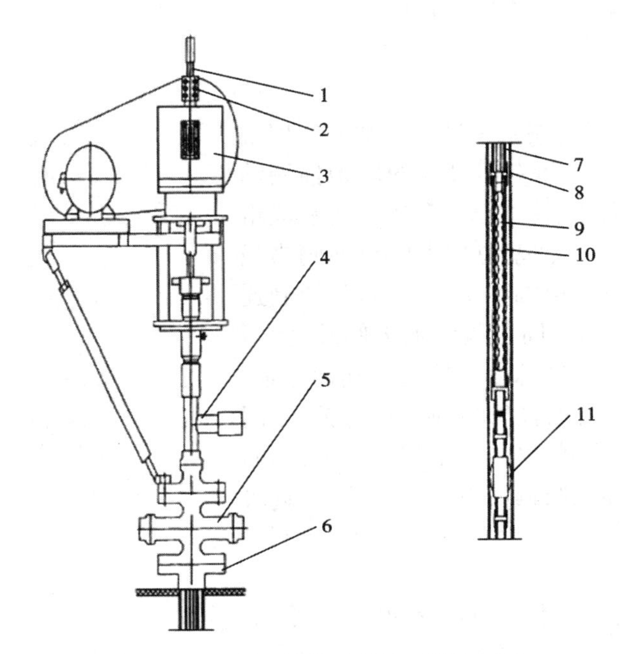

图5-9 地面驱动螺杆泵采油系统示意图

1—光杆；2—光杆卡箍；3—驱动头；4—井口三通；5—大四通；6—油管头；
7—油管；8—套管；9—转子；10—定子；11—螺杆泵锚

(2)工作原理。

由于转子与定子配合时形成一系列相互隔开的封闭腔，当转子转动时，封闭腔沿轴向由吸入端向排出端运移，在排出端消失，同时吸入端形成新的封闭腔，腔内所盛满的液体也就随着封闭腔的运移由吸入端推挤到排出端。这种封闭腔的不断形成、运移、消失，起到了泵送液体的作用。

(3)适用范围。

螺杆泵的独特结构使其具有广泛的应用范围，如适合于高黏度、高含砂、高含气、高含水的井。

(4)注意事项。

①所选油井沉没度≥150m。

②下泵前应洗通油井。

③对于含砂量较高的油井(≥2%)应进行有效的防砂处理(考虑到停机时油管内砂子要下沉,堆集在泵出口处的砂子超过一定高度后机组难以启动,若强行启动,有时会引起杆柱断脱等问题)。

四、无杆抽油泵

1. 电动潜油泵

电动潜油泵也称电动潜油离心泵,一般指整套装置。电动潜油泵整套装置分为井下、地面和电力传送三部分。井下部分主要有多级离心泵、油气分离器、保护器和潜油电动机;地面部分主要有变压器、控制柜和井口;电力传送部分是电缆。整套机组如图 5-10 所示。

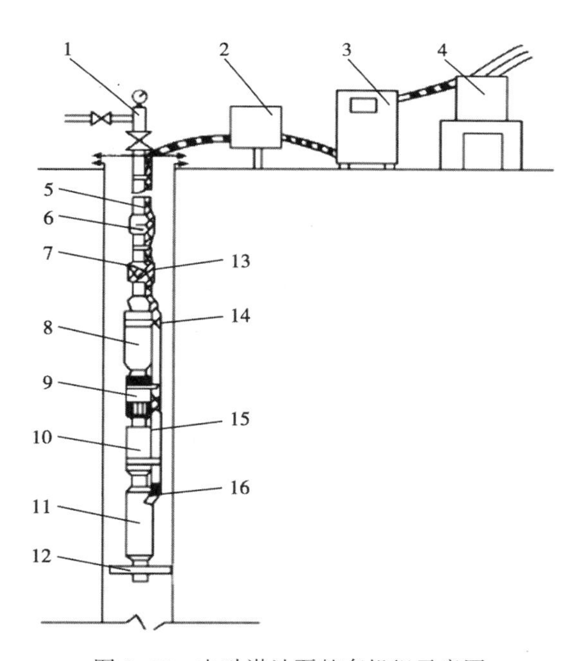

图 5-10 电动潜油泵整套机组示意图

1—井口;2—接线盒;3—控制柜;4—变压器;5—油管;6—泄油器;7—单流阀;8—多级离心泵;9—油气分离器;10—保护器;11—潜油电动机;12—扶正器;13—电缆;14—电缆卡子;15—电缆护罩;16—电缆头

1)结构特点

多级离心泵一般简称电泵,由多级叶轮组成,为多级串联离心泵,分为固定部分和转动部分。固定部分主要由壳体、泵头(上部接头)、泵座(下部接头)、导轮和扶正轴承等组成;转动部分主要由轴、键、叶轮、垫片、轴套和限位卡簧等组成。相邻两节泵的泵壳用法兰连接,轴用花键套连接。

多级离心泵与普通离心泵相比有以下特点:外形细长,直径小,长度大,叶轮和导轮级数多,垂直悬挂运转,轴向卸载,径向扶正。

2)工作原理

电动机带动电泵轴上的叶轮高速旋转,叶轮内液体的每一质点受离心力作用,从叶轮中心沿叶片间的流道甩向叶轮四周,压力和速度同时增加,经过导轮流道被引向上一级叶轮,这样逐级流经所有的叶轮和导轮,使液体压能逐次增加,最后获得一定的扬程,将井内液体输送到地面。

3)主要泵型

电动潜油泵泵型主要有 88 系列,98 系列,130 系列。常用的是 98 系列电泵(60Hz),泵轴最大制动功率为 69~188kW。

4)适用条件

(1)潜油电泵的沉没度要求大于 300m。

(2)一般适用于含砂量小于 0.05%的油井。若含砂量大,则须采取相应的防砂措施。

(3)一般适用于原油黏度小于 400mPa·s(50℃脱气不含水原油)的油井。

(4)一般适用于原油含蜡量小于 25%的油井。

5)注意事项

(1)一般电泵油井井斜不超过 3°/30m,若采用斜井机组,则井斜不超过 8°/30m。

(2)电泵油井管柱不能受拉或受压。

2. 电动潜油螺杆泵

电动潜油螺杆泵一般指整套装置,整套装置包括井下机组、井下电缆、电泵井口、控制柜和变压器。

1)井下机组系统组成

电动潜油螺杆泵机组从井下开始依次为:潜油电动机→潜油电动机保护器→齿轮减速器→减速器保护器→双万向节→吸入口→螺杆泵。

2)技术指标

(1)排量为 20~150m^3/d。

(2)扬程为 1000~1800m。

(3)沉没度为 200m 以上。

3)适用范围

(1)适用的套管尺寸为 ϕ139.7mm、ϕ177.8mm。

(2)介质含砂:生产液含砂量小于 3%,最大砂粒径小于 0.1mm。

(3)介质黏度:50℃时的介质黏度小于5000mPa·s。

(4)井底温度小于120℃。

五、抽油泵的使用

1. 使用前的准备

(1)抽油泵下井前必须查看泵筒上的出厂标记或接箍上的钢印及出厂(或修复)合格证。确认是本油井所需规格型号的抽油泵。

(2)下泵前应仔细检查泵筒有无弯曲,外露螺纹是否碰伤、锈蚀。

(3)对库存1年以上的抽油泵,下井前必须取出柱塞总成,拆卸泵阀组件,仔细检查有无损伤或锈蚀,有橡胶密封件者应注意老化问题;检查螺纹连接是否牢靠,上扣时,必须涂抹上螺纹润滑防腐剂。旋紧螺纹的扭矩参照SY/T 5872—2011《抽油泵检修规程》规定。

(4)对库存1年以上的抽油泵,下井前应先用干净毛巾把柱塞和泵筒内孔擦洗干净,用洁净的润滑油充分润滑柱塞后放入泵筒,往复拉动柱塞,手感轻快均匀、转动灵活、无阻滞时方可使用。

(5)进行下泵作业的井场,井口周围应保持整洁,以免砂石或他物在下泵过程中掉入井内,影响泵的正常抽油。

(6)待下井的油管、抽油杆必须无油泥、蜡、砂和污垢等脏物。如果对个别油管有怀疑时,应以通径规检查证实合格后方可下井,绝不许马虎凑合。

2. 下泵操作

(1)下泵时应进行最终检查,以确保护帽、堵头及防护缠扎之物全被拆除。

(2)抽油泵是配合较精密的井下设备,下井起吊操作时,应加倍小心、谨慎。

(3)起吊下井整筒泵时,要求用提升短节(抽油杆短节);泵筒长度大于5m的,下井起吊时,应采用专用吊卡。

(4)下泵过程中要使用抽油杆扶正器时,其最下面的扶正器安装位置应尽可能靠近抽油泵,以保证泵和油管的对中,从而减轻泵的磨损。

第二节 封 隔 器

一、封隔器的分类及型号编制

封隔器为封隔层段的井下工具。其作用是用于分层开采、分层注水及实施井下作业工艺措施时封隔层段,也可利用丢手封隔器悬挂防砂衬管,代替水泥塞封堵。

1. 封隔器类型

（1）按其结构原理不同，可分为支撑式、卡瓦式、皮碗式、水力扩张式、水力自封式、水力密闭式、水力压缩式和水力机械式八种类型。

（2）按其封隔件（密封胶筒）的工作原理不同，又可分为自封式（靠封隔件外径与套管内径的过盈和压差实现密封）、压缩式（靠轴向力压缩封隔件使封隔件直径变大实现密封）、楔入式（靠楔入件楔入封隔件使封隔件直径变大实现密封）、扩张式（靠液体压力作用于封隔件内腔使封隔件直径变大实现密封）和组合式五种类型。

2. 封隔器型号编制的基本方法

按封隔器分类代号、支撑方式代号、坐封方式代号、解封方式代号及封隔器钢体最大外径、工作温度、工作压差等参数依次排列，进行型号编制。

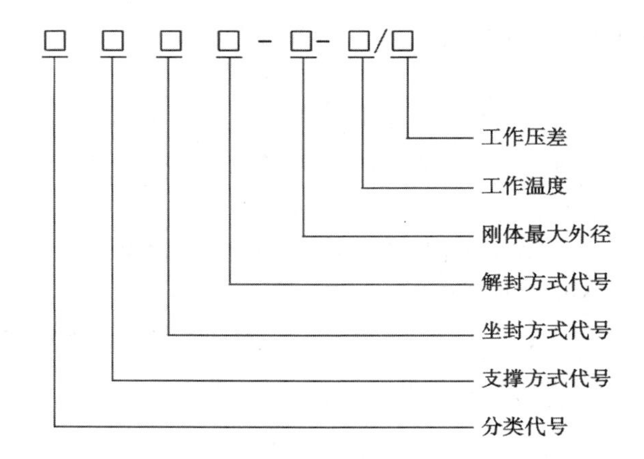

分类代号是用分类名称的第一个汉字拼音的大写字母表示，组合式用各形式的分类代号组合表示；支撑方式代号、坐封方式代号和解封方式代号均用阿拉伯数字表示（表 5-1、表 5-2、表 5-3、表 5-4）；钢体最大外径、工作温度、工作压差也均用阿拉伯数字表示，单位分别为毫米（mm）、摄氏度（℃）、兆帕（MPa）。

例如：Y211-114-120/15 型封隔器，表示该封隔器为压缩式，单向卡瓦固定，提放管柱坐封，提放管柱解封，钢体最大外径为 114mm，工作温度为 120℃，工作压力为 15MPa。YK341-114-90/100 型封隔器，表示该封隔器为压缩、扩张组合式，悬挂式固定，液压坐封，提放管柱解封，钢体最大外径为 114mm，工作温度为 90℃，工作压差为 100MPa。

表 5-1 分类代号

分类名称	自封式	压缩式	楔入式	扩张式	组合式
分类代号	Z	Y	X	K	用各形式的分类代号组合表示

表 5-2 支撑方式代号

支撑方式名称	尾管支撑	单向卡瓦	无支撑(悬挂式固定)	双向卡瓦	锚瓦
支撑方式代号	1	2	3	4	5

表 5-3 坐封方式代号

坐封方式名称	提放管柱	转动管柱	自封	液压	下工具	热力
坐封方式代号	1	2	3	4	5	6

表 5-4 解封方式代号

解封方式名称	提放管柱	转动管柱	钻铣	液压	下工具	热力
解封方式代号	1	2	3	4	5	6

二、几种主要类型封隔器的结构及原理

1. Y111-114 封隔器

1)用途

该型封隔器可用来采油、找水、堵水和酸化,不仅能单独使用,也可和卡瓦封隔器或支撑式卡瓦配套使用。

2)结构

Y111-114 封隔器结构见图 5-11。

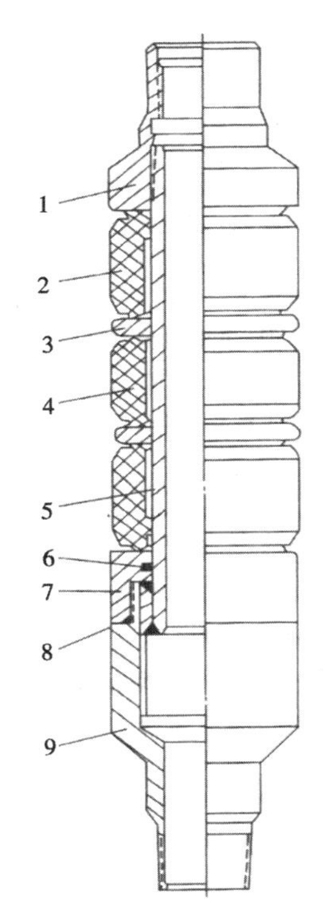

图 5-11 Y111-114 封隔器
1—上接头;2,4—胶筒;3—隔环;5—中心管;6,8—密封圈;7—压帽;9—下接头

3)工作原理

坐封:按所需坐封高度(油管挂距顶丝法兰的高度)下放管柱,因下接头和尾管相连,以井底或以卡瓦封隔器为支点,则上接头和中心管一起下行压缩胶筒,使胶筒直径变大,封隔油套环形空间。

解封:上提管柱,胶筒就收回解封。

4)主要技术参数

长度:790mm;

外径:114mm;

通径:62mm;

坐封载荷:60~80kN;

工作压力:8MPa;

工作温度:120℃。

5)技术要求

(1)所接尾管长度一般不大于50m。

(2)单独使用不能超过两级,与卡瓦式封隔器(或支撑式卡瓦)配合使用,一般为一级。

2. Y211-114 封隔器

1)用途

该型封隔器可用来分层采油、堵水、找水等。

2)结构

Y211-114 封隔器结构见图5-12。

3)工作原理

坐封:按所需坐封高度上提管柱后下放管柱,扶正器依靠弹簧的弹力使摩擦块与套管壁摩擦,扶正器则沿中心管轨迹槽运动,轨道销钉从原来的短槽上死点 *A* 经过 *B* 到达长槽上死点 *C* 的坐封位置。由于顶套的作用,挡球套被顶开解锁,从而使卡瓦被楔形体撑开,并卡在套管内壁上。同时,在一定的管柱重量作用下,上接头、调节环和中心管一起下行压缩胶筒,使胶筒直径变大,封隔油套环形空间。

解封:上提管柱,上接头、调节环和中心管一起上行,结果轨道销钉又运动到下死点 *B*,楔形体退出卡瓦。同时,由于扶正器的摩擦力,产生一个向下的拉力,从而卡瓦准确回收,挡球复位,挡球套在弹簧的作用下,自动复位,锁紧装置恢复。与此同时,胶筒收回解封。

4)主要技术参数

最大外径:114mm;

最小通径:50mm;

长度:2123mm;

扶正块外径:张开时136mm,缩小时114mm;

工作温度:120℃;

坐封载荷:80~100kN;

工作压差:上压25MPa;下压8MPa;

连接螺纹:2⅞in TBG;

防坐距:700mm。

3. Y221-148(114)封隔器

1)用途

该型封隔器用于分层采油、找水、堵水等。

2)结构

Y221-148(114)封隔器结构见图5-13。

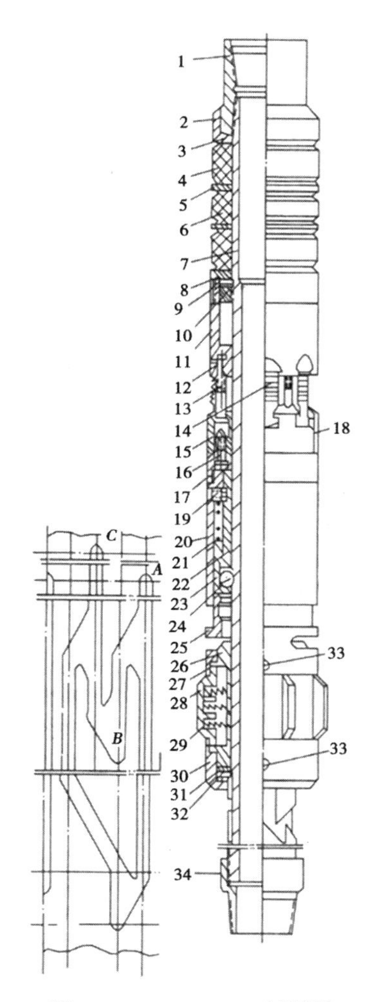

图 5-12 Y211-114 封隔器

1—上接头;2—调节环 3—O 形圈;4—边胶筒;5—隔环;6—中胶筒;7—中心管;8—楔形体帽;9—挡环;10,12,19,33—防松螺钉;11—楔形体;13—限位螺钉;14—卡瓦;15—大卡瓦挡环;16—固定螺钉;17—连接环;18—小卡瓦挡块;20—护罩;21—弹簧;22—锁环套;23—挡球套;24—挡球;25—顶套;26—扶正体;27—压环;28—摩擦块;29—弹簧;30—限钉压环;31—滑环;32—轨道销钉;34—下接头

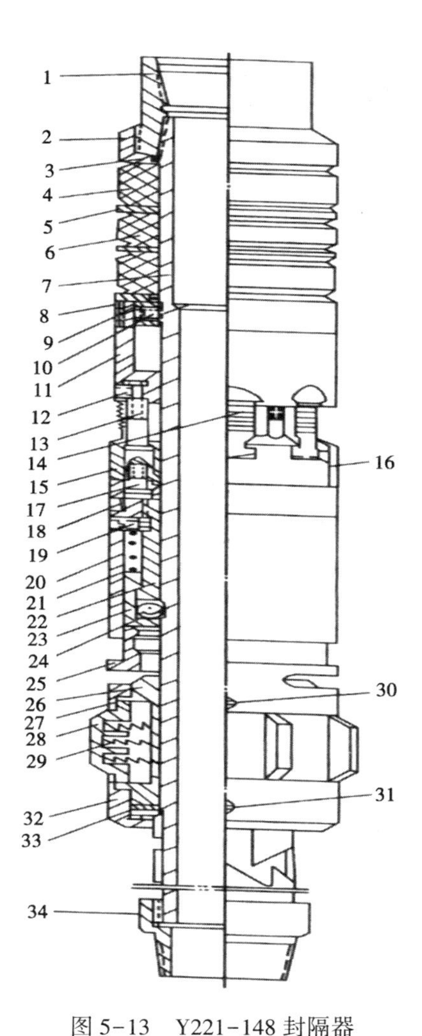

图 5-13 Y221-148 封隔器

1—上接头;2—调节环;3—O 形圈;4—长胶筒;5—隔环;6—短胶筒;7—轨道中心管;8,11—楔形体;9—挡环;10,12,19,30,31—防松螺钉;13—限位螺钉;14—卡瓦;15—大卡瓦挡块;16—小卡瓦挡块;17—固定螺钉;18—连接环;20—护罩;21,29—弹簧;22—锁环套;23—挡球套;24—锁球;25—顶套;26—扶正体;27,32—限位压环;28—摩擦块;33—轨道销钉;34—下接头

3)工作原理

坐封:按所需坐封高度上提管柱后转动管柱,然后下放管柱,扶正器依靠弹簧的弹力使摩擦块与套管壁摩擦,依靠滑动销钉扶正器就沿中心管的J形槽运动,结果,轨道销钉就从下井时槽的末端运动到坐封位置时的顶端,由于顶套的作用,挡球套被顶开解锁,从而卡瓦被楔形体撑开,并卡在套管壁上。同时,上接头、调节环、轨道中心管就一起下行压缩胶筒,使胶筒直径变大,封隔油套环形空间。

解封:上提管柱,上接头、调节环和中心管一起上行,胶筒收回解封;而轨道销钉从中心管J形槽的顶端回到末端,楔形体退出卡瓦,卡瓦就回收解卡;挡球套在弹簧的作用下,自动复位,锁紧装置恢复。

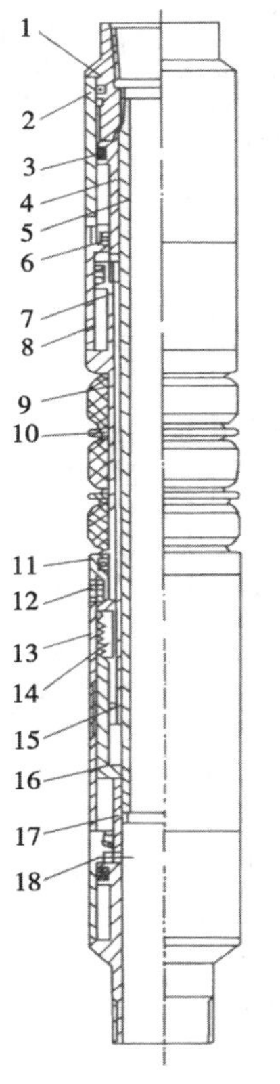

图5-14 Y341-114油井封隔器

1—上接头;2—连接套;3—O形圈;4—平衡活塞;5—内中心管;6,7—外中心管;8—顶套;9—胶筒;10—隔环;11—密封环;12—剪断销钉;13—锁套;14—卡瓦;15—卡瓦座;16—解封套;17—下接头;18—活塞

4)主要技术参数

最大外径:148(114)mm;

最小通径:62(50)mm;

长度:1520mm;

坐封载荷:100~120kN;

扶正块外径:张开时164(136)mm,缩小时148(114)mm;

工作温度:120℃;

工作压差:上压30MPa,下压12MPa。

4. Y341-114油井封隔器

1)用途

该型封隔器用于分层堵水、找水及试油。

2)结构

Y341-114油井封隔器结构见图5-14。

3)工作原理

坐封:从油管内加液压,液压经下接头的小孔作用在活塞上,活塞推动锁套剪断销钉,使密封环上移压缩胶筒,使胶筒直径变大,封隔油套环形空间,放掉油管压力,因锁套和卡瓦上的倒马牙扣锁在一起,使胶筒不能弹回。工作时,上压大,下推胶筒、锁套,使外中心管受到向下推力的同时,也上推平衡活塞,使外中心管也受到向上的拉力。

解封:上提油管,上接头带动内中心管、下接头上行,而外中心管、锁套和卡瓦、卡瓦座相对不动,解封套也在下接头的推动下上行,其内锥面使卡瓦内收,卡瓦脱离与锁套啮合状态,胶筒和锁套下行,胶筒弹回。

4)主要技术参数

最大外径:114mm;

长度:1208mm;

最小通径:50mm;

工作压力:25MPa。

5. K344-114 封隔器

1)用途

该型封隔器用于注水、酸化、挤堵、找窜和封窜。

2)结构

K344-114 封隔器结构见图 5-15。

3)工作原理

加液压,液压经滤网罩、下接头的孔眼和中心管的水槽作用在胶筒的内腔,使胶筒胀大,封隔油套环形空间。放掉油管压力,胶筒即收回解封。

4)主要技术参数

最大外径:114mm;

最小通径:62mm;

总长:910mm;

工作压力:25MPa;

坐封压力:0.5~0.7MPa;

工作温度:120℃。

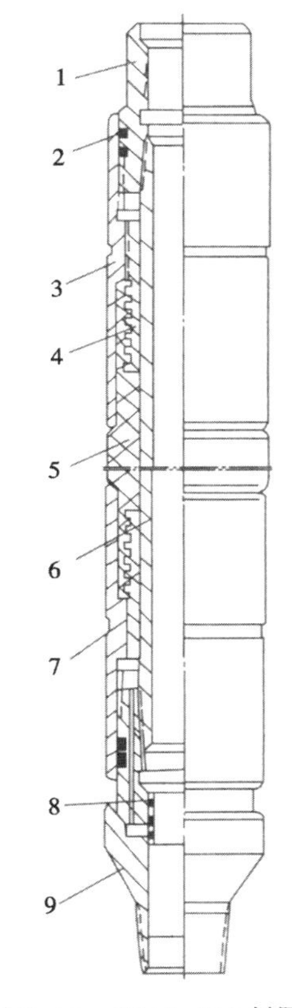

图 5-15 K344-114 封隔器

1—上接头;2—O 形圈;3,7—胶筒座;4—硫化芯子;5—胶筒;6—中心管;8—滤网罩;9—下接头

6. Y445-114 封隔器

1)用途

该型封隔器主要用于分层开采、封堵底水,还可用于试油、代替水泥塞等。

2)结构

该型封隔器结构见图 5-16。

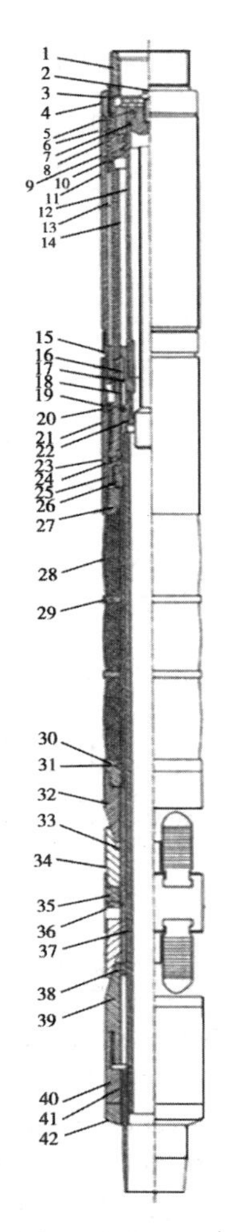

图 5-16　Y445-114 封隔器

1—上接头;2—丢手销钉;3—销钉挂;4—上备帽;5,6,8,9,31,38—O 形圈;7—丢手活塞,10—坐封活塞,11—活塞套;12—上中心管;13—坐封套;14—解封头;15—坐封接头;16—丢手接头;17—坐封销钉;18—丢手键;19—防顶卡簧;20—销钉;21—解封套;22—连接螺母;23—解封销钉;24—推移环;25—锁紧环;26—锥片;27—承压头;28—胶筒;29—隔环;30—上锥体帽;32—上锥体;33—衬管;34—卡瓦;35—卡瓦挂;36—剪断销钉;37—中心管;39—下锥体;40—下锥体帽;41—下接头;42—下备帽

3)工作原理

坐封:下到预定的位置后,从油管内正憋压,当压差大于 2~4MPa 时,坐封活塞推动坐封套剪断坐封销钉,坐封套向下移动 10mm,坐封接头处于释放状态,于是衬管以外部分与坐封机构脱开。在液压作用下,坐封活塞推动解封头、锥片、衬套、下卡瓦沿下锥体向下滑动,下卡瓦卡住套管。当液压大于 6~8MPa 时,上锥体上的销钉被剪断,衬管继续下移而压缩胶筒紧贴套管壁,使锁紧环被推到中心管的锁紧部位,在胶筒弹力的作用下,锥片后退,并将锁紧环推入锁紧状态,使胶筒保持压紧状态,达到密封油套环形空间的目的。当液压大于 16~28MPa 时,丢手销钉被拉断,丢手活塞下移坐在上中心管台阶处,丢手接头处于释放状态,上提油管它就与连接螺母脱开。如憋压不能实现丢手时,只需上提油管,使悬重接近于原管柱重量,正转油管(50~60 圈),丢手键带动连接螺母与中心管的连接螺纹(左旋)倒开,这样就完成了定位密封丢手。

打捞:当要起出封隔器时,下打捞管柱,在管柱最下部接上该丢手封隔器打捞器,打捞器上部接扶正器,当打捞管柱下到预定位置时,下放管柱悬重 1/3~1/2。再上提,此时打捞爪便捞住解封头向上移动,而使解封销钉被拉断,解封头再向上移动,锥片因失去依托而散开,锁紧环回到原位,卡瓦、胶筒复原。解封头的下台被防顶卡簧顶住,以防止管柱尾部重量低于井内上顶力时,再次坐封。解封头通过销钉带动解封套、承压头、衬套,进而带动下中心管起出封隔器。

4)主要技术参数

最大外径:114mm;

最小内径:50.3mm;

长度:1380mm;

连接螺纹:2⅞in TBG;

工作压力:18MPa;

质量:56kg。

7. Y541-115 封隔器

1)用途

该型封隔器用于定向井的分采、试油、堵水等,是靠静液柱坐封的封隔器,在直井中也适用。

2)结构

Y541-155 静液压封隔器由 5 部分组成,见图 5-17。

(1)水力锚:承受封隔器下部压差产生上顶力。

(2)封隔件:封隔上、下层位。

(3)卡瓦:承受封隔器上部压差产生下推力。

(4)坐封锁紧机构:压缩封隔件,张开卡瓦,同时起锁定作用,使封隔器处于工作状态。

(5)解封机构:起解封作用。

3)工作原理

坐封:从油管内憋压(5~10MPa),压力通过传压孔作用到控制活塞上,剪断剪钉,控制活塞上移,锁块脱离约束,执行活塞在静液柱压力作用下带动锁紧机构、外中心管、水力锚向下移动,张开卡瓦并卡住套管内壁,压缩封隔器的胶筒及外中心管,同时锁紧机构将封隔器锁定在坐封位置。

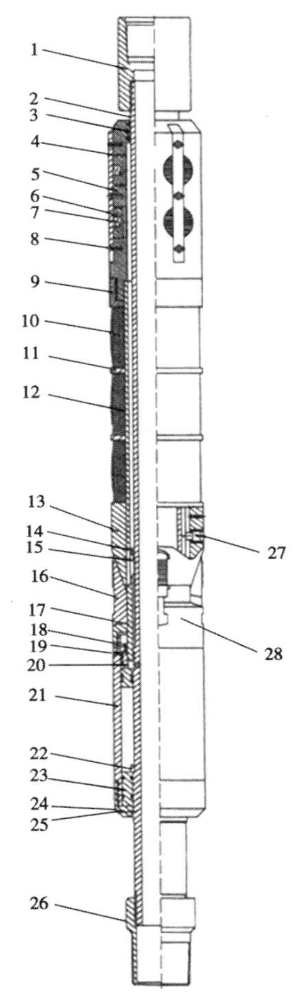

图 5-17 Y541-115 静液压封隔器

1—上接头;2—内中心管;3,4—O 形圈;5—水力锚壳体;6—水力锚爪;7—弹簧;8—沉头螺钉;9—调节环;10—胶筒;11—隔环;12—外中心管;13—锥体;14—挡环;15—锁套;16—卡瓦;17—执行活塞;18—控制活塞;19—剪钉;20—锁块;21—静压套;22—限位环;23—液压缸堵;24—护套;25—剪环;26—下接头;27—限位销钉;28—卡瓦托

解封:上提管柱,护套将剪环剪断,内中心管上移,使液压缸及液压缸堵部分相对内中心管移至中心管直径较小的地方,从而失去密封作用,油管、套管压力平衡,

水力锚在弹簧作用下收回，同时卡瓦相对锥体下行收回，胶筒复位，封隔器解封。

4）主要技术参数

最大外径：115mm；

长度：1423mm；

工作温度：120℃；

最小通径：50mm；

工作压力：25MPa；

两端连接螺纹：2⅞in TBG；

适应套管内径：121～124mm；

适用井斜：45°。

8. FXZY445-114-CY3 封隔器

1）用途

该型封隔器用于机堵井封堵夹层水。

2）结构

FXZY445-114-CY3 封隔器结构见图 5-18。

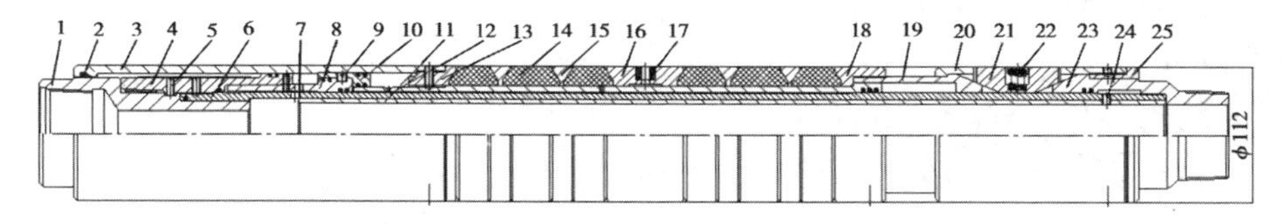

图 5-18 FXZY445-114-CY3 封隔器

1—上接头；2—锁簧；3—缸筒；4—锁定套；5—丢开销钉；6—连接管；7—坐封销钉；8—活塞；9—验封销钉；10—验封活塞；11—打捞管；12—胶筒轴；13—上压环；14—胶筒；15—隔环；16—中隔环；17—验封件；18—下压环；19—上锥体；20—卡瓦罩；21—卡瓦；22—弹簧；23—下接头；24—解封销钉；25—导向帽

3）工作原理

坐封：用 2⅞in 油管连接工具，下井到设计位置，向油管内注水打压，当压力达到 6MPa 时，坐封销钉剪断，活塞下行，推动上锥体下行，将卡瓦胀出，卡瓦锚定于套管内壁，以卡瓦力支撑压缩胶筒，同时锁簧与锁定套锁定，当压力达到 16MPa 时，卡瓦锚定牢固，胶筒胀封完成。

验封：当压力达到 18MPa 时，剪断验封销钉，验封活塞下行，液流进入左、右两组胶筒中间，检验胶筒的密封性能。

丢开：上提将送封工具与工具丢开。

解封：使用期过后，用 2in 捞锚插入工具打捞管内，上提剪断解封销钉，打开锁定机构，即可将工具解封，捞出。

4)技术参数

FXZY445-114-CY3 封隔器技术参数见表 5-5。

表 5-5 FXZY445-114-CY3 封隔器技术参数

型号	FXZY445-114-CY3
试用套管内径(mm)	118~126
最大刚体外径(mm)	112
最小内通径(mm)	50
总长度(mm)	1520
连接扣型(in)	2⅞ TBG
坐封压力(MPa)	16
验封压力(MPa)	18~20
验封通道面积(mm^2)	12.5
丢开载荷(kN)	50~80
工作压力(MPa)	25
卡瓦锚定力(kN)	300
卡瓦对套管损伤程度(mm)	0.15
解封拉力(kN)	40~60

5)使用操作及注意事项

(1)准备:工具下井前先进行通井、洗井,保证井内通畅。

(2)下井:按设计要求配制下井管柱,用 2⅞in TBG 油管配接工具和死堵,下井到预定位置。

(3)坐封、验封:工具下到设计位置后,注水打压,完成坐封、验封。

(4)丢开、探井:上提管柱,上提负荷为 50~80kN,分离送封工具。丢开后上提管柱 5m 以上,再缓慢下放管柱进行探井,探井力不大于 50kN。

(5)解封、打捞:用 2in 内捞锚下井打捞,上提 FXZY445-114-CY3 封隔器即可解封起出。

(6)下井速度控制在 30~40 根/h。

(7)工具下井过程中遇硬阻卡死时,上提力不许大于 200kN。若上提不解卡,可进行坐封、丢开、打捞操作。

(8)工具在运输及保管过程中,严禁碰撞。

(9)储存时,需平直摆放,防雨淋和腐蚀。

9. FXZY341-114-CY3 型封隔器

1)用途

该型封隔器用于机堵井封堵夹层水。

2）结构

FXZY341-114-CY3封隔器结构见图5-19。

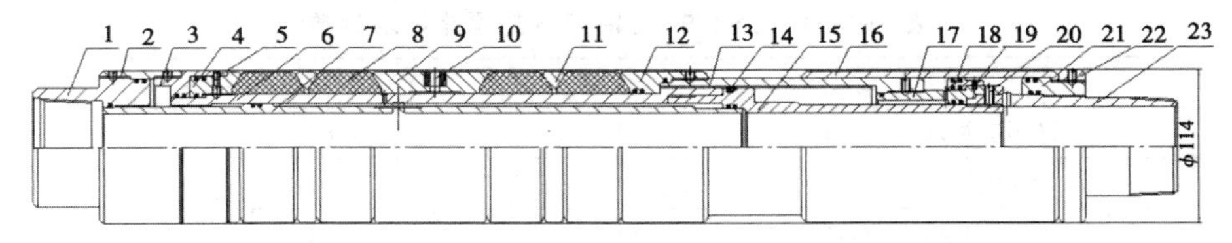

图5-19　FXZY341-114-CY3封隔器

1—上接头；2—提解套；3—平衡塞；4—上压环；5—解封销钉；6—胶筒轴；7—上中心管；8—胶筒；9—中隔环；10—验封件；11—隔环；12—下压环；13—锁定套；14—锁簧；15—下中心管；16—缸筒；17—活塞；18—验封活塞；19—验封销钉；20—坐封销钉；21—密封塞；22—导向帽；23—下接头

3）工作原理

坐封：油管内打压到6MPa时，剪断坐封销钉，活塞上行，压缩胶筒，同时锁簧与锁定套锁定，当压力达到18MPa时，胶筒胀封完成。

验封：当压力达到18MPa时，验封销钉剪断，验封活塞上行，液流进入左、右两组胶筒中间，检验胶筒的密封性能。

解封：上提管柱，工具下中心管不动，上中心管上行，剪断解封销钉，打开锁定，工具解封；继续上提，下中心管上行，进行下一级工具解封操作。

4）技术参数

FXZY341-114-CY3封隔器技术参数见表5-6。

表5-6　FXZY341-114-CY3封隔器技术参数

型号	FXZY341-114-CY3
试用套管内径（mm）	118～127.3
最大刚体外径（mm）	114
最小内通径（mm）	50
总长度（mm）	1433
连接扣型（in）	2⅞TBG
坐封压力（MPa）	19
验封压力（MPa）	20～23
验封通道面积（mm^2）	12.5
工作压力（MPa）	25
解封拉力（kN）	20～60

5）使用操作及注意事项

（1）工具下井前先进行通井、洗井，保证井内通畅。

(2)按设计要求配制下井管柱,用 2⅞in TBG 油管配接工具和死堵,下井到预定位置。

(3)工具下到设计位置后,注水打压,完成坐封、验封。

(4)用 2in 内捞锚下井打捞,上提 FXZY445-114-CY3 封隔器即可解封。

(5)工具在运输及保管过程中,严禁碰撞。

(6)储存时,需平直摆放,防雨淋和腐蚀。

三、注水堵水工用具

1. KPX-114 偏心配水器

1)用途

KPX-114 偏心配水器主要用于分层注水。

2)结构

其结构见图 5-20,由工作筒和堵塞器组成。

3)工作原理

注水:正常注水时,封隔器处于工作状态,把油层分成若干注水层段,各注水层段中的堵塞器(图 5-21)靠偏心配水器工作筒主体(图 5-22)的 ϕ2mm 台阶坐于工

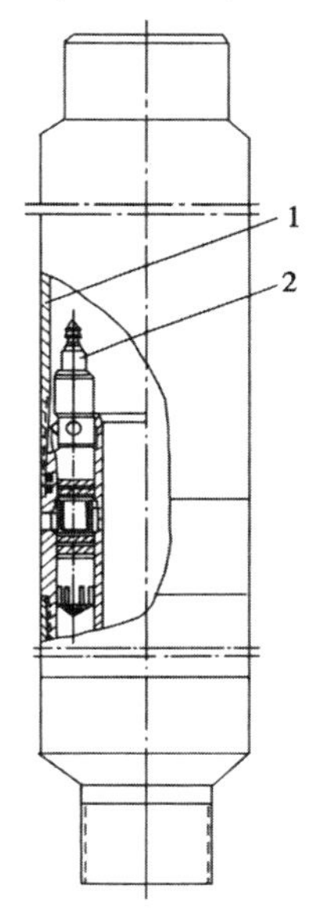

图 5-20　KPX-114 偏心配水器

1—工作筒;2—堵塞器

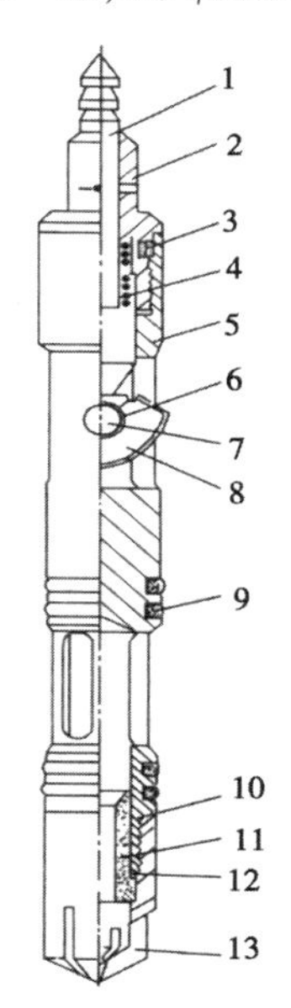

图 5-21　堵塞器

1—打捞杆;2—压盖;3,9,10,12—O 形圈;4—弹簧;5—主体;6—扭簧;7—轴;8—凸轮;11—水嘴;13—滤罩

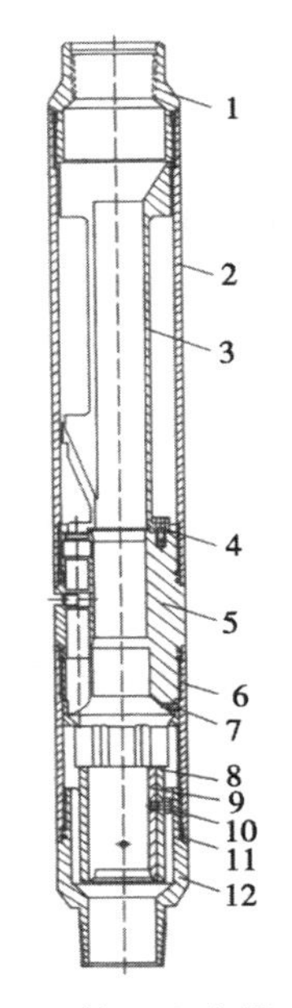

图 5-22　偏心配水器工作筒

1—上接头;2—上连接头;3—扶正体;4,7,10—螺钉;5—主体;6—下连接套;8—支架;9—导向体;11—O 形圈;12—下接头

作筒主体的偏孔上,凸轮卡于偏孔上部的扩孔处(因凸轮在打捞杆下端和扭簧的作用下,可向上来回转动,因此堵塞器能进入工作筒,被主体的偏孔卡住而飞不出),堵塞器主体上、下两组 O 形圈封住偏孔的出液槽,注入水即通过堵塞器滤罩、水嘴、堵塞器主体的出液槽和堵塞器主体的偏孔进入油套环形空间后注入目的层。分层注水量由水嘴直径大小来控制,若经测试发现水嘴大小不合适,可通过投捞堵塞器来更换。

4)主要技术参数

总长:995mm;

最大外径:114mm;

最小通径:46mm;

偏孔直径:20mm;

工作压力:25MPa;

堵塞器最大外径:22mm。

5)技术要求

(1)堵塞器扶正体的开槽中心线、ϕ22mm 偏孔中心线与堵塞器主体中心线应在同一平面。

(2)凸轮工作状态外伸 2mm,收回控制在最大外径以内,凸轮转动灵活可靠。

(3)堵塞器以下 300mm 以内的管柱应畅通。

2. DSⅢ-114-46-ZR 堵水器

1)用途

该堵水器用于油井机械堵水,可实现不压井作业,洗井不压油层。

2)结构

该堵水器结构见图 5-23。

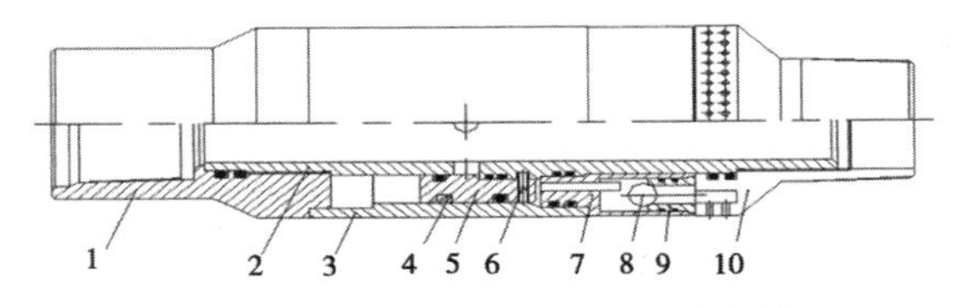

图 5-23　DSⅢ-114-46-ZR 堵水器

1—上接头;2—中心管;3—外套;4—卡簧;5—不压井滑套;6—固定销钉;7—阀体;8—阀球;9—阀座;10—下接头

3)工作原理

该堵水器与油管等配套管柱连接好后,当打压释放时,液压经堵水器中心管上的过液孔作用于不压井柱塞上,销钉被剪断并推动不压井柱塞上行,直到卡簧露出,不压井滑套与外套锁定,堵水开关打开过程结束,让出过液通道,油层中的液流可经下接头上的进液孔、单流阀以及中心管上的过液孔进入管柱中间实现正常生产。单流阀保证管柱中憋压时压力不能传到外部,并且在洗井时不压油层。

4)技术参数

DSⅢ-114-46-ZR 堵水器技术参数见表 5-7。

表 5-7 DSⅢ-114-46-ZR 堵水器技术参数

最大外径(mm)	φ113
最小内通径(mm)	φ45
工作压力(MPa)	18
堵水管柱实现最小卡距(m)	1.2
上端扣型(in)	2⅞TBG(内螺纹)
下端扣型(in)	2⅞TBG(外螺纹)
总长(mm)	450
坐封压力(MPa)	6
适用套管内径(mm)	120~126

5)使用操作及注意事项

(1)按设计要求配制下井管柱,用 2⅞in TBG 油管连接,并涂螺纹脂上紧。

(2)工具下到设计位置后,注水打压 6MPa,完成释放。

(3)工具在运输及保管过程中,严禁碰撞。

第三节 卡 瓦 锚

一、FD235-114 防顶卡瓦

1. 用途

FD235-114 防顶卡瓦作为丢手卡堵水管柱的上支撑点,防止管柱向上窜动。

2. 结构

其结构见图 5-24。

3. 工作原理

坐卡:该防顶卡瓦接在卡瓦式封隔器上面,用油管连接下入井中设计深度,先

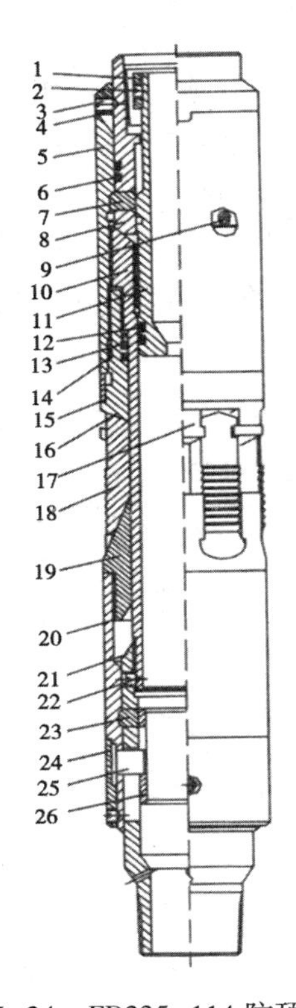

图 5-24 FD235-114 防顶卡瓦

1—挡环；2,3,22—稳钉；4—防转环；5—上连接套；6,12,13,14—O 形圈；7—上锁块；8—上接头；9—剪钉；10—中心管；11—坐丢杆；15—上环；16—卡瓦托；17—蝗螂头；18—卡瓦；19—楔体；20—下连接套；21—下接头；23—下锁块；24—下环；25—解封块；26—解封活塞

孔作为正洗井的工艺孔。

3. 工作原理

参考 FD235-114 防顶卡瓦部分。

4. 技术要求参数

连接螺纹：$2\frac{7}{8}$in TBG；

长度：800mm；

最大外径：90mm。

坐好封隔器后，投球坐于座丢杆的锥面上，憋压剪断剪钉，坐丢杆下移，此时上锁块内移，在液压作用下，上连接套、上环、卡瓦托下移，卡瓦沿楔体张开，卡紧套管内壁，达到防顶的目的。

丢手：上提管柱，上接头、坐丢杆等随之上提，脱开防顶卡瓦。

解卡：下专用解卡打捞工具，使解封活塞下移，使下锁块失去支撑内移，同时打捞工具捞住中心管上部的打捞螺纹，上提管柱，中心管、上连接套、卡瓦托随之上移，卡瓦收缩，从而解卡。

4. 使用要求

使用时，要以卡瓦封隔器或支撑卡瓦作为下支点。不能单独使用，否则卡瓦无法撑开。

5. 主要技术参数

两端连接螺纹：$2\frac{7}{8}$inTBG；

最大外径：ϕ114mm；

长度：755mm。

二、FD235-114 型打捞器

1. 用途

FD235－114 型打捞器用于打捞 FD235-114 防顶卡瓦。

2. 结构

其结构如图 5-25 所示，通杆上的侧

三、DQQ553 型防顶卡瓦

1. 用途

在分层采油、堵水过程中，DQQ553 型防顶卡瓦接在封隔器上部，克服封隔器因下部压力所产生的上顶力，以防管柱向上移动。

2. 结构

其结构见图 5-26。

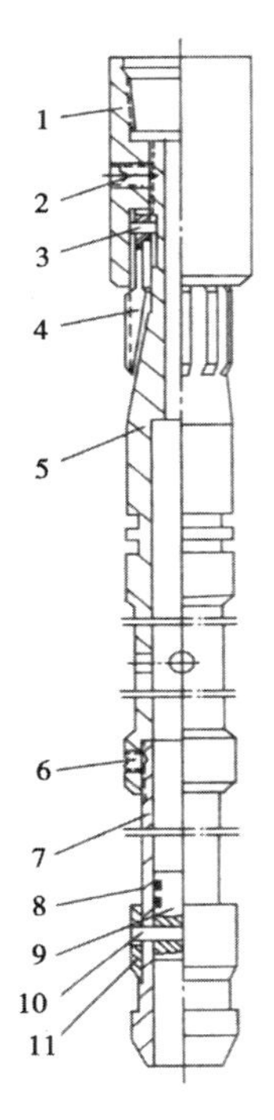

图 5-25　FD235-114 型打捞器

1—上接头；2—稳钉；3—轨道钉；4—爪子；5—通杆；6—稳钉；7—下杆；8—O 形圈；9—活塞；10—限位钉；11—压环

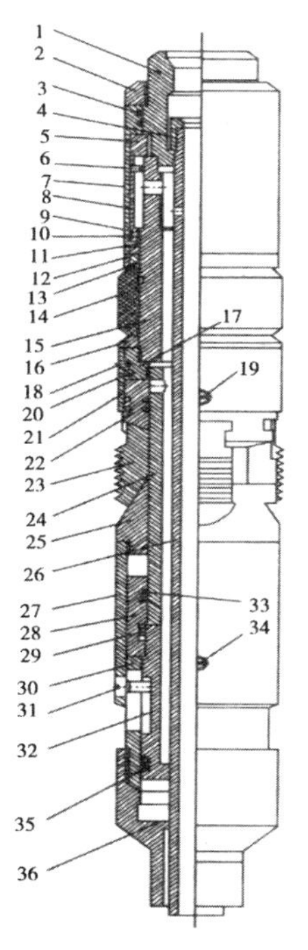

图 5-26　DQQ553 型防顶卡瓦

1—上接头；2—备帽；3，9，10，20，29，33，35—密封圈；4—捅杆挂；5—丢手接头；6—防转销钉；7—活塞套；8—活塞；11—丢手销钉；12—小卡簧；13—传力套；14—防砂胶筒；15—解封头；16—挡环；17—连接头；18—上提销钉；19—坐封销钉；21—坐封套；22—卡瓦挂；23—卡瓦；24—上中心管；25—锥体；26—通杆；27—解卡套；28—下中心管；30—卡块；31—解封销钉；32—撞击块；34—解封销钉；36—下接头

3. 工作原理

坐卡:当管柱下到预定深度后,从油管内憋压,液体从进液孔进入由上中心管、连接头、坐封套和卡瓦挂组成的传压室,作用于连接头和卡瓦挂的端面上,因连接头是固定不动的,所以只有推动卡瓦挂剪断坐封销钉,卡瓦沿锥体轨道向前移动,使其扩张而卡紧于套管内壁。同时,液体通过另一进液孔进入由上接头、解封头、活塞、活塞套组成的液压室,当液压达到16~18MPa时,剪断丢手销钉。推动活塞、传力套、小卡簧向前移动,压缩防砂胶筒,使其扩张,封住套管内壁。去掉压力小卡簧,阻止防砂胶筒恢复原状,保持工作状态,达到防砂目的。上接投送管柱即可丢手;如打压打不掉,可正转油管实现丢手,起出防顶卡瓦以上管柱。

解卡:当需要起出井内丢手分采管柱时,下入DQQ553型打捞管柱,当管柱下到预定位置后,用撞击头撞击撞击块,剪断解封销钉,使撞击块下滑,将卡块释放,继续下放撞击头时,通过解卡销钉传力于解卡套,解卡套带动锥体下移退出卡瓦,继续下放管柱,打捞爪进入解封头内,上提即可打捞出井内丢手管柱。

4. 主要技术参数

最大外径:114mm;

最小通径:50mm;

长度:1146mm;

防顶力:23kN;

连接油管:2⅞in TBG;

质量:52kg;

工作压力:20MPa。

5. 技术要求

使用防顶卡瓦时,必须用卡瓦封隔器或支撑卡瓦做下支点,否则卡瓦无法撑开。

四、DQQ553打捞器

1. 用途

DQQ553打捞器用于打捞DQQ553型防顶卡瓦。

2. 结构

其结构如图5-27所示。

3. 工作原理

其工作原理与DQQ553型防顶卡瓦的工作原理相同。

4. 主要技术参数

最大外径:90mm;

长度:1200mm;

质量:22kg;

最小通径:20mm;

连接螺纹:2⅞in TBG。

五、KSL-114水力防掉卡瓦

1. 用途

KSL-114水力防掉卡瓦接在封隔器的下部,作为管柱的下支点,克服封隔器因上压而产生的下推力。

2. 结构

其结构见图5-28。

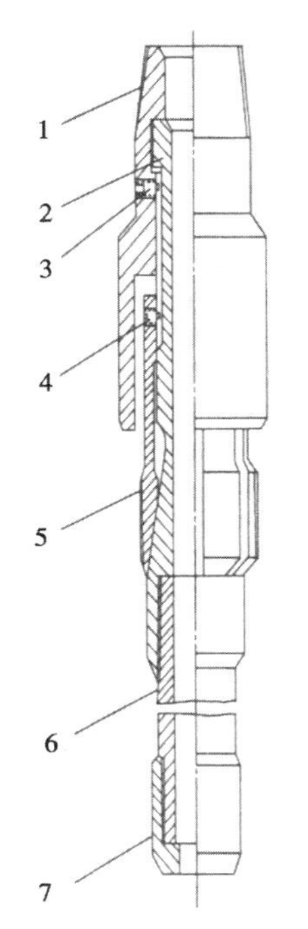

图5-27 DQQ553打捞器

1—上接头;2—胀管;
3—固定锁钉;4—滑动销钉;
5—打捞爪;6—连接杆;7—撞击头

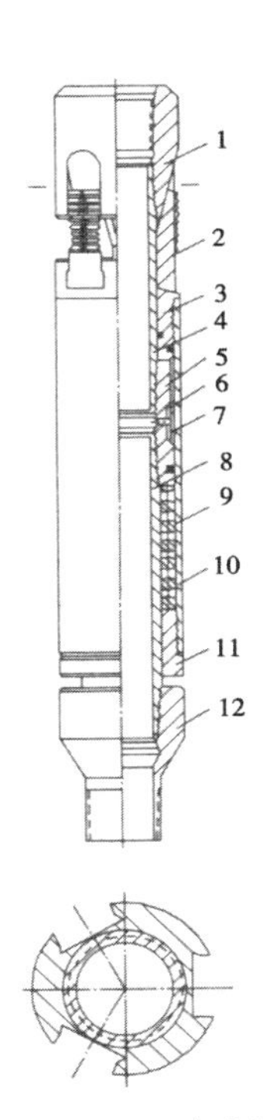

图5-28 KSL-114水力防掉卡瓦

1—锥体;2—卡瓦;3—卡瓦座;
4—上中心管;5—接箍;6—滤网;
7—铁丝;8—下中套;9—弹簧;
10—连接套;11—底托;12—下接头

3. 工作原理

坐卡:从油管内加液压,液压经接箍的孔眼作用在卡瓦座上,推动卡瓦、卡瓦座、连接套和底托一起上行,结果卡瓦被锥体撑开卡牢在套管内壁。

解卡：上提管柱，锥体就和中心管一起上行，锥体退出卡瓦，卡瓦也就在弹簧的作用下收回。

4. 主要技术参数

长度：785mm；

最大外径：114mm；

最小通径：59mm。

六、KSL-114 油管锚

1. 用途

KSL-114 油管锚可防止油管弯曲，减少抽油泵冲程损失。

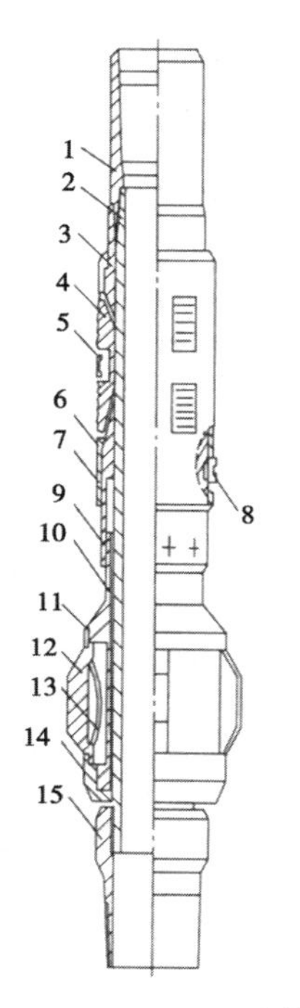

图 5-29　KSL-114 油管锚

1—上接头；2—中心管；3—上锥体；4—卡瓦；5—弹簧；6—外套；7—下锥体；8—滑动销钉；9—剪切销钉；10—扶正体；11—箍环；12—摩擦片；13—弹簧片；14—扶正环；15—下接头

2. 结构

其结构如图 5-29 所示。扶正体、箍环、摩擦片、弹簧片、扶正环组成扶正器。扶正器通过剪切销钉与下锥体相连，依靠弹簧片的弹力与套管摩擦，通过螺纹与中心管配合。

3. 工作原理

下管柱时，扶正器与中心管没有相对运动，油管锚处于收拢状态。

坐卡时，在保持管柱自身悬重的情况下，右旋油管 5~7 圈，扶正器推动下锥体向上运动，迫使卡瓦锁入套管内壁。为进一步确定油管锚卡瓦是否已卡紧，可下放油管，当拉力计归零，油管下放遇阻，证明油管锚已卡住，如未卡住，可保持右旋扭矩，反复上提下放，直到油管锚卡住套管。上提一定张力（上提负荷为管柱悬重加 30~50kN），并测量油管柱伸长量（为坐油管头做准备），去掉张力，左旋油管 5~7 圈，使油管锚解卡。下放管柱至已量好的位置，重复坐卡动作，在达到所需要的张力情况下，坐好油管头。

解卡时，上提管柱，卸开油管头，下放管柱，去掉张力，在保持管柱自身悬重的情况下，左旋油管 5~7 圈，扶正器带动下锥体向下运动，卡瓦在弹簧的作用下收拢而解卡。

若左旋油管不能解卡，则上提管柱，使油管

锚剪切销钉剪断解卡(上提解卡负荷为管柱自身悬重加80~100kN)。

4. 主要技术参数

摩擦块张开外径:134mm;

摩擦块压缩最小外径:114mm;

两端连接螺纹:2⅞in TBG;

外径:114mm;

长度:650mm。

七、KMZ-115 水力锚

1. 用途

利用水力锚锚爪的咬合力来克服分层作业中油管所受的拉力或压力。

2. 结构

其结构见图5-30。

3. 工作原理

当油管压力大于套管压力时,油管、套管之间的压差作用在锚爪上,就产生一个液压作用力,当这个作用力大于弹簧的弹力时,锚爪就压缩弹簧向外凸出,并咬合在套管内壁上,以防止管柱上、下窜动。油管、套管压差越大,锚爪的咬合力越大。当油管压力不大于套管压力时,锚爪就在弹簧的作用下恢复原位。

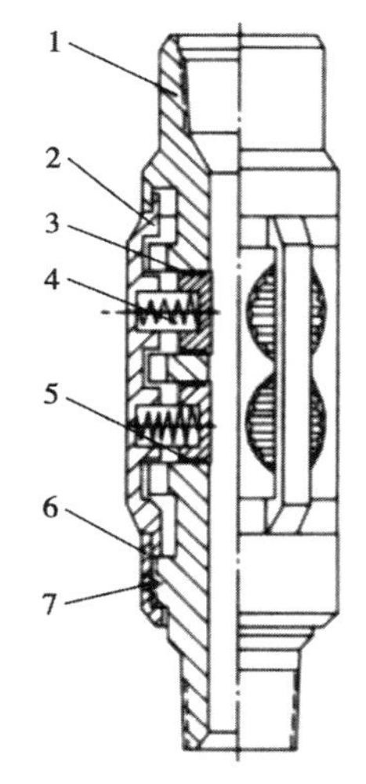

图5-30 KMZ-115 水力锚
1—本体;2—扶正块;3—O 形密封圈;4—弹簧;5—锚爪;6—扶正块套;7—固定螺钉

4. 技术要求

(1)应根据管柱的受力大小选用合适的水力锚,不渗不漏者才能用。

(2)水力锚下井位置应处于水泥环返高范围之内,这样可防止因压力过高而造成套管变形卡死水力锚。

(3)水力锚若有防砂装置,可下入管柱底部;若无防砂装置,下入位置应在最上一级封隔器的上部,以防砂卡。

5. 主要技术参数

钢体外径:115mm;

钢体内径:40mm;

锚爪直径:50mm;

适用套管:140mm;

两端连接螺纹：$2\frac{7}{8}$inTBG；

总长：440mm；

理论啮合力：57kN（5MPa 时），118kN（10MPa 时），187kN（15MPa 时），230kN（20MPa 时），289kN（25MPa 时）。

八、DQ0552 支撑卡瓦

DQ0552 支撑卡瓦的扶正器依靠压簧的弹力，使摩擦块与套管摩擦，扶正器通过滑环销钉沿中心管的轨道槽运动。下管柱时，滑环销钉位于轨道的 *B* 点，卡瓦处于收拢状态。

坐卡时，按所需坐卡高度上提管柱后下放管柱（一般来说，1000m 油管坐卡时，上提管柱 850mm），滑环销钉就从 *B* 点运动到 *E* 点，卡瓦也就处于撑开坐卡状态，卡瓦牢固地坐在套管内壁上。

坐死后，若油管挂露出法兰 10~25mm，可硬压下去，超过这个范围必须重新坐卡。

解卡时，上提管柱，滑环销钉由 *E* 点运动到 *A* 点，卡瓦在箍簧的作用下收回解卡。

结构原理如图 5-31 所示。

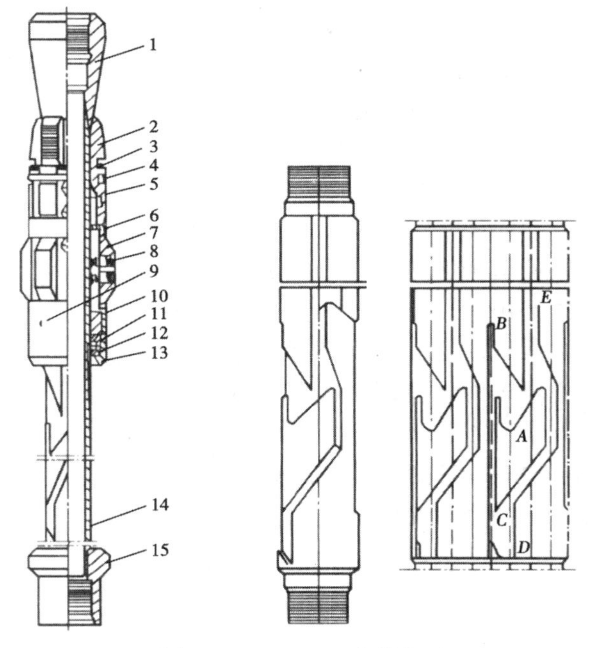

图 5-31　DQ0552 支撑卡瓦

1—锥体；2—卡瓦；3—箍簧；4—上限位环；5—内压簧；6—下限位环；7—摩擦块；8—外压簧；9—防松螺钉；10—卡瓦扶正器；11—滑环销钉；12—滑环；13—托环；14—中心管；15—下接头；16—固定螺钉；17—垫圈

九、张力油管锚(C-1 型)

结构原理如图 5-32 所示。扶正器通过剪切销钉与下接头相连,依靠压簧弹力与套管摩擦,通过螺纹与中心管配合。

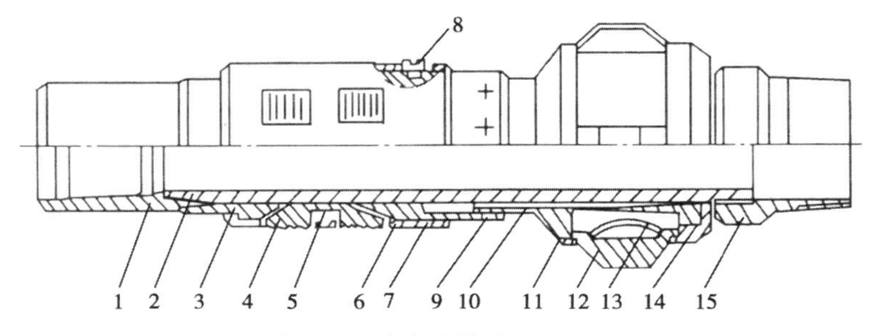

图 5-32 张力油管锚(C-1 型)

1—上接头;2—中心管;3—上锥体;4—卡瓦;5—弹簧;6—外套;7—下锥体;8—滑动销钉;9—剪切销钉;10—扶正体;11—箍环;12—摩擦片;13—弹簧片;14—扶正环;15—下接头

下管柱时,扶正器与中心管没有相对运动,油管锚处于收拢状态。

坐卡时,在保持管柱自身悬重的情况下,右旋油管 5~7 圈,扶正器推动下滑块向上运动,迫使卡瓦张开。当感觉扭矩明显增加时,说明油管锚卡瓦已锁入套管内壁。为进一步确定油管锚卡瓦是否已卡紧,可下放油管,当拉力计归零,油管下放遇阻,证明油管锚已卡住。如未卡住,可保持右旋扭矩,反复上提下放,直到油管锚卡住套管。

上提一定张力(上提负荷为管柱悬重加 30~50kN),并测量油管柱伸长量(为坐油管头做准备),去掉张力,左旋油管 5~7 圈,使油管锚解卡。下放管柱至已量好的位置,重复坐卡动作,在达到所需要的张力情况下,坐好油管头。

解卡时,上提管柱,卸开油管头,下放管柱,去掉张力,在保持管柱自身悬重的情况下,左旋油管 5~7 圈,扶正器带动下滑块向下运动,卡瓦在弹簧的作用下收拢而解卡。

若左旋油管不能解卡,则上提管柱,使油管锚剪切销钉剪断解卡(上提解卡负荷为管柱自身悬重加 80~100kN)。

第四节 配套工具

一、KTG-90 泄油器

1. 用途

KTG-90 泄油器用于抽油管柱的泄油,检泵作业时可作为连通油管、套管

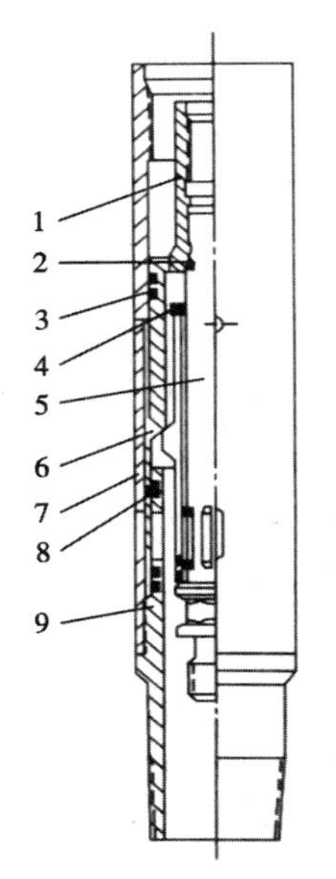

图 5-33　KTG-90 泄油器

1—抽油杆接箍;2,3—O 形密封圈;4—锁扣指;5—锁扣指芯;6—封泄滑套;7—封泄接头;8—卡簧;9—下接头

通道。

2. 结构

其结构见图 5-33。

3. 工作原理

下井前,先将提挂工具拉出,用 2⅞in 油管将泄油器连接在抽油泵以上一定高度。管柱下井完毕后,用抽油杆连接提挂工具和活塞,并保证提挂工具下到泄油器以下,完井后即可正常生产。作业时,随着抽油杆的起出,提挂工具即可将封泄滑套上移打开,从而保证起油管时,油管中的原油通过泄油孔泄入井中而不被带出。

4. 技术要求

(1)组装完毕后,用提挂工具来回拉动封泄滑套,开关灵活,无卡阻现象。

(2)关闭时,试压 20MPa,稳压 5min 不渗不漏为合格。

5. 主要技术参数

两端连接螺纹:2⅞inTBG;

外径:90mm。

二、KDH-110 活门

1. 用途

KDH-110 活门用在卡堵水丢手管柱上,实现不压井作业。

2. 结构

图 5-34 所示为活门关闭状态。

3. 工作原理

在丢手封隔器下井时,该活门直接与封隔器下接头连接,当封隔器丢手后,起出投送管柱时,活门在扭簧自身扭力的作用下处于关闭状态,将油管内通道堵死,即可进行不压井不放喷起下作业。要打开活门时,在下井管柱尾部接上捅杆,将活门捅开即可进行正常生产。

4. 主要技术参数

外径:110mm;

长度:400mm;

耐压:5MPa;

两端连接螺纹：$2\frac{7}{8}$inTBG。

三、HBO351 安全接头

1. 用途

HBO351 安全接头接在井下易卡工具上部，以便遇卡时可从安全接头处倒扣，从而起出接头以上管柱。

2. 结构

其结构如图 5-35 所示，锁套的上部有打捞用的内螺纹。

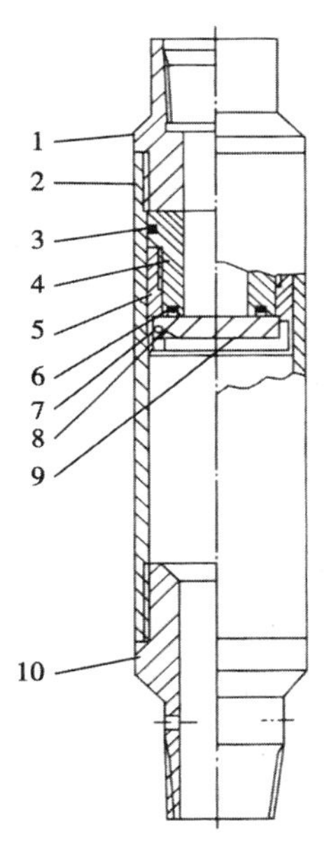

图 5-34 KDH-110 活门

1—上接头；2—外套；3，6—密封圈；
4—密封套；5—活门座；7—扭簧；
8—活门轴；9—活门；10—下接头

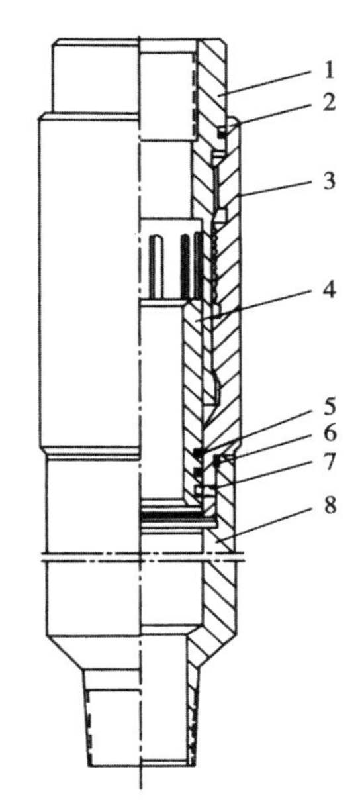

图 5-35 HBO351 安全接头

1—上接头；2，5，6—O 形圈；
3—锁套；4—滑套芯子；
7—剪钉；8—下接头

3. 工作原理

当井下工具遇卡而起不动管柱时，先从油管内投球坐于滑套芯子的密封锥面上，再向油管内加液压 5～7MPa，剪断剪钉，滑套芯子下行，上接头下部锁爪失去内支撑，于是上提管柱锁爪内收，上接头被拔出锁套，上接头以上管柱就可以起出。

4. 主要技术参数

最大外径：104mm；

长度：506mm；

最小通径:52mm;

工作压力:25MPa。

四、KGA-90 型泵下开关

1. 用途

KGA-90 型泵下开关主要用于 ϕ56mm 及以下管式泵抽油井的不压井作业。

2. 结构

如图 5-36 所示,KGA-90 型泵下开关主要由上接头、泄压阀、主体、阀球、阀座、中心管、外套、弹簧、下接头等部件构成。

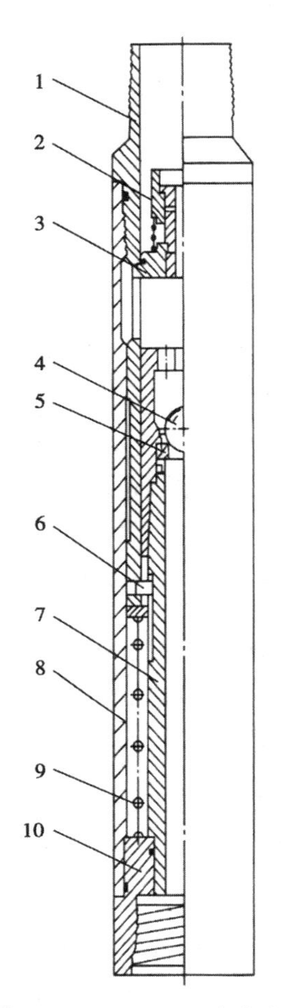

图 5-36 KGA-90 型泵下开关

1—上接头;2—泄压阀;3—主体;4—阀球;5—阀座;6—销钉;7—中心管;8—外套;9—弹簧;10—下接头

3. 工作原理

下泵前,卸下泵上原来的固定阀,将泵下开关安装于泵筒下面。下泵作业时,开关处于关闭状态,销钉在中心管轨道长槽的上端位置,主体在弹簧和井液推力的作用下,压在上接头的锥形密封面上,关闭了油流通道,从而实现了不压井下油管和抽油杆。下完抽油杆碰泵调防冲距时,柱塞下压泄压阀,打开泄压孔,放掉阀球与主体之间腔内的压力,然后压缩弹簧使主体下行,销钉沿轨道下行至长槽下死点。上提柱塞时,主体在弹簧推力的作用下上行,销钉通过换向进入轨道短槽上行至上死点。开关被打开。同时,泄压孔关闭,开关内的阀作为泵的固定阀工作。

检泵作业时,先下放杆柱使柱塞碰泵,然后起抽油杆,这时销钉由轨道的短槽通过换向后进入轨道长槽上端,又一次关闭油流通道,从而实现不压井起抽油杆和油管。

4. 技术参数

最大外径:ϕ90mm;

阀座直径:ϕ30mm;

余隙容积：810mL；
最大长度：664mm；
主阀体过流面积：1178mm^2；
连接螺纹型：2⅞in TBG。

5. 特点

(1)最大外径为 ϕ90mm，不影响环空测试。
(2)进液方式为直接进液，不影响气锚、砂锚和防蜡器等措施的配套应用。
(3)靠提、放抽油杆柱来实现开关动作，操作简单方便。

五、KZH-90 气锚

1. 用途

KZH-90 气锚适用于高气液比、中低含水、中等以上产量的有杆泵采油井中。

适用范围如下：
(1)气液比为 100~450m^3/t；
(2)最佳工作区产量大于 20t/d；
(3)含水率为中、低含水井。

2. 结构

如图 5-37 所示，气锚由多级杯形及螺旋形分离装置组合而成。杯形分离装置由分离杯、集油管组成；螺旋分离装置由螺旋叶片、螺旋集气中心管、外管、中间放气接箍组成。

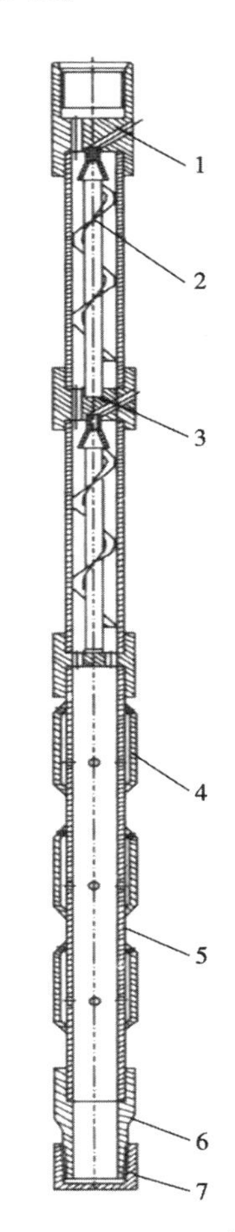

图 5-37 KZH-90 气锚
1—上接头；2—螺旋叶片；3—中间放气接箍；4—分离杯；5—集油管；6—下接头；7—堵头

3. 工作原理

来自油层的含气流体沿套管上升，当到达多级杯形分离装置时，流体流向折转 180°进入杯腔，由于重力作用，液体下沉进入集油管，气体形成气泡上浮排入油管、套管环形空间。经多级杯形分离器装置初步分离后的流体沿集油管上升进入第二级螺旋分离装置，液体沿螺旋叶片旋转流动，利用不同密度的流体离心力不同，使被聚集的大气泡沿螺旋叶片内侧流动，液体沿螺旋叶片外侧流动，被聚集气体经气罩收集，通过放气孔排到油管、套管环形空间。

4. 主要参数

外径：ϕ90mm；

长度：约 4000mm；

质量：约 50kg；

连接螺纹：2⅞inTBG。

第五节 案例分析

案例一 井下开关关闭导致油井没产量

抽油机井在正常生产时，有时会出现断杆情况。如果是浅部抽油杆或光杆断，采油小队就可以组织人员进行打捞，更换新杆后即可恢复正常生产。但有的井在捞出杆恢复正常生产后却出现反常情况，井口无产液量。

1. 问题出现

有一口抽油井光杆断脱掉到井下，当组织人员捞出断杆、更换完新杆后启抽，量油时却发现无液量。经反复核实，量油无效。

具体变化情况见表 5-8。

表 5-8 某抽油井生产数据表

时间	产液量（t/d）	产油量（t/d）	含水率（%）	电流（A）		冲程（m）	冲次（次/min）	泵径（mm）	备注
				上	下				
2011 年 7 月 15 日	38	8	78.2	35	30	3	6	56	
2011 年 7 月 18 日	36	8	78.2	34	30	3	6	56	13:25 光杆断脱，关井
2011 年 7 月 19 日	5	1	78.2	22	19	3	6	56	9:00 捞光杆，13:00 启抽
2011 年 7 月 21 日	0	0	0	21	19	3	6	56	量油
2011 年 7 月 22 日	0	0	0	23	19	3	66	56	量油
2011 年 7 月 23 日	0	0	0	24	20	3	6	56	量油
2011 年 7 月 24 日	0	0	0	23	20	3	6	56	处理，量油
2011 年 7 月 25 日	43	8	81.3	37	31	3	6	56	量油
2011 年 7 月 26 日	40	8	80.1	35	30	3	6	56	

注：泵下入深度 1023.1m。

从表中可以看出，该井因光杆断 2011 年 7 月 18 日下午关井。关井前产液量 38t/d，产油量 8t/d，含水率 78.2%，上、下电流分别为 35A、30A。第二天上午，捞出并更换了新杆，在13:00启抽恢复生产。当量油时发现量油不上液面，产液量为0t/d，经过反复几天核实产量，仍然无液量。说明抽油井在更换新杆后仍然有影响产量的问题，为查清原因，在资料核实完后安排了液面、示功图测试。测试结果显示，液面在井口，示功图图形为气锁，说明井下液体没有进入泵筒里，是抽油泵的吸入口出现了问题。在查找问题的过程中，了解到该井在上一次检泵时下有井下开关。

2. 诊断结果

光杆掉时将井下开关关闭。

又重新进行了一次碰泵处理，打开井下开关。处理后，产液量为43t/d，产油量为8t/d，含水率为81.3%，上、下电流分别为37A、31A，生产恢复正常。

3. 原因分析

井下开关是为防止井喷而采用的不压井工具。在施工作业下泵时井下开关是关闭的，作业完工后进行一次碰泵操作即可将井下开关打开，达到油井正常生产要求。当需要作业时，再进行一次碰泵操作即可将井下开关关闭，达到不压井、防井喷的作业条件。这次发生光杆断脱，掉到井下就是进行了一次碰泵操作。当打捞出断杆后，因井下开关没有打开而没有产量。要打开井下开关，就要重新再进行一次碰泵操作。查清原因后，于2011年7月24日进行了处理(碰泵操作)，抽油井恢复了正常生产。

类似这样的问题还有固定阀卡或堵，井下液体都不能正常流入泵筒，使产量突然下降。

4. 下步措施

(1)如果是下有井下开关的抽油井，只要重新进行碰泵操作，即可打开井下开关。

(2)如果没有井下开关，就是固定阀堵或卡。首先进行洗井处理，若无效再上作业查泵。

案例二　气锁使抽油井产液量下降

油层出气量的大小，对抽油泵泵效是有一定影响的。尤其是对出气量大的井，如果套管压力控制不合理会加大气体影响程度，严重时会产生气锁，使产液量下降。

1. 问题出现

有一口泵径56mm、冲程3m、冲次6次/min的抽油井，在量油时发现不上液面，产液量突然下降。为查清该井出现的问题，对其进行反复核实，核实数据见表5-9。

表 5-9　某抽油井生产数据表

时间	产液量（t/d）	产油量（t/d）	含水率（%）	油管压力（MPa）	套管压力（MPa）	电流（A）		液面深度（m）	示功图	备注
						上	下			
2011 年 11 月 28 日	28	4	85.7	0.2	0.3	35	30	833.7	气影响	
2011 年 12 月 8 日	30	4	86.5	0.15	0.3	34	30			量油、取样
2011 年 12 月 9 日	0	0	0	0.15	0.3	22	19			量油、取样
2011 年 12 月 10 日	0	0	0	0.15	1.8	21	19			量油、取样
2011 年 12 月 12 日	0	0	0	0.15	1.8	23	19	井口	气锁	热洗
2011 年 12 月 12 日	18	1	93.2	0.2	0.4	23	19			

注：泵下入深度 972.3m。

从该井的生产数据中可看出，在 2011 年 11 月下旬生产情况正常，产液量 28t/d，产油量 4t/d，含水率 85.7%，油管压力 0.2MPa，套管压力 0.3MPa，上、下电流分别是 35A、30A，液面深度 833.7m，泵况为气体影响。但在 2011 年 12 月 9 日量油时突然不上液面，产液量下降为 0t/d，油管压力下降到 0.15MPa，上、下电流分别下降到 22A、19A。出现问题后连续三天核实量油资料，结果仍然量不上液面。在核实井口套管压力时，发现压力上升到 1.8MPa，检查定压放气阀发现已不起定压作用。为了验证是否气影响，安排测试队测试示功图、液面，检查泵况、载荷变化。示功图是气锁图形，液面上升到井口，说明是气侵造成油井产液量下降。

2. 诊断结果

因气锁造成抽油泵空抽。

在对其进行了热洗处理后，恢复泵的抽油功能，使产液量恢复正常。

3. 原因分析

气油比较大的抽油井，当套管放气阀被堵不能正常排气时，分离出的气体就会被抽进泵筒。当气体占据泵筒的一定体积时就会发生气锁现象。由于气体是可压缩的，当抽油泵上行程时气体膨胀，固定阀打不开，井底的液体就进不入泵筒中；当抽油泵下行程时气体压缩，游动阀打不开，泵筒中没有液体可排；如此往返抽油泵就抽不出油，形成气锁。

4. 下步措施

（1）合理地制订、调整、管理好套管压力，减小气体对抽油泵的影响。尤其是冬季，要勤检查，防止放气阀冻结。

（2）如果发生气锁，可以通过热洗来排出泵内气体，恢复抽油泵正常抽油。

案例三　抽油井泵漏导致压裂效果没发挥出来

机采井泵况的好坏直接影响油井的正常生产、措施效果。泵况差，排液能力就差，压裂措施的作用就不能有效地发挥出来。泵况差主要是指抽油机井的抽油泵漏失、上下阀漏失、油管漏失、抽油杆断脱、油管断脱、脱节器断脱,电泵井卡泵、泵烧、泵轴断、泵漏失、测压阀漏失,螺杆泵井卡泵、漏失、抽油杆断脱等。如果压裂后泵况出现问题,都会造成机采井的排液能力下降,影响措施效果。

表 5-10 所示的是一口抽油机井压裂后的生产数据,初期效果非常好,后来因为泵况变差使压裂失效。

表 5-10 某抽油井压裂效果对比表

时间	产液量(t/d)	产油量(t/d)	含水率(%)	液面(m)	示功图	泵效(%)	冲程(m)	冲次(次/min)	泵径(mm)
压裂前	28	8	72.3	653.2	气体影响	45.9	3	6	56
压裂后	78	21	73.1	228.5	正常	81.6	3	6	70
压后 15d	35	7	78.9	井口	漏失	36.2	3	6	70
压后两个月	33	7	79.6	井口	漏失	34.2	3	6	70

注:泵下入深度 886.5m。

1. 效果评价及分析

从该抽油机井压裂前后的生产数据可以看出,压裂初期效果非常好,后因泵漏失使压裂措施失效。

压裂初期,产液量由 28t/d 增加到 78t/d,增加了 50t/d;产油量由 8t/d 增加到 21t/d,增加了 13t/d;含水率由 72.3%上升到 73.1%,仅增加了 0.8%,稳定;液面深度由 653.2m 上升到 228.5m,沉没度增加了 424.7m,供液能力明显增强;泵工作状况由气体影响变为正常,泵效由 45.9%提高到 81.6%,提高了 35.7%。但是,在压裂后 15d,泵工作状况出现漏失,使产液量明显下降。与压裂初期对比,产液量下降了 43t/d,产油量下降了 14t/d,含水率上升了 6.8%,液面上升到井口,泵效下降了 45.4%。压裂效果由此变差。

压裂效果及影响因素如下:

(1)油层得到改善,生产能力提高。

这口井压裂起到增加生产能力的作用,从压裂开井初期的增产效果证实了这一点。压裂使油层得到改善,渗流阻力减小,泄流面积增大,油井的沉没度增加,生产能力明显增强。

(2)更换大泵提高排液能力。

这口井在压裂后直接下入比较大的泵,增大了抽油泵的排液能力。这口井压裂初期产液量、产油量、沉没度增加说明该井换大泵的措施是合理的。

(3)泵况变差,排液能力下降,影响了压裂增产效果。

产量下降主要原因是抽油泵漏失,排液能力降低。产量下降,液面大幅度上升,井筒内压力剧升,导致层间矛盾加剧,含水率上升,压裂措施由有效变为无效。

2. 存在问题

(1)抽油泵生产不正常造成油井的液面大幅度上升,含水率大幅度上升,产液量下降,产油量下降。

(2)从压裂开井初期的效果观察,液面较高,泵效较高,仍然有潜力可挖。

3. 下步措施

(1)立即进行作业检泵,恢复泵的排液能力。

(2)在液面较高的情况下,调整抽油机的冲次,进一步提高抽油泵的排液能力,增加油井的产液量。

(3)调整与其连通注水井的注水量,保证油井的能量补充。

案例四　活门下移影响电泵井的正常出油

油井作业时为最大限度减少由于压井对地层的伤害,对一些有高压油、气层或地处闹市区容易发生井喷的井,通常采用一些不压井工艺技术。这样,对有些井就会下入井下不压井作业装置(或称活门),为下次作业时采用不压井施工提供技术保证。但是,个别电泵井在下入井下不压井作业装置后,却出现了不够抽或欠载的情况,影响了油井的正常生产。

1. 问题出现

有一口电泵井在压裂同时下入了不压井作业装置。当压裂完开井后,生产情况比较好。但是,在生产一段时间后,产液量出现大幅度下降,井口压力、电流也有所下降,随之电泵就会出现欠载现象。具体生产数据见表 5-11。

表 5-11　某电泵井生产数据表

时间	油嘴(mm)	产液量(t/d)	产油量(t/d)	含水率(%)	油管压力(MPa)	套管压力(MPa)	回压(MPa)	沉没度(m)	电流(A)	备注
1999 年 10 月	0	214	22	89.7	0.72	0.72	0.72	256.5	36	压裂
1999 年 12 月	0	185	12	93.5	0.71	0.61	0.71	421.3	35	12 月 27 日欠载,安装 6mm 油嘴
2000 年 1 月	6	20	1	95.0	0.41	0.27	0.27		27	欠载停机
2000 年 2 月	6	0	0		0.38	0	0		0	欠载停机
2000 年 5 月	6	0	0		0.34	0	0		0	欠载停机
2000 年 6 月	10	142	8	94.4	1.88	0.6	0.6	384.1	32	检泵捞活门,开井换 10mm 油嘴
2000 年 7 月	10	186	10	94.9	1.09	0.6	0.6	393.5	35	
2000 年 8 月	10	171	15	91.5	1.04	0.57	0.57	444.69	34	

注:泵下入深度 907m。

从生产数据表中可以看出，该井于 1999 年 10 月压裂，后下入了排量为 150m^3 电泵生产。开井初期，没有安装油嘴，提液幅度比较大，生产情况比较好。但在经过一段时间的运行，于 1999 年 12 月 27 日电泵突然出现欠载现象。为保证电泵的正常运转，于当日安装 6mm 油嘴控制全井产液量。但安装油嘴后，仍然频繁出现欠载现象，后来不得已停机，关井。产液量由 1999 年 12 月的 185t/d 到 2000 年 2 月下降为零，下降了 185t/d；产油量由 12t/d 下降到零，下降了 12t/d；油管压力由 0. 71MPa 下降到 0. 38MPa，下降了 0. 33MPa；套管压力由 0. 61MPa 下降到 0MPa，下降了 0. 61MPa；电泵正常运转时测不出液面，沉没度很小，电泵欠载停机主要原因是不够抽；电泵的工作电流由 35A 下降到 0A。

电泵停机的主要原因是欠载，为了检验电泵、管柱是否正常，又对其进行常规、套管灌水的憋压验证。憋压数据见表 5-12。

表 5-12 某电泵井憋压数据表

时间(min)	正常开井	1	2	3	5	10	停机 10	备注
油管压力(MPa)	0. 34	1. 3	2. 0	2. 3	2. 5	2. 7	2. 7	
套管压力(MPa)	0. 34	1. 5	2. 6	3. 5			3. 5	套管灌水

这次采用了两种方式憋压：从憋压数据表中可以看出，开始时油管压力上升得比较快，3min 油管压力从 0. 34MPa 上升到 2. 3MPa，上升了 1. 96MPa；3min 后逐渐减缓，到 10min 油管压力上升到 2. 7MPa，7min 仅上升了 0. 4MPa。向套管灌水憋压的情况就比较好，仅 3min 套管压力从 0. 34MPa 上升到 3. 5MPa，上升了 3. 16MPa，达到电泵憋压的要求。两种憋压方法停机后压力均不下降，说明单流阀、测压阀、油管等没有漏失情况。通过两种方式憋压，一方面证实电泵工作正常，管柱也没有问题；另一方面说明电泵欠载的主要原因是液面不够抽。该井是刚压裂完时间不长的井，突然出现液面不够抽是不太可能的。在了解情况后知道该井压裂时下有井下不压井装置。这说明是该装置出现问题使地层出液受阻，造成电泵的沉没度低而欠载。

2. 诊断结果

活门(不压井装置)下移，关闭了地层供液通道。2000 年 6 月在检电泵捞探活门时，发现该装置的深度发生变化，比压裂下井时深。证实了由于活门向下移动，使沉没度降低，电泵因不够抽欠载停机。

3. 原因分析

井下不压井装置是由封隔器、单流阀等组成。在作业施工时，先将这套装置下入井下并固定在油层上部的某个部位，地层中的混合液、压力等都被关闭在装置以下。这样，油井施工时就不用压井也不会发生井喷。当下电泵时，管柱下边带有通杆，通杆下到井下后通开活门（单流阀），地层中的混合液通过活门源源不断地流入油管、套管环空中，电泵就可以正常启抽生产。当电泵出现问题需要起管柱时，通杆连同管柱一起脱离不压井装置，活门关闭，井下的混合液同时被关闭在装置以下。由于电泵在生产时会产生一定的震动，如果不压井装置固定不牢就会向下移动。当装置脱离通杆时，活门关闭，井下的混合液就不能流进油、套管中，电泵就会因供液不足而欠载。

如果井下活门下移后仍在射孔井段以上，就会造成电泵干抽，产液量、沉没度下降为零。如果井下活门下移到射孔井段之间，就会使活门位置以下的油层不能出油，而活门位置以上的油层的产液量是可以抽出的，但再进行施工作业时就起不到封闭油层的作用。

4. 采取措施

(1)检泵时可以首先加深泵挂，连接井口启抽，查看电泵是否能够正常运转。

(2)若加深泵挂无效，检泵并捞出不压井装置重新下入，恢复正常生产。

案例五　封隔器失效导致分层注水井注水量增加

分层注水井主要是用封隔器来封隔注水层段实现分层注水的。如果封隔器起不到封隔油层的作用，大部分水量就会注入发育好的油层，而那些差油层就会注不进水或注入很少的水。所以，封隔器失效实际就变为笼统注水。

1. 问题出现

某注水井在一次洗井后，注水量出现了较大幅度的增加，具体变化情况见数据表 5-13。

表 5-13　某注水井日生产数据表

日期	压力(MPa)			配注量(m^3/d)	实注量(m^3/d)	分层数据				备注
	泵压	油管压力	套管压力			偏 1(m^3/d)		偏 2(m^3/d)		
2009 年 6 月 20 日	14.1	13.2	7.6	80	85	50	58	30	27	
2009 年 6 月 21 日	14.1	13.1	7.5	80	79	50	53	30	26	洗井
2009 年 6 月 22 日	13.9	13.0	12.7	80	152	50		30		
2009 年 6 月 23 日	14.2	13.2	12.9	80	161	50		30		
2009 年 6 月 24 日	14.1	13.0	12.8	80	147	50		30		测试
2009 年 6 月 25 日	14.3	10.6	10.3	80	55	50		30		

注：破裂压力为 13.7MPa。

从该井的注水数据表可以看出，在 2009 年 6 月 21 日以前注水状况比较好。2009 年 6 月 21 日该井配注量为 $80m^3/d$，泵压为 14.1MPa，油管压力为 13.1MPa，套管压力为7.5MPa，实注量为79m³/d，注水合格率达到100%。在2009年6月21日进行测试前的洗井，洗井后注水量突然增加，泵压为13.9MPa，油管压力为13.0MPa，套管压力上升到12.7MPa，实注量达到152m³/d，上升了73m³/d。由于注水量增加幅度大而不能分配层段注水量。当发现注水量上升后，岗位工人将情况汇报给了小队技术员。第二天，地质组人员到现场核实资料，没有发现问题。在资料对比中，发现该井的套管压力与油管压力接近，而且油管压力上升套管压力也随之上升，说明是封隔器出现问题。

2. 诊断结果

封隔器失效。

在2009年6月24日进行分层测试时，测试卡片显示封隔器不封。

3. 原因分析

过去，在注水井上用于封隔层段的封隔器采用的都是压差式封隔器。这种封隔器的优点是施工、释放方便，在正常情况下只要保证内外压差大于0.7MPa就可以使其密封。该井在洗井后，由于油管压力、套管压力接近平衡，封隔器内外压差小于0.7MPa，封隔器失效。封隔器失效就相当于笼统注水，在相同压力下注水量就会大幅增加。

4. 采取措施

(1)重新释放封隔器。提高油管压力或降低套管压力，保证油、套压差大于0.7MPa，再验证封隔器是否密封。

(2)重新释放后封隔器仍然不密封，就需要进行重配作业，更换封隔器。

第六章　井下作业设备

第一节　修　井　机

随着油田井下作业技术的不断发展，相应地出现了各种类型的修井机，如拖拉式修井机、自走式修井机、电动修井机、液压和机械传动的修井机、全液压修井机等。修井机是一套综合机组，是用来完成油田开发各项修井作业的专用机械，是完成起下管柱、抽汲提捞等施工的主要设备。

修井机不同于一般的机械设备，它是一部大型联合作业机组。在进行井下作业几大施工项目中，每一项施工都离不开修井机。所以，首先要了解修井机的组成和主要技术参数，做到根据井下作业的要求合理地选择使用修井机，以满足井下作业对修井机的要求。

一、修井机概述

修井机主要是用于油、气、水井中小修及大修的一套综合机组，修井工艺对修井机的基本要求是：

(1)起下钻具能力：为了起下钻具，要有一定的起重能力和起升速度，由修井机的起升系统承担。

(2)旋转能力：为了带动钻具、整形工具、套铣头、钻头及其他磨套钻铣工具而旋转磨(套、钻)进等，要有一定的扭矩和转速，由修井机的旋转系统承担。

(3)循环洗井能力：为了保证正常钻(套、磨)进、冲洗井底及携带钻屑等，要有一定的压力和排量循环修井液，由修井机的循环系统承担。

二、修井机的结构组成

一套完整的修井机主要由八大系统、设备组成。

(1)起升系统：起升系统是由绞车、井架、天车、游车大钩及钢丝绳等组成。

(2)旋转系统：旋转系统是由地面的转盘、水龙头和井下钻具等组成。

(3)循环系统：循环系统设备很多，主要由修井泵、地面管汇、立管、水龙带、修井液净化(处理、配制)设备及井下钻具等组成。

(4)动力设备：动力设备是由柴油机或电动机等组成，为钻机的正常运转提供动力。

(5)传动系统:传动系统又称联动机组,指的是动力机与工作机中间的各种传动设备及部件。传动方式一般是机械、电、气、液联合使用。大部分转盘修井机目前是以机械传动为主、其他传动为辅的联合传动。

(6)控制系统:较先进的修井机多以机械、电、气、液联合控制,也有采用专用机械控制、气控制、液压控制、电控制的。机械控制设备有手柄、踏板、操纵杆等;气(液)动控制设备有气(液)元件、工作缸等;电控制设备有基本元件、变阻器、电阻器、继电器、微型控制器等。

(7)修井机底座:修井机底座主要由钻台底座、机泵底座以及主要辅助设备底座等组成,一般采用型钢或管材焊接而成。

(8)辅助设备:现代化的石油修井机还有一些辅助设备,如供电设备,供气设备,供水设备,供油设备,器材储存设施,防喷防火设施,修井液的配制、储存、处理设施及各种仪器和自动记录仪表等,以满足健康、安全、环保等要求。

三、修井机的基本参数

(1)动力机:柴油机。

(2)传动方式:液力机械传动或机械传动。

(3)绞车方式:单滚筒或双滚筒。

(4)井架方式:前开口伸缩式桁架结构或桅杆式结构。

(5)装载方式:自走底盘或汽车底盘。

(6)刹车方式:带式刹车或盘式刹车,当使用带式刹车时,公称钩载大于600kN的修井机应配有辅助刹车。

修井机的基本参数应符合表6-1的规定。表中企业名称代号、车辆类别代号、汽车名义总质量、产品序号、专用汽车结构及用途、绞车形式和设计号未做规定,只给出通用修井机代号和公称钩载数值。

表6-1 石油修井机基本参数表

修井机代号			XJ20	XJ30	XJ40	XJ60	XJ80	XJ100	XJ125	XJ150
名义修井机深度(m)	小修深度	用73mm外加厚油管	1600	2600	3200	4000	5500	7000	8500	—
	大修深度	用73mm钻杆	—	—	2000	3200	4500	5800	7000	8000
		用88.9mm钻杆	—	—	—	2500	3500	4500	5500	6500
		用114.3mm钻杆	—	—	—	—	—	3600	4200	5000
最大钩载(kN)			360	585	675	900	1125	1350	1575	1800
公称钩载(kN)			200	300	400	600	800	1000	1250	1500

续表

<table>
<tr><td colspan="2">修井机代号</td><td>XJ20</td><td>XJ30</td><td>XJ40</td><td>XJ60</td><td>XJ80</td><td>XJ100</td><td>XJ125</td><td>XJ150</td></tr>
<tr><td colspan="2">装机功率(kW)</td><td>80/120</td><td>120/180</td><td>160/240</td><td>240/360</td><td>320/480</td><td>400/600</td><td>500/650</td><td>600/750</td></tr>
<tr><td rowspan="2">滚筒刹车毂</td><td>直径(mm)</td><td>700</td><td colspan="7">790、1070</td></tr>
<tr><td>宽度(mm)</td><td>210</td><td colspan="7">260、310</td></tr>
<tr><td colspan="2">井架高度(m)</td><td>16、18</td><td colspan="7">16、18、21、29、31、32</td></tr>
<tr><td rowspan="3">游动系统</td><td>有效绳数</td><td colspan="2">4</td><td colspan="2">6</td><td colspan="3">8</td><td>10</td></tr>
<tr><td>起升钢丝绳直径(mm)</td><td colspan="3">22</td><td colspan="4">26</td><td>29</td></tr>
<tr><td>大钩最大起升速度(m/s)</td><td colspan="8">1~1.5</td></tr>
</table>

四、修井机的类型

修井机是修井施工中最基本、最主要的动力来源，按其运行结构分为履带式和轮胎式两种形式。履带式修井机一般不配带井架，其越野性好，适用于低洼、泥泞地带施工；缺点是行走速度慢，在公路上行走需保护路面不被轧坏。轮胎式修井机一般配带自背式井架，行走速度快，施工效率较高，适合快速转搬的需要；其缺点是在低洼、泥泞地带及雨季、翻浆季节行走和进入井场相对受限制。

各油田使用的轮胎式修井机型号较多，目前使用较多或正准备投入现场使用的有 XJ650、IRI-500、XJ450、XJ350、XJ250、库泊 LTO-350，英格索兰 350 等。

XJ250 轮式修井机是针对油田矿区道路条件差、井位密集而设计的一种单滚筒自走式修井设备。它主要由自走底盘车、角传动箱、主滚筒绞车及其刹车系统、刹车冷却装置、Ⅱ型两节伸缩式井架及游动系统、指重装置、液压绞车及司钻控制的气路和液路系统、电路系统等组成。

该机底盘驱动形式为 4×4，前后桥选用大载荷工程车桥，越野能力极强，加配前后驱动装置，可将动力分别传递给底盘的前驱动桥、后驱动桥或车上部分的绞车系统。液力传动箱实现了修井装置和载车底盘的柔性无级调速和较高的发动机功率利用率，大大地降低了操作人员的劳动强度，是老式修井机更新换代的理想产品（表 6-2）。

表 6-2　XJ250 轮式修井机参数表

修井机型号	SJX5250TXJ250	修井深度($2\frac{7}{8}$in 油管)(m)	3000
大修深度($2\frac{7}{8}$in 钻杆)(m)	2500	大修深度(3in 钻杆)(m)	2000
钻井深度($4\frac{1}{2}$in 钻杆)(m)		大钩额定载荷(kN)	400
大钩最大载荷(kN)	675	发动机额定功率 kW(2100r/min)	250
井架高度(m)	18/21	最高车速(km/h)	63
整机质量(kg)	30000	驱动形式	4×4

第二节 起 升 设 备

起升设备是在井下作业中用于起下钻具、起吊重物和完成其他辅助工作的设备。起升设备主要包括井架、天车和游动滑车、大钩和钢丝绳等。

井架是支撑吊升系统的构件。天车和游动滑车是吊升系统的两个部件,通过钢丝绳的反复上下穿绕把它们连成一个定、动滑轮组合。最后一道钢丝绳绕过天车轮后,绳头放下缠绕在绞车滚筒上,从天车轮另一端下来的钢丝绳则把它固定在井架下的死绳固定器上。天车、游动滑车、钢丝绳三个部件把绞车、井架以及钻柱、管柱联系起来,以实现起下作业。

大钩是修井机游动系统的主要设备之一。它的作用是悬挂水龙头并通过吊环、吊卡悬挂钻柱、套管柱、油管柱,完成修井作业及其他辅助施工。

一、井架

井架是施工作业过程中支撑吊升起重系统的构件,其顶部安装天车,与大绳、游动滑车组成吊升起重系统,用来完成起、下油管、钻杆和抽油杆的作业。

1. 井架的种类

常用的井架可分为固定式井架和车载式井架两种。在常规作业和油水井增产增注措施作业施工中,经常使用固定式井架;在油水井大修作业施工中,经常使用车载式井架。

2. 井架的规格

车载式井架种类较多,根据修井机生产厂家和修井机型号不同,大致可分为300kN、800kN、950kN、1000kN、1200kN、1500kN等几种负荷,井架高度也可以分为15m、18m、29m等几种规格。固定式井架可分为三种规格,见表6-3。

表6-3 固定式井架规格表

井架规格(m)	天车滑轮数(个)	负荷(kN)	使用范围
18	4	300	1500m以内井常规作业
18	5	500	1500m以内井大修 1500m以内井事故处理 2500m以内井常规作业
24	5	500	2000~3000m井作业

二、天车、游动滑车

1. 结构

天车是一组定滑轮。它由滑轮、天车轴、天车架及轴承等主要零件组成。天车的滑轮有3~8个,同装在一根天车轴上,排成一行。

游动滑车是一组动滑轮。它由滑轮、游车轴、下提环、下销座、侧板、提环销及轴承组成。游动滑车由3~7个滑轮组成,同装在一根游车轴上,排成一列。

2. 天车、游动滑车的型号表示方法

1)天车的型号表示方法

天车代号为“天车”两字汉语拼音的第一个字母(大写)。最大钩载用修井机最大钩载(kN)的十分之一表示。

2)游动滑车的型号表示方法

游动滑车代号为“游车”两字汉语拼音的第一个字母(大写)。与天车一样,最大钩载也是用修井机最大钩载的十分之一表示。

3. 基本参数

1)天车的基本参数

天车的基本参数见表6-4。

表6-4 天车的基本参数

天车型号	最大钩载(kN)	滑轮数(个)	钢丝绳公称直径(mm)
TC 20-4	225	4	19
TC 35-5	360	5	22
TC 60-5	585	5	22
TC 70-5	675	5	22
TC 80-5	800	5	22
TC 90-5	900	5	26
TC 135-5	1350	5	29
TC 225-6	2250	6	32
TC 315-7	3150	7	35
TC 450-7	4500	7	38
TC 585-8	5850	8	42

2)游动滑车的基本参数

游动滑车的基本参数见表6-5。

表 6-5 游动滑车的基本参数

型 号	最大钩载（kN）	滑轮数（个）	钢丝绳公称直径（mm）
TC 20-3	225	3	19
TC 35-4	360	4	22
TC 60-4	585	4	22
TC 70-4	675	4	22
TC 80-4	800	4	22
TC 90-4	900	4	26
TC 135-4	1350	4	29
TC 225-5	2250	5	32
TC 315-6	3150	6	35
TC 450-6	4500	6	38
TC 585-7	5850	7	42

三、大钩

1. 井下作业工艺对大钩的要求

大钩是在高空重载下工作，而且受往复变化的震动、冲击载荷作用，工作环境恶劣。为满足井下作业的要求，大钩必须具备以下能力：

（1）大钩应有足够的强度和安全系数，以确保安全生产。

（2）钩口安全锁紧装置及侧钩闭锁装置既要开关方便又应安全可靠，确保水龙头提环和吊环在受到冲击、震动时不自动脱出。

（3）在起下钻杆、油管时，应保证钩身转动灵活，悬挂水龙头后，应确保钩身制动可靠，以保证卸扣方便和施工安全。

（4）应安装有效的缓冲装置，以缓和冲击和震动，加快起下钻杆、油管的进程。

（5）在保证有足够强度的前提下，应尽量使大钩自身的重量轻，以便起下作业时，操作轻便。另外，为防止碰挂井架、指梁及起出的钻柱、管柱，大钩的外形应圆滑、无尖锐棱角。

2. 大钩的结构及形式

大钩主要由钩身、钩座及提环组成。目前在现场使用的主要是三钩式大钩，即有一个主钩和两个侧钩。主钩用于悬挂水龙头，两个侧钩用于悬挂吊环。

三钩式大钩和游动滑车组合在一起构成组合式大钩。组合式大钩的主要优点是可减少单独式游动滑车和大钩在井架内所占的空间，当采用轻便井架时，组合式大钩更具优越性。

3. 型号表示方法

大钩的型号表示方法如下：

“DG”是“大钩”二字汉语拼音的第一个字母。最大钩载用1/10kN的数值表示是考虑到人们以往用“t”表示最大钩载的习惯，同时也保证了正确使用法定计量单位。

四、钢丝绳

在井下作业施工中，一般常用19mm和22mm钢丝绳作滚筒与游动滑车之间的连接大绳，使修井机滚筒、井架、天车、游动滑车及大钩连接成为统一的吊升系统，将滚筒的转动力转变为游动系统的提升力，完成井下作业施工各种工艺管柱的起下和悬吊井口设备等作业。

另外，钢丝绳可作为井架绷绳，用于固定、稳定井架，使井架能承载井下作业管柱负荷。钢丝绳在井下作业施工中还用于牵引拖拉起吊设备时的承力、承重绳套。

1. 钢丝绳的种类

按钢丝绳的捻制方法来分，石油工程中常用左交互捻和右交互捻两种结构形式的钢丝绳。在用户无特殊要求时，一般均按左交互捻供货。

按钢丝绳截面形式分类，可将钢丝绳分成西鲁式(S)、填充式(FI)、纤维绳芯式(NF)、绳式钢芯式(LWR)四种形式。

2. 钢丝绳的强度

钢丝绳强度一般分三级，即普通强度(P)、高强度(G)、特高强度(T)三级。

钢丝绳的力学性质见表6-6。

表6-6 钢丝绳力学性质表

直径		每米质量(kg)	公称破断拉力(kN)		
mm	in	—	P	G	T
16	5/8	0.98	129	149	170.5
19	3/4	1.41	184	212	242.5
22	7/8	1.92	249	286	327.2
26	1	2.50	324	372	425.3

3. 钢丝绳技术要求

(1)钢丝绳必须采用符合国家有关标准要求的盘条钢制造,其化学成分中硫、磷含量不得大于0.035%。

(2)钢丝绳直径的极限偏差不超过(0.80~1.6)mm±0.020mm,(1.6~3.7)mm±0.030mm。

(3)钢丝椭圆度不得超过钢丝公称直径公差的1/2。

(4)钢丝表面在全长上应光滑、清洁,不得有裂纹、竹节、斑痕、腐蚀和划痕等缺陷。

(5)钢丝制股后,股应均匀紧密地捻制,不得有股丝松动现象,股中心钢丝的尺寸应能充分有效地支撑外层钢丝,股中钢丝接头应尽量少,在必须接头时,应采用熔焊。接头处钢丝直径不得过大、钢丝不能发脆,接头间距不得小于5m。

(6)股制成绳后,钢丝绳各股应均匀紧密地捻制在绳芯上,但允许股间有均匀的间隙。

(7)在同一条钢丝绳中,各层股的捻距不应有明显差别。

(8)钢丝绳内不得有断裂、折弯、交错、锈蚀的钢丝。

(9)制成的钢丝绳不应松散,在自由展开状态下,不应呈波浪状。

(10)钢丝绳及股的捻距不应超过7.25×绳径/10×股径。

(11)石油修井专用6×19S+NF钢丝绳,纤维绳芯用高质量剑麻制造,也可使用聚丙纤维等其他材料制造,不允许使用黄麻。纤维绳芯的直径应均匀一致,并能有效地支撑绳股。

(12)钢丝绳表面应均匀地涂敷专用表面脂,纤维绳芯用专用麻芯脂浸透。

(13)钢丝绳在连续使用3~5月后,用于绷绳的允许每捻距内断丝少于12丝,用于提升大绳的允许每捻距内断丝少于6丝。

(14)任何用途的钢丝绳不得打结、接结,不应有夹偏等缺陷,原则上用于绷绳的钢丝绳不得插接。

(15)任何用途的钢丝绳均不得有断股现象。

(16)提升大绳使用5~8井次,应倒换绳头一次,必要时可在井架死绳端切断1~3m。

(17)当游动滑车放到井口时,提升大绳在滚筒上的余绳应不少于15圈,活绳头在滚筒上固定牢靠。

(18)提升大绳死绳头应该用不少于5只配套绳卡固定,卡距150~200mm。

(19)不得用手锤等重物敲击提升大绳、绷绳。

(20)长期停用的钢丝绳应该盘好、垫起,做好防腐工作。

第三节　井口设备

一、吊环

吊环是起下钻柱、管柱时连接大钩与吊卡用的专用提升用具。吊环成对使用，上端分别挂在大钩两侧的耳环上，下端分别套入吊卡两侧的耳孔中，用来悬挂吊卡。

1. 吊环的类型

按结构不同，吊环分单臂吊环和双臂吊环两种形式。单臂吊环是采用20SiMnMoV等高强度合金钢锻造而成，具有强度高、重量轻、耐磨等特点，因而适用于深井作业。双臂吊环则是用一般合金钢锻造、焊接而成，所以只适用于一般修井作业中。

单臂吊环在双吊卡起下钻柱、管柱过程中，因重量轻而消耗体力少，但套入吊卡耳孔中较困难。双臂吊环重量较大，但套入吊卡耳孔比较方便。

2. 吊环使用要求

(1)吊环应配套使用。

(2)不得在单吊环情况下使用。

(3)经常检测吊环直径、长度变化情况，成对的吊环直径长度不相同时，不得继续使用。

(4)应保持吊环清洁，不得用重物击打吊环。

二、吊卡

吊卡是用来卡住并起吊油管、钻杆、套管等的专用工具，在起下管柱时，用双吊环将吊卡悬吊在游车大钩上，吊卡再将油管、钻杆、套管等卡住，便可进行起下作业。

1. 油管吊卡

油管吊卡是一种起吊并卡住油管和其他钻具的专用用具。在起下管柱时，吊卡扣在油管或钻杆上并卡住接箍，两端悬挂在吊环上，通过提升系统上下活动完成起下井内管柱作业。

特点：吊卡均采用优质合金钢制造，其体积小、重量轻、强度高、韧度好、结构合理、操作方便。

目前作业中常用的吊卡有活门式(侧开式)和月牙式两种。当负荷较大时可采用活门式吊卡，操作安全可靠、使用方便，常用于大修井的施工。当负荷较轻时一般采用月牙式吊卡,多用于一般修井施工。

2. 抽油杆吊卡

抽油杆吊卡能卡住不同规格的抽油杆。

正确使用方法:在使用前先检查吊柄、卡柄是否灵活好用。吊柄挂在大钩上要锁住大钩锁销,挂抽油杆时要注意卡牢吊卡卡柄。

3. 使用注意事项及保养方法

(1)要注意检查卡柄的规格同抽油杆的规格是否相适应。

(2)起吊时要握在吊柄中部,防止碰伤手指。

(3)用后要及时清洗干净,卡柄处要经常打黄油。

三、管钳、油管钳、链钳

1. 管钳

管钳是井下作业中上卸油管、钻杆和扭拧管类螺纹的工具。其主要结构由钳柄、钳牙、钳头、螺母组成。管钳的尺寸是将钳头开到最大时,从钳头到钳尾的长度,井下作业中使用的管钳主要有 18in、24in、36in、48in,常用的为 24in、36in 两种。

2. 油管钳

油管钳是专门用于上卸油管螺纹的工具。油管钳的形式多种多样,常见的油管钳主要结构由钳柄、钳牙、钩柄、小钳颚、大钳颚组成。小钳颚内镶有钳牙,当油管钳搭在油管上合好后,钳牙就咬住油管,用力越大对油管卡得越紧。油管钳的规格有 2½in 等,适用于相应尺寸的油管。

3. 链钳

链钳是用来上卸大直径类的管柱专用工具,如套管、套管头等。链钳主要由钳柄、齿板、链条和销子等组成。使用时一定要注意扳钳柄的人数不能超过规定,以免将链钳扳断或扳伤管子。

四、液压动力钳

液压动力钳是靠液压系统进行控制和传递动力的上卸螺纹的专用工具。它的动力由液压马达提供,具有操作平稳、效率高、安全可靠、适用性强等特点。

XYQ3B 型液压油管钳主要由主钳、背钳、液压回路组成,主钳在上,背钳在下,主钳和背钳通过两个前支柱导杆和一个后支柱导杆连接成一个整体,由支柱导杆上的弹簧支持主钳。上卸螺纹时,背钳夹紧接箍,主钳随同被夹紧的油管,在旋转过程中相对于背钳向下或向上浮动,上卸螺纹完毕,手动换向阀反向给油,背钳松开接箍,主钳复位对准缺口,完成一次操作。

1. 主钳结构及工作原理

主钳由钳头制动机构、钳头扶正机构、齿轮传动轮系、挂挡机构、电动机阀组件、钳头卡紧机构等部分组成。

钳头制动机构是油管钳的关键部件，它主要由制动盘、摩擦片、制动片及弹簧组成。制动片由颚板架带动旋转，固定在壳体和制动盘上的摩擦片，通过弹簧力夹紧制动片，从而使颚板架在钳头运转中产生滞后动作，使其颚板在开口齿轮内曲面及弹簧力的作用下自动伸出或缩回。

钳头扶正机构为设置在壳体及钳头盖板上的滚子，它们上下按圆周方向布置，支撑着钳头旋转体的环形轨道槽。当滚子紧贴环形轨道槽的外圆柱面时，可加强开口齿轮承受外撑力的能力；当滚子紧贴环形轨道槽的内圆柱面时，可承受齿轮啮合推力。

齿轮传动轮系由一系列齿轮组成，输出两种速度，低速级为两级减速，总传动比为1:7.756；高速级为一级减速，传动比为1:2.355，高、低速比为3.293。

挂挡机构主要由内齿套、拨叉及定位滚子等组成。挂挡时，拨叉拨动内齿套将主动齿轮与上面或下面的被动齿轮连接起来传递扭矩，由弹簧通过斜面紧推定位滚子使其挂挡定位。

电动机阀组件由摆线油马达和手动换向阀直接匹配而成，并由油马达与阀之间的过渡连接板引出两个油口与背钳液压回路相连，即由手动换向阀同时控制油马达和背钳油缸。

钳头卡紧机构主要由开口齿轮、颚板架、颚板等主要件组成。开口齿轮内侧每一象限有两段工作曲面，颚板滚子可作两次爬坡，第一次爬坡卡紧 ϕ89mm 油管，第二次爬坡卡紧 ϕ73mm 油管。每个颚板靠两个扭簧的弹力使其缩回。每个颚板上分布两片牙块，适合于卡紧任意管径。钳头是正转卡紧还是反转卡紧靠复位旋转的指向来控制。

2. 背钳结构及工作原理

背钳主要由颚板、连杆、油缸、二位四通阀及主体等部分组成。油缸通过连杆驱动颚板夹紧或松开管柱接箍。二位四通阀控制颚板动作方向，当上螺纹背紧改为卸螺纹背紧时，由二位四通阀换向来实现。

3. 液压回路

液压回路由主钳回路和背钳回路两部分组成。主钳、背钳均由一个手动换向阀控制，由于摆线的电动机启动压力较高，背钳油缸先动作，推动背钳颚板先卡紧接箍，紧接着主钳开始旋转卡紧管柱。

五、井口控制装置

常规作业使用的井口控制装置一般由万能法兰、全封封井器、半封封井器、法兰短节、自封封井器、安全卡瓦等部分组成。

1. 万能法兰

万能法兰是连接井口四通与井控装置的特殊法兰，通径 ϕ178mm，连接钢圈规格 ϕ211mm。

2. 全封封井器

全封封井器由壳体、闸板、阀座、丝杠等组成。它是用于起出管(钻)柱后封闭井口的控制装置。

3. 半封封井器

半封封井器由壳体、半封芯子总成、丝杠等组成。其密封元件为两个带半圆孔的胶皮芯子，它装在半封芯子总成上，转动丝杠，可以带动半封芯子总成运动，完成开关操作。

4. 法兰短节

法兰短节是由 ϕ178mm 套管与两个法兰片焊接制成，可以根据使用需要制成不同的高度。一般经常使用的有 0.5m、0.7m、1.0m 和 1.2m 几种高度。在法兰短节上焊有放空阀门。

5. 自封封井器

自封封井器由壳体、压盖、压环、胶皮芯子和放压丝堵组成。它依靠井内油套环空的压力以及胶皮芯子自身的伸缩力来密封油套环空。井内油管和下井工具能顺利通过自封芯子，最大通过直径应小于 ϕ115mm。

6. 安全卡瓦

安全卡瓦是由主体、手把、连杆机构和卡瓦牙等组成。当向下压下手把时，连杆机构带动卡瓦牙闭合，卡住油管，制止油管上顶。向上抬起手把，卡瓦就张开，松开被卡住的油管。

第四节 自动化设备

一、管杆输送机

管杆输送机是针对修井作业过程中工人劳动强度大、安全性差等问题而研究、设计的专用装备。管杆输送机主要是在修井作业时将抽油杆、油管等细长杆件在管排架和钻台之间自动化输送，可将管排架上的管、杆输送到钻台，也可将井口提取的管、杆向下转运至管排架，降低作业工工作强度、提高生产效率。

管杆输送机可单独使用，也可与操作平台、气动卡瓦、吊卡等配套形成修井作业自动化装置共同使用。

1. 管杆输送机及附属设备的安装

(1)将管杆输送机放置在较为平整的地面上，调整与井口的距离，并使滑道与井口在同一直线上，然后调节支腿使机架固定（输送机前端与井口距离在3~3.5m之间，可根据现场情况调整）。

（2）观察输送机上料液缸位置与油管桥位置，若油管桥与上料液缸不在同一侧，则要将机架中间的上料液缸上连接销拆除，摆到另一侧与上料臂固定板连接。

（3）将控制系统控制柜放置在机架旁方便观察设备运转且便于操作的空地，液压站放置在井场外平整的空地，距离机架和控制系统控制柜不超过10m，以方便连接线路、安装信号加强天线。

（4）将液压站至机架的液压管线快速插头连接并紧固，确认无松动漏油，如有问题，查明原因并整改。

（5）首先将防爆柜与控制柜防爆插头以及控制柜与机架后方的20芯防爆插头连接固定好；将主电源线防爆插头连接至防爆柜电源固定座中并上紧，然后将电源线另一头连接至外部电源，注意要接好地线；在连接主电源线防爆插头时要特别注意断开电源连接；在连接各插头前确认防爆插头的插针没有松动，插头内无杂物。

（6）将油管过渡桥摆放至油管桥一侧，根据管桥架上的油管高度调整过渡桥的高度，从而方便上料。

2. 管杆输送机操作流程

（1）启动输送机的防爆柜的电源开关，此时可看到防爆柜上的直流电源指示灯点亮。

（2）打开控制系统控制柜的电源开关，将溢流阀开关打开。

（3）旋转液压站防爆柜启动/停止旋钮，接通电动机电源，然后打开电动机正转旋钮，启动电动机，观察防爆柜下方压力表，看能否建立压力。若没有压力，则关掉启动/停止旋钮后重新开启，然后打开电动机反转按钮，观察压力表压力，若在6~8MPa之间，则可正常工作。

（4）将手动/自动/学习旋钮旋转至手动状态，然后依次调试上料、翻转、举升、进退，观察机架与井口位置。

（5）摆放好油管过渡桥并调节高度，方便管桥架上的油管上料；将上料架安装至油管桥一侧，并安装好V形槽上的上料挡销；检查并调整上料液缸和V形槽挡块的方向。

二、污油污水回收装置

污油污水回收装置的废液收集和外排能力强，管线与装置连接非常方便，存液量较大；能将回收罐内污油污水回注到干线，减少拉运成本、提高时效；冬季能将回收罐加热，防止冻凝。

1. 污油污水回收装置的结构

污油污水回收装置由作业罐体、控制系统、辅助设施三大部分组成，主要用于作业污油污水(含油、蜡、水、砂)回收进站,可实现对污油污水的自动回收功能。它将井口溢出的污油污水及清理油管杆蜡的污液回收到沉淀池中,通过过滤、沉降、浮选,将泥砂过滤,把较为干净的油水混合物收集到集液池打回到干线中,使井场作业时产生的污油污水不落地,达到保护自然环境、节约资源的目的。

2. 污油污水回收装置的工作原理

该装置是利用旋涡气泵将罐体吸成真空形成负压原理将落地污油和井口接油盘内的油水吸入作业罐体内,再通过过滤筒、沉降仓,将吸入罐内的杂物和泥砂过滤分离,利用浮选原理将固液分离,最后通过外输泵将滤后污油污水回注到生产干线中。

3. 污油污水回收装置的使用说明

1)准备工作

由专业人员连接好接地钎子后接通电源,并将套管管线连接到罐体进口。将集液盘管线连接到罐体进口,将系统管网连接到罐体输出口,将面板旋钮旋至手动,启动真空泵,观察是否正转。如反转,则切换相序旋钮调整相序。

2)运行

回收液体:盖紧人孔盖,开启吸入口球阀,开启真空泵,回收液体至上液位报警。

回注液体:先开启输出泵进口球阀,旋开输出泵排气孔旋钮,待泵体内气体排尽后启动输出泵按钮,至有液体从排气孔中喷出后迅速拧紧旋钮。

回注结束:回注至下液位报警,将输出泵进口球阀关闭,开启真空泵,二次循环开始。

3)注意事项(设备在使用前必须通风1~2min)

(1)输出泵使用:由于泵密封使用机械密封,所以在开启输出泵前必须先开启输出泵进口管路球阀,并旋开输出泵排气旋钮,确保泵体内液体充满后再使用。

(2)加热使用:由于加热系统使用自动温控调节,如果温控仪出现故障后必须停止加热,并通知厂家及时更换。如果需要开启加热管,必须确认液体是否没过加热管体。

(3)输出泵和真空泵同时使用:真空泵和输出泵可以同时工作,但必须注意先开启输出泵后再启动真空泵。

(4)自动操作:仅适用于作业现场溢流量小于污油污水回收装置排出量的情况,并且注意开启输出泵进口管路球阀,但该操作对输出泵密封磨损严重,不建议经常使用。

(5)冬季使用:当长时间停止使用机器时,在通电后,必须开启电暖板对操作间及输出泵管线进行加热,以保证输出泵正常使用。

第五节 案 例 分 析

案例一 吊卡伤人

1. 事故经过

某钻井工程公司工程一班在进行起钻作业,起到第29柱卸完扣后,井口操作工将立柱推放至钻杆盒,井架工打开吊卡后,立柱摆动到二层台前端,副司钻抬刹把下放游车,游车大钩刮碰立柱内螺纹接头,造成游动系统剧烈震动,吊卡销子脱出,吊卡坠落,砸在一名井口操作工后背,其经医院抢救无效死亡。

2. 事故原因

1)主要原因

这次事故的主要原因是副司钻,在没有确认钻杆立柱是否拉进指梁的情况下,盲目抬刹把下放游车,没有按规程要求目送游车过指梁,违反了SY 5974—2014《钻井井场、设备、作业安全技术规程》中下放空游车和起下钻杆作业的操作规定。

2)管理原因

事故虽然发生在基层,但根源在于该公司各级领导对安全管理不到位,安全基础工作不扎实,在抓落实上不严、不狠、不实,全员安全意识没有达到应有的要求,导致有章不循、违章作业。

案例二 操作失误

1. 事故经过

根据生产运行计划,某运输公司指派运输一分公司安排吊车配合钻井队拆甩钻井设备。运输一分公司在生产会上安排两台吊车执行任务。钻井队在井上拆甩设备,运输一分公司一车队驾驶员及其徒弟驾驶一辆50t吊车实施吊装作业。徒弟用小钩在距野营房南侧8m处开始进行底座组件摆放作业,先将井架底座上船置于地面,后将平行支柱、两块三角支柱、两块梯形支柱按顺序叠放在上船上面,当把第五块支柱放下后,由钻井队副队长、外钳工、井架工及场地工四人分别摘下吊钩,四人对支柱进行捆绑。一辆拖车从井场拉货过来,徒弟收钩准备卸货,收钩过程中不慎将第五块支柱带起10cm左右,造成其侧滑,翻到物件与营房之间,将从上船同侧跳下的王某某砸在下面,致使其当场死亡。井架工安某的右脚被落下的支柱刮碰,受轻伤。

2. 事故原因

1)直接原因

徒弟在准备收钩卸货过程中,不慎将第五块支柱带起,侧滑后翻落地面,将王某某砸在下面,致其死亡,这是导致此起事故的直接原因。

2)间接原因

(1)起重操作人员不具备安全操作技能。徒弟属于新上岗员工,未经过专门的起重安全培训,不具备安全操作技能。

(2)起重操作人员违反起重作业操作规程。徒弟违反起重臂回转范围内不得站人的规定,在起重臂旋转范围内有四人正在作业的情况下,转动起重臂;转动起重臂时,未将吊索及吊钩提到安全高度。

(3)设备部件堆放过高。在进行拆甩设备过程中,设备部件堆放过高(设备部件距地面最高达4.15m)。

(4)设备部件摆放位置不合理。吊装作业前,选择摆放井架底座组件的位置距离野营房过近,逃生空间狭小,发生意外时,不利于作业人员逃生。

案例三 吊装不当

1. 事故经过

某公司钻井队在某采油厂井执行钻井施工任务。当日16:30,二班班长(司钻)带领本班人员接班,18:30开始起钻,22:00起完钻,拆封井器。

22:30,二班司钻在钻台上操作刹把,用大钩将已拆掉的封井器吊起,放到轨道滑车上,准备将封井器撤离井口。在向外推滑车过程中,由于轨道接头处不平,有1.5cm的高度差,滑车车轮遇到断面阻力,造成滑车受阻震动,致使车上的封井器偏斜倾倒,砸在滑车右侧推车的外钳工头部,致使其受重伤,送医院抢救无效死亡。

2. 事故原因

1)直接原因

用滑车将封井器撤离井口时,由于轨道接头处不平,滑车车轮遇到断面阻力,造成滑车受阻震动,致使车上的封井器偏斜倾倒,砸在滑车右侧推车的外钳工头部。

2)间接原因

(1)在安装滑车轨道过程中,未在前段轨道底部设置枕木类设施,也没有垫装合适的支架,导致整体轨道前段低于轨道中段达1.5cm,形成高度差,滑车经过时,发生震动、倾斜。

(2)将封井器吊装到滑车上,未将其摆放在滑车的中心位置,也未将其与滑车捆绑固定,由于封井器重心较高,移动滑车遇阻震动,造成封井器倾倒。

3)管理原因

(1)现场员工安全意识淡薄,缺乏安全经验和事故预防经验,工作中盲目冒险蛮干,风险识别能力差,未能意识到事故隐患,使自己置身于危险区域,在封井器倾斜过程中不能及时躲避，导致被砸伤致死。

(2)钻井公司对新工人安全教育、培训不够，致使新工人安全意识不强，缺乏自我保护能力，不能及时发现事故隐患并有效防范。

(3)现场指挥人员对事故风险识别不够，推动滑车过程中，尤其在通过轨道接头处时，未考虑上述隐患，作业人员盲目用力推动滑车，导致封井器倾倒，发生事故。

(4)现场安全管理存在漏管失控现象，监督检查不到位，事故隐患得不到及时的发现和整改。

案例四 高处坠落

1. 事故经过

某公司钻井队在封井器试压完毕后，司钻组织本班人员开始卸试压用胶塞，由于用B型大钳拉不开，准备用液压大钳卸扣。内钳工见水龙头提环挡住内钳吊绳，不好回位，便爬到井架大腿处的梯子上解开提环固定棕绳，待内钳回位后重新固定水龙头提环。此时，外钳工看见后，在没有与内钳工取得联系的情况下拉动水龙带，当第二次用力拉水龙带时，水龙头提环转动，站在井架上正在用力拉的内钳工因没有思想准备，瞬间失去平衡，从距钻台面高约2.7m的井架拉筋间隙坠落至地面(钻台面离地面6m)。钻井队随即将内钳工送往医院急救，经抢救无效死亡。

2. 事故原因

1)直接原因

高处作业时没系安全带是造成事故的直接原因。

2)间接原因

(1)外钳工在协助内钳工作业之前，没有与之进行沟通，导致内钳工没有心理准备。

(2)内钳工在工作时没有对工作环境进行认真观察，防范准备不足 。

3)管理原因

(1)生产组织不到位，当班没有对此项工作有效组织，因此也就没有针对性的安全提示。

(2)安全管理不到位，导致习惯性违章行为。

(3)安全监督不到位，没有人及时提醒内钳工系好安全带。

案例五 施工错误

1. 事故经过

某井下公司大修队进行提钻作业，当提钻至39立根(749m)时，因操作失误及防碰装置失灵,顶天车后游动滑车侧板脱落,大钩断裂,砸在二层台上,将正在二层台作业的井架工所系安全带尾绳切断,二层台移位下坠,井架工从17.5m高的二层台上坠落死亡。

2. 事故原因

(1)操作过程中提速过快、用力过猛,导致滑车迅速上提至顶部。

(2)作业前检查不细致,防碰装置失灵没有及时发现,导致顶天车事故发生。

(3)游动滑车维修保养不够,设备零件老化,磕碰后极容易造成损坏。

3. 事故教训

(1)提钻作业必须平稳,严禁提速过快、过猛。

(2)严格作业前检查,及时发现事故隐患,特别是悬挂系统、钢丝绳等承重部件必须全面进行检查,以免安全装置失效导致事故发生。

案例六 故障处理方法

(1)在施工过程中自动化锚道除不能举升外其他动作均正常怎样处理?

分析:使用倒推法。结合液压原理图,可发现举升动作的执行机构是举升液压油缸。首先检查液压油缸的管线有无破损,若无破损,则检查控制举升液压油缸的电液换向阀,当按下遥控器上举升按钮时,看对应举升起的电液换向阀指示灯是否点亮(每个换向阀上均有两个指示灯,当控制一个动作运行时对应一个指示灯点亮),若指示灯没有亮,则说明控制柜至电磁阀的电路不通。此时,应重点检查连接控制柜与电液换向阀的控制电缆,打开观察防爆插头内是否有插针缩回、电缆是否破损,控制柜内是否有继电器损坏等,检查后一定要确保防爆插头对正并锁紧。若电液换向阀的指示灯点亮,则说明控制电已传递至此,重点检查电液换向阀是否阀芯卡死,可使用螺丝刀等尖锐物品来回活动对应举升部分的阀芯,或打开清洗阀芯。若有备件则更换电液换向阀。

(2)施工时如遇到电动机不能正常启动如何处理?

分析:重点查看是否是急停模式已启动。通过观测控制柜上显示屏的状态示意,若显示屏未亮,则表明主电源没通电;若显示急停状态,则需将控制柜上的急停旋钮复位,并按下遥控器的启动键。

(3)使用液压锚道过程成遥控器失灵怎么办?

分析:使用排除法。首先确定白色的钥匙开关是否已放入,然后观察按键时红灯是否闪烁,若红灯不闪烁,则遥控器需更换电池。若以上问题均不存在,但使用控制柜可操作,遥控器仍不起作用,此时可打开控制柜内的遥控器接收器,观察遥控器内的熔断器是否需更换。

第七章　作业故障诊断及处理

第一节　注入井故障诊断及处理

一、注水量突然大幅增加的故障及处理

在油管压力不变、没有增注措施的情况下，注水量大幅增加可能是套管损坏引起的。因为套管损坏会使非油层部位或没有射开的好油层大量吸水，使不应该注水的部位注入了大量的水。

1. 故障原因

当套管错断、破裂出现问题时，就相当于在不应该注水的部位开了一个洞，增大了注水剖面及厚度，使大量的水注入非油层部位。所以，注水井注水量突然大幅增加，这时注入水起不到驱油作用，还会造成其他井的套管损坏。造成套管损坏的原因有很多，如层间压力不均衡、区块间压差过大、地层中泥岩膨胀使应力过大等，都会使井下套管出现变形、破裂、错断。

2. 处理方法

(1)发现注水异常应该立即核实资料，查明出现异常的部位、深度及原因。

(2)如果是套管问题应关闭注水，防止套管进一步损坏。

(3)进行查套作业，查清套管损坏的深度、部位、性质，为下一步措施提供依据。

二、封隔器失效导致的故障及处理

分层注水井主要是用封隔器来封隔注水层段实现分层注水的。如果封隔器起不到封隔油层的作用，大部分水量就会注入发育好的油层，而那些差油层就会注不进水或注入很少的水。所以，封隔器失效实际就变为笼统注水。

1. 故障原因

在注水井上用于封隔层段的封隔器采用的都是压差式封隔器。这种封隔器的优点是施工、释放方便，在正常情况下只要保证内外压差大于0.7MPa就可以使其密封。该井在洗井后，由于油管压力、套管压力接近平衡，封隔器内外压差小于0.7MPa，封隔器失效。封隔器失效就相当于笼统注水，在相同压力下注水量就会

大幅增加。

2. 处理方法

(1)重新释放封隔器。提高油管压力或降低套管压力,保证油管、套管压差大于0.7MPa,再验证封隔器是否密封。

(2)重新释放后封隔器仍然不密封,就需要进行重配作业更换封隔器。

三、注水井油管压力上升的故障及处理

油层出现堵塞,不但注水压力上升,注水量下降,而且油层的吸水能力明显降低。

1. 故障原因

石油是从岩石的一些微小孔隙中生产出来的。注水开发的油田就是要通过注水将岩石孔隙中的原油替换出来。由于岩石孔隙直径都非常小,如果注入的水质差,如固体悬浮物超标、污水含油超标都会堵塞油层孔隙。还有,一些化学物质超标会加速设备、管道的腐蚀,与水中其他化学物质发生化学反应等产生沉淀物也会堵塞孔隙,降低油层的渗透率。如果大量注入这样的水,就会使油层孔隙出现堵塞,使注水井的启动压力、油管压力升高,注水量减少,吸水能力下降,影响驱油效果。

2. 处理方法

(1)当出现注水压力升高或注水量下降现象时,进行水质化验,检查水质是否合格。

(2)进行反洗井,将油层表面堵塞物冲洗出来,提高吸水能力,恢复正常注水。

(3)如果反洗井不起作用,就要采取酸化、压裂等增注措施,提高注水井的吸水能力。

第二节 抽油机井故障诊断及处理

一、抽油机游梁不正的故障及处理

1. 故障原因

(1)抽油机组装不合格。

(2)调冲程、换销子操作不当,造成游梁扭偏。

(3)两连杆长度不一致。

2. 处理方法

(1)重新组装抽油机。

(2)校正游梁。

(3)更换长度相同的连杆。

二、悬绳器钢丝绳偏驴头一边的故障及处理

1. 故障原因

(1)驴头制作不正。

(2)游梁倾斜或歪扭。

(3)底座安装不正。

2. 处理方法

(1)在驴头插销下面垫垫子。

(2)在支架平台一边垫垫子。

(3)调整底座水平。

(4)校正游梁。

三、悬绳器毛辫子打扭的故障及处理

1. 故障原因

(1)毛辫子有断股的。

(2)毛辫子长度不一致。

(3)光杆与井口中心不对中。

2. 处理方法

(1)重新更换毛辫子。

(2)使用长度一致的毛辫子。

(3)调整对中。

四、悬绳器毛辫子拉断的故障及处理

1. 故障原因

(1)毛辫子钢丝绳中的麻芯断,造成钢丝绳间的相互摩擦,钢绳受到的损伤很大,最后拉断。

(2)毛辫子钢丝绳受到外力严重损伤,同部位断丝超过 3 根而没有及时更换,导致钢丝绳拉断。

(3)钢丝绳头与灌注的绳帽强度不够,使绳帽与钢丝绳脱落。

2. 处理方法

更换新悬绳器。悬绳器安装时的要求如下:

(1)两侧长度相等,相互平行;上、下压板平行,不得倾斜。

(2)上压板在驴头上死点时距驴头下方250~300mm,以免测示功图时挤坏动力仪。

(3)下压板在驴头下死点时距密封盒400~450mm(因需要打一个防掉卡子)。

(4)毛辫子轨迹应在驴头弧面两侧的均匀位置,运行不得偏离,允许误差20mm。

五、驴头不对准井口中心的故障处理

将驴头停在上死点,摘掉负荷,刹死刹车,用线锤拴在悬绳器中心与井口垂直对中,调整游梁中轴承螺栓。往左调时,松左前、右后顶丝,紧右前、左后顶丝,往前调松两前顶丝,紧两后顶丝,反之亦然。若顶丝调到头还不能使之对中,则利用千斤顶调整底盘。

六、下死点时,井下有碰击声的故障及处理

1. 故障原因

(1)防冲距过小。

(2)光杆卡子不紧,光杆下滑发生碰泵。

2. 处理方法

重新调整防冲距。

七、启动抽油机时,电动机启动不起来的故障及处理

1. 故障原因

(1)控制电源开关未合上。

(2)熔断器熔断。

(3)过载保护动作后,没有及时复位。

(4)启动按钮失灵。

(5)电动机保护装置线路接错。

2. 处理方法

(1)合上控制电源开关。

(2)更换熔断器。

(3)及时复位过载保护。

(4)检修或更换启动按钮。

(5)检查电动机保护装置线路。

八、抽油机井出油不正常的故障及处理

1. 故障原因

井下抽油泵原因：

(1)泵本身故障，如阀球受伤坐不严、阀罩机械变形脱落、衬套乱、间隙过大等。

(2)受产液中的蜡、砂、气的影响，使阀结蜡，使泵砂卡、气锁等。

管、杆原因：

(1)抽油杆断、脱扣造成泵活塞脱；

(2)油管刺漏，油管断脱，造成泵脱或油套窜；

(3)ϕ70mm 大泵脱接器脱落等。

注采失衡：

(1)生产抽吸参数过大造成供液不足。

(2)注水状况变差，注采不平衡。

2. 处理方法

(1)核实产液量，观察产液量变化情况。

(2)检查落实计量间该井进汇管阀门是否关严。

(3)检查井口阀门的闸板是否脱落，用小管钳咬住阀门丝杆看是否能转动，若转就说明闸板脱落。

(4)观察井口油压表，检查压力值是否升高，一般>0.5MPa，证明管线不畅通。打开井口直通阀门，控制好排量和温度，冲洗生产管线，如洗后回压仍很高，则说明是管线结垢。处理管线结垢(通常是在井口的弯管处)现场采用的方法是用锤子敲击，严重时需要更换管线。

(5)测量抽油机上、下冲程电流。

九、起下抽油杆易出现的问题及处理措施

(1)多年堵死的井反复解堵或解不通，在起抽油杆时出现拔不动或者有间歇井喷现象。此时应低速挡慢提抽油杆，做好环保措施。起的过程中井口人员挂完抽油杆吊卡后离开井口。如果拔不动，采用倒扣的方法起抽油杆。

(2)起抽油杆时负荷大，并且提不动，可能有以下几种原因；一是泵衬套乱或砂子卡住活塞；二是装有脱接器的井光杆提出一部分后遇卡，可能是脱接器未脱卡；三是起抽油杆时负荷大，但能缓慢提起，下放时能缓慢下行或不能下行，可能是蜡卡；四是抽油杆扶正器磨损严重掉落在油管内卡住抽油杆。

处理方法：首先大排量反洗井，在抽油杆负荷允许情况下上下反复活动抽油杆，如果无效，采取倒扣方法起出。

(3)下抽油杆时抽油杆缓慢下行后不动,上提时无夹持力,可能是油管内有死油、死蜡。如果该井有循环通道,可大排量反洗井;如无循环通道可向油管内灌入热水,并且缓慢上提、下放或转动抽油杆,如无效,起出检查。下抽油杆时突然遇阻,缓慢上提、下放或转动抽油杆无效,可能是油管内有异物或油管有弯曲变形,应起出管柱检查。

第三节　螺杆泵井故障诊断及处理

一、螺杆泵井抽油杆断脱的故障及处理

1. 故障现象

抽油杆是传递动力给螺杆泵使其旋转进行抽油的工具。如果螺杆泵井正常,地面驱动装置就会带动抽油杆旋转,而井下螺杆泵在动摩擦的作用下(扭矩)旋转要比地面抽油光杆滞后。当地面停机,抽油杆突然失去动力停止旋转时,螺杆泵滞后的扭矩就会带动抽油杆做反向旋转,也就是抽油杆倒转。为防止抽油杆倒转,螺杆泵井安装了防倒转装置,但是停机时抽油杆还是有短距离的倒转现象。如果抽油杆断脱,一是不能将动力传递给螺杆泵,使其不能旋转抽油;二是螺杆泵旋转的滞后现象基本不存在,停机时抽油杆也不会出现倒转。由于抽油杆断脱,螺杆泵失去抽油能力,再加上井又不能自喷,所以在憋泵时油管压力不升,产液量下降为零。修井作业后螺杆泵恢复正常抽油,油井也恢复正常时的产液量。

2. 处理方法

(1)检泵,恢复螺杆泵正常抽油功能。

(2)认真观察螺杆泵井的生产数据变化,发现问题、故障,及时分析、诊断。

对于抽油杆断脱的井,抽油泵容易被蜡、凝油糊死,造成抽油泵阀失灵。对杆后必须将杆和活塞全部取出,重新下杆,查出杆脱位置,以防发生对杆后再发生杆断脱或不出油现象。上部断脱时容易误判断为卡泵,往往解卡后不见效,所以还要结合电流资料分析。

二、螺杆泵井泵漏失的故障及处理

1. 故障原因

螺杆泵是靠空腔抽油,即转子和定子之间形成封闭空腔。当转子转动时,封闭空腔沿轴线方向运动时将吸入端吸入的液体向排出端运移。如果定子的橡胶衬套磨损或脱落,转子和定子之间就形成不了封闭空腔。当转子转动时,空腔内的液体会沿转子与定子之间的空隙向下漏失,螺杆泵失去抽油能力。如果井的液面比较

高，具有一定的自喷能力，在螺杆泵出现漏失后还保持有一定的自喷产量，当憋泵时油管压力缓慢上升，停机后压力下降，但幅度不大。修井作业后螺杆泵恢复正常抽油能力，油井也恢复正常时的产液量。

如果油井没有自喷能力，当螺杆泵漏失严重时产液量就会降为零，而且憋泵时压力值不变或上升得很小，停机时油管压力会快速下降。

2. 处理方法

(1)及时发现问题，及时采取检泵措施，恢复螺杆泵的抽油能力。

(2)该井沉没度比较高，检泵时应更换大一级排量的螺杆泵，提高油井的产量。

(3)对于沉没度较高的螺杆泵井应观察产液量、压力的变化，及时调整泵的运行参数，提高螺杆泵抽油能力和油井的产量。

三、螺杆泵井管漏失的故障及处理

1. 故障原因

机械采油过程中如果井下油管、套管窜通，会使机械做功抽汲的一部分液量通过管柱泄漏点漏到油、套管环形空间，再通过泵的吸入口吸入，形成往复循环。这样，就使泵的扬程降低，井口产液量下降，无效功增大。抽油泵抽出的液体没有全部被举升到地面，而是在井下循环。由于泵的扬程降低，井口的油管压力下降，憋压上升缓慢，套管压力随着油管压力的变化而变化。如果油井开采的油层差异大，层间矛盾突出，一些高压、高含水层干扰着低压或差油层的出油。一旦出现问题，影响油井的正常生产，层间矛盾就会加剧，待处理完恢复正常生产后，产液量比较容易恢复，但含水率恢复就比较慢或不能恢复到以前的水平。

类似油管刺漏的原因还有油管挂不严等，都会使泵抽出的液体在油管、套管之间形成循环，造成产液量、油管压力等生产数据下降。

2. 处理方法

(1)检泵作业，检查井下的所有油管及螺纹。

(2)做好注水井的分层注水工作，减小层间矛盾，降低油井的含水率。

第四节　电动潜油泵井故障诊断及处理

在电泵井生产过程中，必须经常观察电泵的排量及全部设备运行状况，以便对故障原因正确分析、判断和处理。

一、油嘴堵造成电泵井产量下降的故障及处理

1. 故障现象

当电泵井的油嘴被堵而没有堵死，实际就相当于缩小油嘴孔径，限制了油井出

油。在电泵井的排液效率以及地层供液能力没有发生变化的情况下,由于产液量在井口受到了限制而下降。油嘴被堵后,井筒、井口形成憋压,液体流速减慢,油管压力升高。油管、套管环形空间的液面会因产量下降而上升,套管压力就会升至定压放气阀的定压值。因为输油管线液量减少,回压就会降低。

2. 处理方法

(1)检查、清除油嘴以及井口出油管线的堵塞物,使管线畅通、无阻。

(2)认真观察电泵井生产数据的变化,及早发现、处理出现的问题与故障。

二、砂卡造成电泵井停产的故障及处理

1. 故障原因

潜油电泵也是一种离心泵,由于管径的限制,是由多级小直径叶轮与导壳组成。如果抽汲的液体中含有砂粒、石子等物体,在电泵正常运转时是随液体一起运动,不会沉落在某些部位造成卡泵,只会增大机械之间的磨损。当电泵由于某种原因停机时,这些物体就会沉淀或卡在机械运转和不运转部位的缝隙间,造成卡泵。当再次启机时就不能启动,电流显示过载。这时,检查机组正常,电流值很高。

2. 处理方法

(1)当砂卡使电泵不能启动时,要进行洗井。利用水力助推带动叶轮运转,将砂粒从缝隙中洗出,使电泵解卡。洗井过程中如果电泵能够启动,说明已经解卡,可以利用水力和叶轮转动两个推力将砂粒排出泵外,防止再次卡泵。

(2)可以将电动机反转运行,使卡泵物体脱离。

(3)如果以上两种措施还不能解卡,就只好进行作业检泵处理。

三、蜡堵造成电泵井停产的故障及处理

1. 故障原因

通常认为电泵井排量大、流速高,蜡不容易沉积在管壁而忽略了清蜡工作,导致了严重结蜡而堵死。油管内一旦结蜡,会加快蜡的堆积形成蜡堵。当电泵正常工作时,电泵做功的能量可以使一部分液体通过油管的中心孔被动举升到地面。电泵一旦因故停机,油管柱中的液体处于静止,蜡形成的堵塞物就会将油管堵死,当再启机时就会出现过载而不能启动,如果强制启动就会造成电泵因电流过大而烧毁。

2. 处理方法

(1)摸索高含水率电泵井的结蜡规律,制定合理的清蜡周期。

(2)严格执行清蜡制度,做好清蜡工作,保证油流畅通。

(3)井下有落物或蜡堵严重时,可以通过热洗解决。

四、产液少或不出油的故障及处理

1. 故障原因

(1)油管漏失。

(2)泵吸入口被堵。

(3)输油管路堵塞或阀门关闭。

(4)泵的总压头不够。

(5)泵轴、保护器轴或电动机轴断裂。

(6)转向不对。

(7)油井抽空或动液面太低。

(8)地面管线堵塞。

(9)油管结蜡堵塞。

2. 处理方法

(1)对油管憋压,确定是否漏失。如漏失,需将油管起出更换。

(2)需将泵提出清理,有时可用反转法解堵。

(3)检查管路回压,如异常,采用适当的措施清理管道。

(4)重新检查选井、选泵设计。

(5)需将机组起出,更换损坏节。若使用欠载继电器,通常显示为欠载状态。

(6)从地面接线盒处调换任意两根导线的接头,再试转。

(7)若有可能,测动液面。

(8)检查地面流程、阀门,检查回压是否过高,热洗地面管线。

(9)油管清蜡。

五、因抽空而造成自动停泵的故障及处理

1. 故障原因

(1)若发生在电泵井投产初期,为选泵不合适。

(2)若发生在生产一段时间后,为油井供液不足。

2. 处理方法

(1)缩小油嘴。

(2)加深泵挂。

(3)更换小排量机组。

第五节 压裂施工故障诊断及处理

一、压裂时压力急剧下降的故障及处理

1. 故障原因

压力急剧下降原因包括缝高突然过度延伸、压窜、封隔器及油管断脱等。

2. 处理方法

(1)对于缝高突然过度延伸,压力急剧下降后,如未压窜,则压力会急速反弹上升,此时可降低砂浓度,上提排量或降低排量。

(2)对于压窜、封隔器及油管断脱后,套管压力会上升至井口施工压力或油管上顶,则须停止压裂,进行洗井、活动管柱等对应情况处理。

二、压裂时井口及地面管线漏失的故障及处理

1. 故障原因

在井口及地面管线老化、存在损伤、使用不当等情况下,经过高压冲击一段时间后,管线出现漏失,导致施工压力急剧下降。

2. 处理方法

应暂停施工,如工艺条件允许可立即更换器件继续施工,否则终止此次施工,循环返排、活动管柱后上提起出。

三、压裂时封隔器或油管断脱的故障及处理

1. 故障现象

套管压力突然上升,达到井口施工压力;油管上顶。

2. 故障原因

(1)下井工具螺纹磨损严重。

(2)工具上扣不紧或上偏扣。

(3)工具下井前后经受过磕碰、磨损,造成工具本体伤害。

(4)压裂加砂过程中,窜层支撑剂反冲击工具。

3. 处理方法

立即终止施工,进行后续事故处理。

四、压裂层压不开的原因及防控

(1)油层结蜡严重导致层位压不开。防控措施是老井压裂起原井时注意观察,如果原井管柱带出的蜡和死油量较多,压裂前刮蜡并采用热水洗井,或者采取压裂

前挤酸预处理措施。

(2)由于油管未刺净、油管丈量不准、多下或者少下压裂油管,导致管柱堵塞或者卡在未射井段而压不开。防控措施是保证下井管柱深度准确,下井工具规范,管柱组配合理,油管清洁、畅通,并涂螺纹脂上紧,避免井筒内污水渗入压裂管柱,造成施工困难。

(3)由于混砂车设备和管柱结构等问题,在压裂上一层段后,管柱内残留的支撑剂在扩散压力和上提管柱过程中沉降聚集,造成管柱内沉砂或砂卡钢球,堵塞下井工具通道。防控措施是根据实际地面管线长度合理调整替挤量,根据混砂斗里混砂液面正确选择替挤开始时间,满足施工设计替挤量的要求。

(4)倒换阀门顺序不对造成砂埋喷砂器。在替挤施工结束后,作业队倒阀门顺序不对,即先开放空阀门,后关井口阀门,致使石英砂随压裂液返排至喷砂器中,造成砂埋喷砂器。防控措施是注意扩散时间,如果是深井,底部下有导压喷砂器,可通过正、反洗井,将脏物循环洗出。

(5)人为因素(包括工具错位、堵油管、深度错误等)造成压不开。防控措施是仔细检查入井油管及工具,精细计算管柱深度。

五、压裂窜槽的故障及处理

1. 故障原因

被压层位的上、下夹层比较薄,水泥环及其胶结面因剪切破坏而窜通;压裂过程中由于封隔器损坏引起压窜;压裂过程中由于工具压断引起压窜;作业队管柱配错或下错引起压窜。

2. 处理方法

现场施工出现压窜的故障井,首先要采取措施判断是否为封隔器、油管以及管柱深度下错等原因造成的,如果不是,则可以判断为地层窜槽。具体步骤如下:

(1)停泵,套管放空,反复2~3次。

(2)仍有窜槽显示,则应进行磁性定位校验卡点深度。

(3)磁性定位管柱深度无差错,则上提管柱至未射井段验封。

(4)验封仍有窜槽显示,则起出压裂管柱。如发现管柱断脱,则进行打捞;正常起出压裂管柱,则检查油管和封隔器破损情况。

(5)验封没有窜槽显示,则说明地层窜通,通常采取扩层或缩层进行压裂改造,如果该层段无法进行更改,则压裂其他层段。

六、压裂砂堵的故障及处理

1. 故障原因

(1)压裂液性能出现明显改变,达不到低滤失性、高携砂性、热稳定性、抗剪切性等性能,就有可能产生砂堵。

(2)压裂液滤失量过大,使裂缝几何尺寸达不到设计的规模。

(3)加砂过程中,压裂液黏度突然变低,携砂能力变差,容易发生砂堵。

(4)有断层的油层会造成砂堵。

(5)油层砂体的非均质性,如岩性尖灭等会造成裂缝的规模受限形成砂堵。

(6)地层天然裂缝发育或者压裂时产生的微裂缝多,施工时易发生堵井。

(7)水井比油井发生堵井的概率大,主要原因是长期注水使地层产生许多的微裂缝。在注水井施工时要尽量提高排量或者增大基胶比,可以避免砂堵事故的发生。

2. 处理方法

对于使用普通喷砂器的压裂井,如条件允许可通过油管进行返排或反洗,洗通后,与现场人员协商进行下步施工;否则应及早活动并起出管柱。

第六节 案例分析

案例一 泵固定阀漏失

1. 基本情况

某作业队在某井进行抽油机井检泵施工,该井完井时下 57 整筒泵,由于该井有溢流,为保证不污染环境,所以决定泵下带活堵。在下完抽油杆后释放活堵,然后试抽,发现上冲程起压、下冲程降压,且稳不住压力。打开套管,上冲程时溢流减小,下冲程时溢流增大。

2. 原因分析

根据该井基本情况分析,确定活堵已释放开,上冲程时起压说明固定阀能正常打开,液体能顺利泵入泵筒,游动阀与阀座密封,活塞工作正常;下冲程降压可能是固定阀与阀座密封不严而漏失,泵筒液体泵入套管内而降压。因此,判定该井应该是固定阀漏失。造成漏失原因可能是:固定阀与阀座间有脏物或杂物使阀与阀座不密封;固定阀或阀座有损伤导致阀与阀座不密封。

3. 处理措施

针对第一种可能,用作业机将活塞提出泵筒,用 $24m^3$ 清水大排量反洗井,将掩住固定阀的脏物或杂物洗出井外,再正打压 5MPa ,使固定阀充分坐在阀座上,并且能稳住压力。试抽,上、下两个冲程起压 5MPa,稳压 15min 压力不降,合格,处理完毕。

4. 经验与认识

在井下作业施工中,经常会遇到试抽效果不理想的情况,在不违反施工设计和操作规程的前提下，针对当时具体情况认真分析，采取相应处理措施，避免造成返工。

案例二　脱接器未对接

1. 基本情况

某作业队在某井进行抽油机井检泵施工，在该井作业过程中发现抽油杆偏磨、抽油杆扶正器偏磨，经过有关部门鉴定后更换了偏磨的抽油杆、扶正器及油管。该井完井下83整筒泵，下完抽油杆对接脱接器后试抽，发现下冲程起压、上冲程不起压。

2. 原因分析

根据该井基本情况分析，该井试抽时的现象表明活塞并没有工作，由于井筒内充满液体，下冲程时抽油杆靠自身体积压缩一部分液体，从而使油管内产生一定的压力，上冲程时抽油杆自身无法举升液体，所以不起压。根据此现象判断：抽油杆断脱；脱接器未对接上。

3. 处理措施

缓慢下放抽油杆探泵，探到泵底，证实抽油杆无断脱。用清水大排量反洗井后重新对接脱接器，试抽无效果，缓慢上提30cm，转动抽油杆使脱接器上接头换个方向，缓慢下放对接，试抽上、下冲程起压5MPa，稳压15min压力不降，合格。

案例三　扶正器破碎

1. 基本情况

某作业队在某井进行抽油机井检泵施工，在该井作业过程中发现抽油杆断，抽油杆扶正器偏磨严重并偏离了位置，经过有关部门鉴定后更换了偏磨的抽油杆、扶正器及油管。该井完井下83整筒泵，下完抽油杆对接脱接器后试抽，发现下冲程起压、上冲程不起压。

2. 处理措施

按案例二的处理措施处理后，试抽无效果，起出抽油杆，检查上接头没发现问题；起出泵管柱，检查脱接器下接头，发现下接头内有破碎的抽油杆扶正器，阻挡了脱接器的对接。重新换脱接器后完井，试抽合格。

3. 事故分析及教训

在现场调查后认为，该井抽油杆扶正器为插接式，起出断的抽油杆时，由于滑车晃动，扶正器刮在油管连接螺纹处掉落并黏附在油管壁上，丈配管柱时没有按要求用通径规通油管，并且没认真检查抽油杆扶正器损坏情况就下泵管柱，造成对接脱接器失败。这件事警示我们，作业施工中一定要严格按照施工设计及操作规程操作，避免造成返工。

第 三 部 分

综合业务知识

第八章　大庆油田地质及开发知识

第一节　油田地质知识

一、区域地质背景

大庆油田位于松辽盆地中央坳陷长垣背斜构造带上(图 8-1),处于盆地生油和储油最有利的地带。该盆地是一个大型的中、新生代沉积盆地，面积约 $26\times10^4km^2$，沉积地层厚度 5000～6000m,全盆地分为 7 个一级构造单元：中央坳陷区、西部斜坡区、东南隆起区、东北隆起区、北部倾没区、西南隆起区和开鲁坳陷区。

盆地基底分别由大兴安岭华里西晚期褶皱带和吉黑华里西晚期褶皱带汇合而成。经历三叠纪和侏罗纪早期提升剥蚀后，侏罗纪晚期在以断裂为主的构造运动作用下,产生了众多的段陷、地垒和断阶带。进入早白垩世松辽盆地沉降作用不断增强,使早期出现的分割性小断陷扩大沟通，形成统一的松辽盆地大型沉积坳陷。至晚白垩世和古近纪,由于淤积充填而使盆地沉降速度明显减缓,坳陷渐趋萎缩。

下白垩统泉头组至嫩江组沉积时期，松辽盆地沉降发育鼎盛,沿着盆地长轴方向发育的中央坳陷是湖盆持续沉降的中心,沉积厚度可达 4000m 左右。湖区周围发育了 5 个河流—三角洲沉积体系,其中以北部沉积体系规模最大,由北向南插入中央坳陷带,其前端直达湖盆中央,分布面积近 $20000km^2$。在平面上北部沉积体系的前缘东西两侧均为生油坳陷,其中西侧齐家—古龙凹陷是长期发育的深凹陷,是青山口组至嫩江组的沉降中心,生油岩层厚度达 500～700m,其中有机碳含量小于 2%,总烃含量大于 0.15%,属优质生油岩。垂向上在青二、青三段和姚家组储层的上下均为生油岩,上部为嫩一、嫩二段生油岩,厚度 200～300m,下部为青山口组生油岩,厚度在 100m 以上,形成良好的生油层、储层和盖层的组合关系,加上良好的构造圈闭条件，聚集了极其丰富的石油和天然气，形成了长垣上的大庆油田。

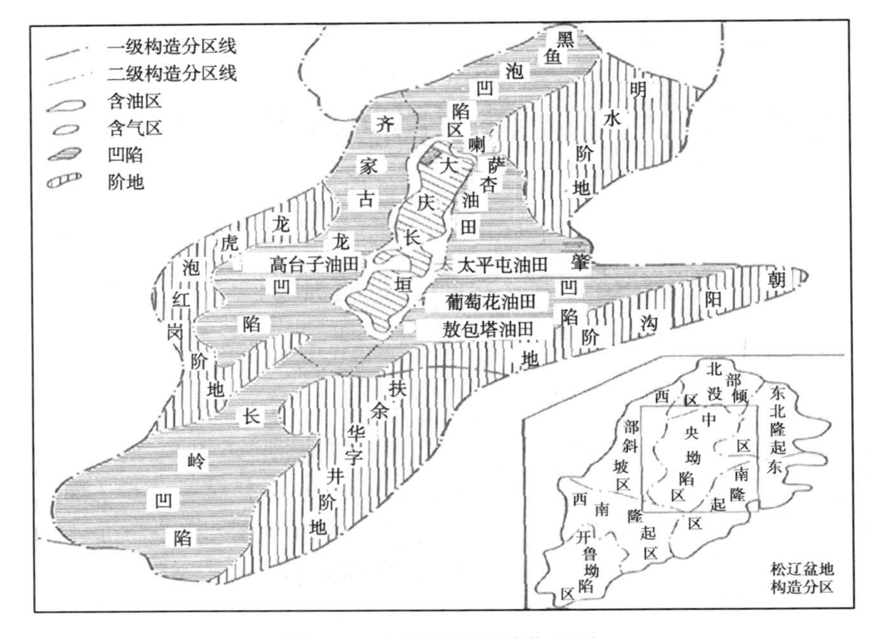

图 8-1　大庆油田区域位置图

二、油藏地质构造

大庆长垣是松辽盆地中央坳陷区中的一个大型背斜构造带。

在侏罗纪，大庆长垣部位为古龙凹陷的东部斜坡，在下白垩统登娄库组沉积时，萨尔图构造位于盆地中部西倾的斜坡上，而葡萄花构造位于古隆起与凹陷的交接地带。在泉头组—姚家组沉积时，大庆长垣处于盆地大型沉积坳陷东侧的平缓斜坡上；嫩江组沉积时，喇嘛甸、萨尔图、杏树岗、葡萄花等处有局部小隆起，开始具有大庆长垣的雏形；到嫩江组沉积末期，松辽盆地经历了一次构造运动，使大庆长垣隆起基本定型，并产生了很多断裂。明水组沉积末期的构造运动使长垣更加发育和完善，形成近似现在的构造形态。

大庆长垣由喇嘛甸、萨尔图、杏树岗、太平屯、高台子、葡萄花、敖包塔 7 个背斜构造组成，各构造之间以鞍部相接。整个长垣呈反“S”形展布。

大庆长垣断层发育，遍布整个长垣，在含油面积内共有断层 493 条。喇嘛甸油田断层以北西向的正断层为主，多分布在构造西部和构造轴部。萨尔图油田断层情况与喇嘛甸油田相似。杏树岗油田断层分布较均匀。太平屯油田的断层多分布在构造轴部。高台子油田的断层具有同生断层性质，生长指数为 1.1 左右。由于同生断层的逆牵引作用，下降盘一侧形一个逆牵引幅度近 20m、水平距离 400m、以

-985m 构造线圈闭的滚动背斜。葡萄花油田断层呈带状分布，形成许多地堑与地垒相间的断块，并呈阶梯状降低，构造翼部也有同生层存在，下降盘形成滚动背斜。敖包塔油田断层情况与葡萄花油田相似。

大庆长垣断层的产生与构造运动密切相关。嫩江组沉积末期，在南北向直扭应力的作用下，与北北东向局部构造形成的同时，产生了北北西和北西向的张性或扭性正断层。后来扭应力增大，同时大庆长垣又受逆时针旋扭应力作用，因而形成了一些走向与构造轴向，偏移的断层。这种成因形成的断层具有明显的方向性和分带性。

大庆油田的断层概括起来有以下特点：

(1)大庆长垣的断层均为正断层，长垣南部出现同生断层。

(2)萨尔图构造以北地区断层多分布在构造轴部及陡翼，杏树岗构造以南地区断层分布较均匀。

(3)断层走向以北西、北西西、北北西为主，近东西向次之，偶见北东向及其他方向。

(4)断层倾向主要分为两组，一组为北东，另一组为南西，但也有南东、北西、东西倾向的情况。

(5)断层倾角不大，一般在 40°~60°之间，断层面形态较规则，断面呈直线形、弧形、座椅形等。

(6)断距变化较大，从几米到 100m，一般为 20~40m。断距中间大、两端小。

(7)断层在平面上延伸不大，一般为 1~3km，最大 10km，分布规则，多呈带状。但葡萄花构造，尤其是葡南、敖包塔构造，断层纵横交错，多呈“人”形、“Y”形、“X”形组合，把构造切割成很多断块。

(8)从油田开发实践中可以看出，断距在 20m 以上的断层，在注水开发中一般起封闭作用。

萨尔图、葡萄花、高台子油层都存在构造裂缝，尤其是在长垣南部较发育。构造裂缝一般可分为张性裂缝和剪切裂缝两种。张性裂缝的特点是垂直岩层面，上宽下窄，呈楔状消失，裂面不平滑，无擦痕。剪切裂缝的特点是与岩层面斜交，裂缝间多数有次生充填物，主要为上覆岩石，也有方解石、菱铁矿等。有些裂缝无充填物，可见氧化油迹，说明这些裂缝曾经是油气运移的通道。另外，还存在着微裂缝，在正常注水压力下，这些裂缝无明显影响，但随着注水压力的提高，微裂缝的作用越来越明显，油层吸水能力可成倍增长，极少数井可引起爆性水淹。

黑帝庙油层构造属短轴背斜，长轴约 44.6km，短轴约 19.8km，闭合面积 672.2km^2，闭合高度 309.5m。断层将构造分成南、北两大块，并使构造复杂化，形成许多构造断块。葡浅 12 区块位于背斜南部，为一窄条状地垒构造。构造上有 30

多条正断层，断层走向多为北北西向，延伸长度一般为3~5km，断距一般为30~70m，倾角为45°~55°。

三、油藏类型及驱动能量

1. 油藏类型

油田控制油气聚集的主要因素是构造圈闭，油田南部岩性、断层等因素对油气聚集有一定的作用，从而形成了构造油气藏和各种复合油气藏。大庆油田油藏特征如下：

(1)大庆油田为一个完整的二级构造带，有统一的构造圈闭线。大庆长垣北部三个油田的含油高度超过了局部构造的闭合高度，因此各构造之间的鞍部也含油。长垣南部各油田油水界面高低不一，但最低不超过-1050m。这些特点反映出主要是二级构造控制了油气聚集。

(2)大庆长垣北部喇嘛甸、萨尔图、杏树岗三个油田处于大型复合三角洲部位，砂岩发育，加上大面积、大幅度的背斜构造，这两方面相互配合形成了构造控制的块状油气藏。这种油气藏具有如下特点：一是在构造圈闭内含油气程度受构造高度控制，具有统一的油气界面和油水界面，自上而下依次分布纯气段、纯油段、稠油段、油水过渡段、纯水段；二是有统一的压力系统，折算到同一基准面(-1000m)，油层原始压力约为12MPa；三是含油高度大，三个油田含油高度都大于200m，油层厚度大，单储系数大，是大庆油田储量最丰富的部分。

(3)大庆长垣南部太平屯、葡萄花、高台子、敖包塔四个油田控制油气聚集的因素比长垣北部复杂。同生断层下降盘形成的滚动背斜，断层形成的地垒、地堑，岩性遮挡等都可使油气聚集，但含油程度主要受背斜控制，高部位含油较富集。断层使油水分布复杂化，高断块的低部位可出现水区，低断块的高部位可出现油区，各断块之间油水界面高低不一；在剖面上常常出现水夹层或油夹层，属于被断层复杂化的层状背斜油藏。

(4)大庆油田原油具有含蜡量较高、含硫量较低、碳同位素值较小(-26.8%~-28.3%)的陆相原油特征。在纵向上接近油水界面处，原油相对密度、黏度增大；在平面上接近过渡带，原油相对密度、黏度相对增大，反映了构造油藏的特点。从油田南部到北部，原油相对密度、黏度、含蜡量、非烃与沥青质含量增大，而含胶量、饱和烃含量减少，一定程度上反映出曾发生过油气由南向北的运移。这种运移可能与油水界面向北倾斜有关。

2. 驱动能量

大庆油田萨、葡、高油层驱动能量有气顶气、边水、弹性能量、溶解气等，这些能量都不大。

(1)喇嘛甸油田为过饱和油田,存在气顶,气顶面积为34.5km^2,是一种明显的驱动能量。

(2)大庆油田萨、葡、高油层存在边水,含水区域较广阔,但没有明显的供水区,边水不活跃,比采水指数小,约为5m^3/(d·m·MPa)。

(3)大庆油田萨、葡、高油层弹性能量小。

(4)大庆油田萨、葡、高油层原始气油比约为45m^3/t,根据计算,溶解气大约可采出地质储量的10%~15%。

上述情况说明,大庆油田油层各种驱动能量都存在,各油田的主要驱动能量不尽相同。喇嘛甸油田以气顶气能量驱为主,其他油层以弹性水压驱动和溶解气驱为主;萨尔图、杏树岗、太平屯油田以溶解气驱为主;高台子、葡萄花油层以弹性水压驱动和溶解气驱为主。

第二节 油田开发知识

大庆油田经过50多年的开发历程,不但建成了我国最大的石油生产基地,还创造了巨大的经济效益和精神财富。从1976年起实现了年产原油5000×10^4t以上连续27年稳产,长垣内部采收率达到50%左右,在世界同类型油田开发中处于领先水平,并发展形成了陆相大型砂岩油田开发技术系列。

开发水平领先和持续稳产时间长主要是得益于开发程序的科学,大庆油田始终在一个有次序的开发程序下发挥着各类油层的作用。其主要做法一是开采对象"先肥后瘦",即先开采储量丰度高、储层渗透率高、单井产能高的主力(肥)油层,随着油田开发深入,对差油层认识的加深,然后再开发与之相对的薄、差(瘦)油层,形成开发程序始终有条不紊。二是井网、层系"先粗后细",即随着开发程度的不断加深,井网部署和层系划分由相对较粗疏,逐步演变到相对细密,这主要是认识油层有一个由表及里、由粗到细的过程。大庆萨、喇、杏油田小层数多达上百个,开发初期对各小层认识程度是不一致的,通过开发好油层,研究差油层,不断加深对各类油层的认识,再通过打加密调整井的做法,使层系由粗到细,井由稀到密,最终达到与较高采收率相匹配的合理的井网密度。三是"储量分批动用"。大庆按照不同开发阶段目标和技术发展水平,对油田储量资源实行分类分批有序动用,在中含水开采阶段主要动用喇、萨、杏油田萨、葡主力油层,快速实现了年产油5000×10^4t。在高含水初、中期开采阶段,动用了长垣北部萨、葡油层中的低渗透率油层和高台子油层,以及长垣南部和部分外围中、低渗透率油田,不但弥补了油田产量的速减,还有效地提高了各类油层的采收率。在高含水后期开采阶段,长垣北部在逐步动用薄、差油层和表外油层的同时,加快推行聚合物驱工业化应用,进一步提高主力油层和薄、差油层的采收率。

50 多年的开发实践表明,开发要保持井网层系的清晰,才会获得开发调整好效果,才会有高的采收率。

一、油田经历的主要开发阶段

油田的开发历程，大体可划分为五个开发阶段。

1. 油田开发准备阶段(1960—1964 年)

大庆油田是 1960 年 6 月投入开发的一个大型陆相砂岩油藏。当时针对国外一些大油田油层压力大幅度下降、产量递减、油井停喷的教训,制订了“早期内部注水,保持在一个较长的时间内实现稳定高产，争取达到较高的最终采收率”的油田开发方针,在开发前进行了充分的技术准备，首先对油田开发提出了明确的要求，即：

(1) 取全取准第一手资料,认真研究地下油层的分布及其地质特征,详细进行油层分层对比,搞清楚油田地下情况,为油田开发工作提供可靠的地质依据。

(2) 根据油田实际情况和地质特征,必须采取人工补充能量的开采方式,保持注采平衡,并决定在全油田内采用早期内部注水方法。

(3) 由于陆相沉积油层多，非均质比较严重，因此，在搞清不同油层基本地质特点的基础上,根据油层的差异,要合理划分开发层系,尽量减少层间差异所造成的层间矛盾,争取达到较高的采收率。

(4)为使开发工作做得稳妥,必须要制订一个合理的开发程序,使油田开发设计工作符合地下油层的实际情况，要把认识油田和开发油田很好地统一起来，分阶段、有步骤地开发油田。

(5)整个开发过程,要以提高采收率为中心。

根据上述要求,在开发的各个阶段,根据出现的矛盾和需要解决的问题,提出了不同的任务和具体要求，力求把油田开发方针的实施，有步骤地落实到每个开发阶段，有计划地组织和进行不同开发阶段的工作，并搞好衔接和平衡，以保证油田开发方针的顺利实施。

2. 高速上产阶段(1965—1975 年)

这一阶段大庆长垣萨尔图、杏树岗和喇嘛甸三大主力油田相继投入全面开发,原油产量以平均每年增加 400×10^4t 的速度持续递增,到 1975 年达到 4625.96×10^4t 的生产水平。

该阶段开发中暴露出油层多、非均质比较严重、层间矛盾较突出等问题，由此出现注入层突进较严重、油田含水上升较快、无水采收率和低含水采收率较低的问题。为使各类油层得到较好的动用,从 1964 年开始先后组织了“101.444”和

“115.426”两次大规模的分层配水作业会战，使注水井基本上实现了同井分层段注水。1965年又开展了百口油井分层战，解决了分层开采工艺技术，并正式确立以分层注水、分层采油、分层测试、分层管理、分层研究为主的“六分四清”采油工艺技术为大庆油田的主体开发技术及与之相适应的开发分析技术。到1972年，最早开发的萨中开发区分层注水井占注水井总数的87%，油井下分层管柱占油井总数的68.9%，比较好地发挥了主力油层的作用，控制了油井含水上升速度。

在搞好分层注水的基础上提高主力油层的注水强度，在油井受效的条件下放大生产压差，并对高含水层堵水以减少层间干扰，在不到三年时间内，基本扭转了“两降一升”的局面。通过分层注水、分层采油，采收率提高了近6%。

在此阶段开发中还暴露出由于基础井网的开发层系划分较粗，致使各类油层的水驱动用状况有很大差别的问题。分层测试资料统计分析显示，射开油层厚度有三分之一动用较好，有三分之一动用一般，还有三分之一没有动用或动用很差。为此，1972年在萨尔图油田选择有代表性的五个区块，首次进行以层系细分为目标的加密调整试验。调整对象为萨、葡油层的中、低渗透率油层，注水方式采用反九点法面积注水，井网调整采取在排间以250~300m的井距均匀加密。试验前后对比表明，调整层水驱控制程度由62.5%提高到84.5%；综合含水率由42.4%下降到34.4%；采油速度提高一倍左右；采收率提高8%左右。这不仅改善了萨尔图油田加密调整试验区的开发效果，更为下一阶段喇、萨、杏油田全面进行一次开发调整提供了实践依据。

3. 一次开发调整阶段（1976—1990年）

1975年，按照石油工业部修订后的全国石油发展规划要求，大庆油田提出并编制了“高产五千万（吨）稳产（再）十年”的规划方案。为实现规划方案，研究了基础井网，经过16年的开发，虽然年产量逐年提高，但暴露出一些问题，主要概括如下：

（1）在行列井网注水开发中，中间井排受效差，油层压力低。

（2）层系划分较粗地区纵向油层动用状况差异很大。

由于基础井网层系粗，层间矛盾十分突出。分层测试资料表明，这种层系组合油层只有三分之一厚度动用较好，三分之一厚度动用差，三分之一厚度不动用。水驱动用储量只有66.7%。

（3）过渡带地区基础井网注采井距偏大，不适应过渡带地区油层特点。

过渡带地区油层物性和流体性质都比纯油区差。资料表明，过渡带的钻遇有效厚度比纯油区少47.8%，有效孔隙度低8.8%，空气渗透率比纯油区低40.2%。但基础井网不仅采取了与纯油区相同的500m井网，而且只布一套层系，因此造成水驱控制程度不足60%。

(4)分层开采工艺不能根本解决非均质带来的“三大矛盾”。

由于油层非均质严重,在层系划分太粗的条件下,靠机械分层开采不能从根本上解决层间矛盾、平面矛盾和层内矛盾，因此，油田开发仍然存在明显的不均衡性。

1976 年至 1980 年期间,通过投产中间井排和完善过渡带开发井网,五年共投产油、水井 1398 口,增加生产能力 584×10^4t。通过加强注水提高地层压力,不仅保持了油井自喷开采,而且使生产压差由 1.8MPa 放大到 2.3MPa,平均年增油达 100×10^4t。通过强化油井增产措施,每年压裂油井 400~500 口,年增油 100×10^4t 左右。采取上述三项措施后,在油田综合含水率由 30.56%升至 60.40%的条件下,五年生产原油 2.5324×10^8t,实现了年产原油五千万吨以上第一个五年稳产目标,同时措施的实施还改善了油层的动用状况,对提高采收率有着明显的作用。分层资料表明,油层动用程度达到 60%以上。

1981—1990 年期间,针对高含水期持续稳产需要，油田开发采取了四项措施：一是在全面开发高台子油层的同时,新钻以层系细分为目标的加密调整井,提高非主力油层储量动用程度。十年共钻萨、葡油层层系细分加密调整井和高台子油层开发井 10480 口,建成产能 3189.88×10^4t，年均新增产能 319×10^4t。二是将自喷开采全面转为机械采油,以进一步放大生产压差,提高油井产液量。十年共转抽自喷井 4020 口,总计增油 3307.6×10^4t,年均增 330×10^4t。三是加大增油措施力度,十年共压裂油井 7960 口,年均压裂 796 口、增油 111×10^4t。四是加快长垣南部和外围油田的开发建设,提高低渗透和特低渗透率油层储量的动用程度,先后有葡萄花、太平屯、宋芳屯、龙虎泡、朝阳沟等十多个油田投入开发，1990 年年产油达到 231.6×10^4t。通过上述措施,大庆油田十年共产油 5.4119×10^8t,不仅实现了五千万吨以上稳产的目标,而且年产油量还由 1981 年的 5175.27×10^4t 上升到 1990 年的 5562×10^4t。此时采收率接近 40%。

4. 二次开发调整阶段(1991—1997 年)

随着油田综合含水率超过 80%,进入高含水后期开发，油田面临的问题一是如不能有效控制含水上升速度，则势必采取大幅度提液措施才能保持油田稳产，这样使地面建设工程量过大和能耗猛增而导致经济效益骤减；问题二是油田可采储量明显下降，新增可采储量明显减少,在 1991 年以前,年度储采平衡系数都大于 1,1992 年以后,逐年下降,到 1995 年以后,年度储采系数不到 0.65。为继续实现油田持续稳产,主要采取了以下三项措施：

(1)实施稳油控水结构调整。在对喇、萨、杏油田开发状况进行分析论证后,认为可以充分利用非均质油层注水开发的不均衡性进行稳油控水结构调整，即在保持注采平衡的情况下,通过控制特高含水井层的注采量,提高低含水井层的注采量,稳定中、高含水井层的注采量，对不同井网和区块进行注水、产液和储采结构调整，在总体上实现稳油控水。通过稳油控水结构调整，1991—1997 年累计措施增油 2399.68×10^4t,而同期措施增水只有 2099.5×$10^4$$m^3$,相当于使油田含水率少上升 3.15%,不仅弥补了原油产量速减,而且控制了含水上升速度。

(2)调整油田驱替方式。油田进入高含水期开采,依据地质成因分析可看出,剩余储量主要在厚油层顶部。这部分储量在高含水期后单靠注水很难再扩大波及体积,如何提高厚油层顶部的采收率,是全区提高采收率的重点。为此在三次采油研究和试验区的基础上,1993 年开展了聚合物驱工业化试验。到 1997 年 4 月,试验区聚合物用量达到 592mg/(L · PV)，整体聚合物驱替段塞完成。工业性试验表明,试验区采出井含水大幅度下降，增油降水显著。注聚合物 54.5mg/(L · PV)时,试验区油井陆续见效,注入聚合物 380mg/(L · PV)时达到最佳受效期,此时日产油增加了 2.08 倍,含水率由 90.7%下降为 73.9%,平均单井日增油 18.6t,含水率下降了 16.8%。最终取得吨聚合物增油 123t、提高采收率 12.89%的好效果。

工业性试验的成功和开发规律的总结,为全面推广应用聚合物驱奠定了基础。1996 年开始，在油田北部进行聚合物驱工业性推广,用聚合物驱的方式增加可采储量,弥补产油量的递减,在推广中逐步完善注入、采出、处理、计量、控制等一整套技术。到 2000 年年底，全油田已有 6 个区块投入聚合物驱开发，面积达到 157.24km^2,地质储量 2.8625×10^8t,当年注聚合物干粉 54598t,日产油 24785t,年产油 936.45×10^4t,占全油田年产油量的 19.2%,油田驱替方式开始由单一水驱转变为水驱和聚合物驱并存的新格局。聚合物驱油的工业性应用,使聚合物驱油层采收率提高 10%左右。

(3)进一步加快长垣南部和外围油田开发。到 1997 年年底,长垣南部和外围油田共计动用含油面积 938.77km^2,地质储量 5.3×10^8t,共有油、水井 9028 口，当年产油 602.88×10^4t,在大庆油田实现年产油 5500×10^4t 以上稳产中发挥了重要作用。

5. 三次开发调整阶段(1998 年至今)

大庆油田经几十年的高速高效开发，总体形势已发生了巨大变化。储采失衡的矛盾日益突出,油田呈现出含水上升速度加快、产量递减速度加快和油、水井套管损坏速度加快的形势,继续保持稳产的难度越来越大。1998 年提出实施“高水平、高效益、可持续发展”开发战略方针,这标志着大庆油田开发工作将从以原油生产为中心进一步转到以经济效益为中心,从以高产稳产为总目标转到以可持续发展为总目标。

1998—2000 年期间油田开发的主要措施如下:

(1)继续完善油田的二次加密调整，开展三次加密调整的研究与试验,三年共

钻调整井 4911 口，建成产能 579.94×10^4t。其中，三次加密调整研究与实践表明，提高采收率 3%左右。

(2)扩大聚合物驱油应用规模，三年聚合物驱应用面积净增 108.97km^2，地质储量净增 1.078×10^8t，使聚合物驱面积达到 176.58km^2，地质储量达到 3.171×10^8t。

(3)继续加大外围"三低"油藏的开发力度，三年共投入开发 237km^2，动用石油地质储量 8669×10^4t，钻井 2673 口，建成产能 203.26×10^4t。

经过三年的战略调整，虽然大庆油田的年产油稳中有降，但为 21 世纪油田的可持续发展奠定了坚实的基础。

二、油田开发层系、井网的演变

喇、萨、杏油田主要特点是多油层非均质性严重，这就决定了油田开发必然要经历不断实践、不断认识、多次布井的过程。层系井网加密调整大体经历了三个阶段，即基础井网开发阶段，以层系细分为主的一次加密调整阶段，以井网加密为主的二次加密调整和以聚合物驱油为主的主力油层加密阶段。层系井网随着加密调整不断发生变化。井排距从开发初期的 500~1100m 逐步加密到目前的 150m 左右，开发层系从 1~2 套加密到 4~7 套，井网密度从 4 口/km^2 增加到 40~60 口/km^2。

1. 油田开发初期以主力油层为主的基础井网开发层系

基础井网是油田开发的第一套正式开发井网，它的部署将对开发区整个开发部署产生很大的影响。在全面部署各层系开发井网之初，先选定一个分布稳定、具有一定储量、产量高、已有详探井、具有独立开发条件(上下具有良好隔层)的主力油层，以此作为主要开发对象，部署它的正规开发井网，这样既能保证这套生产井网具有较高产能，同时兼起本开发区内其他油层的研究任务。主力油层可以按照该井网进行开发，而其他油层可以根据基础井网所获取的地质资料进行进一步深入研究和开发设计。

针对大庆油田不同开发区的油层的发育状况和油层物性特征，不同开发区基础井网采用了不同层系组合方式，并选择与之相适应的井网和注水方式。

2. 以中、低渗透率薄、差油层为主的细分层系加密井网

油田开发初期的基础井网主要是针对分布面积大的主力油层和非主力油层中偏好的部分部署的，在开发初期发挥了重要作用。但基础井网对差油层的适应性较差，针对未动用和动用差的油层进行层系细分和井网加密调整是非常必要的，在油田的高产稳产和提高采收率方面发挥了重要作用。

分析大庆油田差油层动用不好和开发效果差的原因，主要包括：一是基础井网层系划分较粗，差油层和高渗透主力油层合采，层间干扰严重；二是大部分地区基础井网井距偏大，井网对差油层的控制程度不高；三是差油层渗透率低，井网

不适应，井间渗流阻力大，动用差，采油速度低。

针对大庆油田差油层开发效果差的不同原因，采取了不同的调整方法。对于井距适应而层间矛盾突出的地区，主要是进行层系的细分；对于井网控制不住和低渗透率层厚度比例较大的地区，在进行层系细分的同时进行井网加密。

3. 主力油层的聚合物驱油开发井网

大庆油田不仅油层多，层间渗透率差别大，而且主力油层层内非均质性也非常严重，厚油层层内渗透率变异系数在0.5~0.7之间，油层温度为45℃左右，地层水矿化度只有7000mg/L左右，具有进行聚合物驱油提高油田采收率有利条件。

从20世纪70年代开始，喇、萨、杏油田开展了室内提高采收率研究和聚合物驱油先导试验以及矿场试验，证实了聚合物驱油的可行性，为大规模进行聚合物驱油提供了实践资料。

第九章　采油工程知识

油田开发是分层系进行开采的，这是油田在整体上对各大油层进行了性质的划分，而对于多数油层较厚、非均质性严重、油层多的单井来说就不行了。在每口井井底同一流压下，各油层之间的吸水量或出油量，会因层间的差异而发生相互干扰，对这样的油田开采还需要更细的层间或层内的划分，减少层间、层内矛盾，这就是分层开采。分层开采就是根据生产井的油层开采情况，通过井下工艺管柱把各个目的层分开，进而实现分层注水、分层采油的目的。

第一节　分层注水

一、分层注水原理

分层注水原理是在同一注水压力下，通过各层配水器内不同水嘴的调节，实现各层不同的注水量，就是不同的压差和不同的水量。

二、分层注水工艺

分层注水是根据油田开发制订的配产配注方案，对注水井各个注水层位进行分段注水，达到各层均匀注水、提高各个油层的动用程度、控制高含水层产水量、增加低含水层产量的目的。分层注水与笼统注水的区别是注水井只要超过一个层注水就叫分层注水。如某井分为两个层段注水，其中有一个层是停注层也叫作分层注水。

三、分层注水管柱

分层注水是靠井下工艺管柱来实现的，图 9-1 所示就是目前各油田普遍采用的两种分层注水管柱。其中图 9-1(a)为 Y341-114 偏心式可洗井分层注水井管柱，主要由油管、3 个 Y341-114 封隔器(ϕ52mm)、2 个 665-2 偏心配水器(ϕ46mm)、撞击筒、底球组成。该管柱主要是对多数油田回注污水量增大、油层堵塞、管柱结垢腐蚀等问题日益严重的情况下，而设计的可洗井管柱结构，主要是采用了可洗井封隔器 Y341-114。它能实现分层井的定期洗井，在较大程度上减轻了上述问题带来的不利影响，保证了分层注水质量，同时该管柱还可以悬挂应用。本井实际注水层段数是2个，封隔器数是3级，通常叫作3级2段偏心注水管柱。图9-1(b)为Y141-114偏心式分层注水井管柱，主要由油管、4个Y141-114封隔器(ϕ62mm)、2个665-2偏心配水器(ϕ46mm)、中球、筛管、丝堵组成。该类管柱是直接坐在井底，封隔器密封性好，它适用于大多数分层注水井，特别是注水层段较多的注水井，各项性能比较稳定，对作业施工(除坐井口时外)和日常管理要求少，但不可以洗井。本井实际注水层段数是3个，其中第二层段是停注层，即对应层位没有下偏心配水器，封隔器数是4级，通常叫作4级3段偏心注水管柱。

空心配水器以及其他特殊(套管变形、井径过大或较小等)要求的分层配水管柱，除了一些特殊技术要求外，基本与图9-1所示的分层注水井管柱一样。

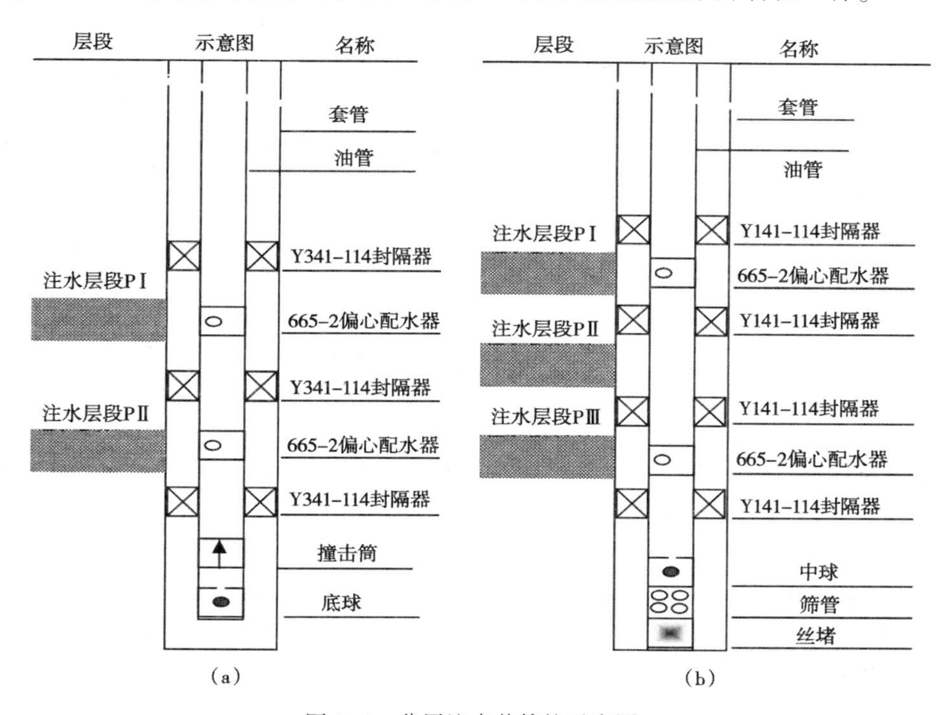

图9-1 分层注水井管柱示意图

第二节 分层采油

分层采油也是依据生产层位的不同特点及相互之间的差异，结合配产方案，通过井下分层配产工艺管柱来实现的。分层采油所含的内容很多，它不仅仅是把生

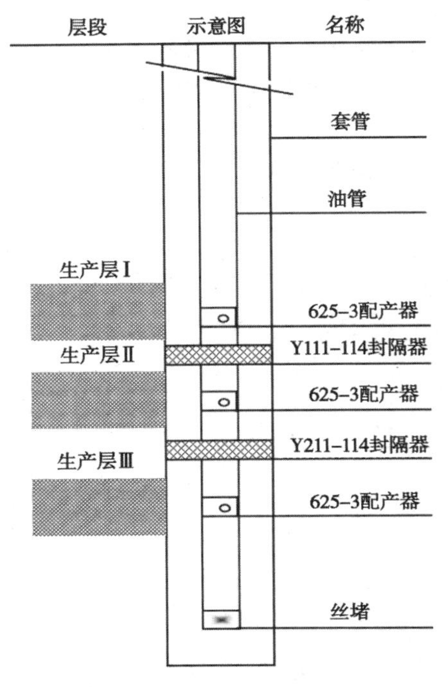

图 9-2　自喷井分层采油管柱示意图

产层分为几段来生产，特别是在油田开发中后时期的堵水、封堵等均是分层采油的范围。下面就自喷井分层采油、抽油机井分层采油、电动潜油泵井分层采油、电动螺杆泵井分层采油来分别介绍。

一、自喷井分层采油

自喷井分层采油是油田开发初期采用的手段，图 9-2 所示就是较早的一种活动配产器生产管柱，由尾管及单向卡瓦（最下一级）封隔器与偏心配产器组成。该自喷井实际生产为 2 级 3 段配产管柱，其特点是各层段调整配产方便，从油管内直接下仪器调整油嘴就可实现调整分层产量，不需要作业。

二、抽油机井分层采油

抽油机井分层采油是油田开发中后期不可缺少的采油方法。图 9-3（a）所示是目前各油田常用的分层采油管柱。该管柱主要由捅杆、丢手接头、3 个 Y341-114C 封隔器（ϕ50mm）、635-111 三孔排液器（ϕ46mm）、丝堵组成，管柱整体直层采油。与自喷井分采管柱相比，其分层采油强度差异大，调整不方便，需要作业起泵。该井分三个层段采油，其中第二层段为堵水层位。图 9-3（b）所示为 ϕ70mm 及以上泵的抽油机井的分层采油，其管柱主要由捅杆、丢手接头、拉簧活门、3 个 Y341-114C 封隔器（ϕ50mm）、2 个 635-111 三孔排液器（ϕ46mm）、丝堵组成。该管柱用于产液量较高的分层采油井，且最突出的特点是可实现不压井作业，即拉簧活门与捅杆配合，对带有堵水层位的分层采油井更适合，如本井第二生产层位就是堵水层段。

三、电动潜油泵井分层采油

电动潜油泵井分层采油也是油田开发中后期不可缺少的采油手段，特别适合于油层厚度较大、层间差异也较大以及需要堵水调剖的采油井。图 9-4 所示就是较常用的电动潜油泵井分层采油管柱，它是由捅杆、丢手接头、拉簧活门、4 个 Y341-114 封隔器（ϕ50mm）、2 个 635-111 三孔排液器（ϕ46mm）、丝堵组成，该管柱是无卡瓦丢手平衡管柱，特点是管柱直接坐到人工井底且可实现不压井作业。

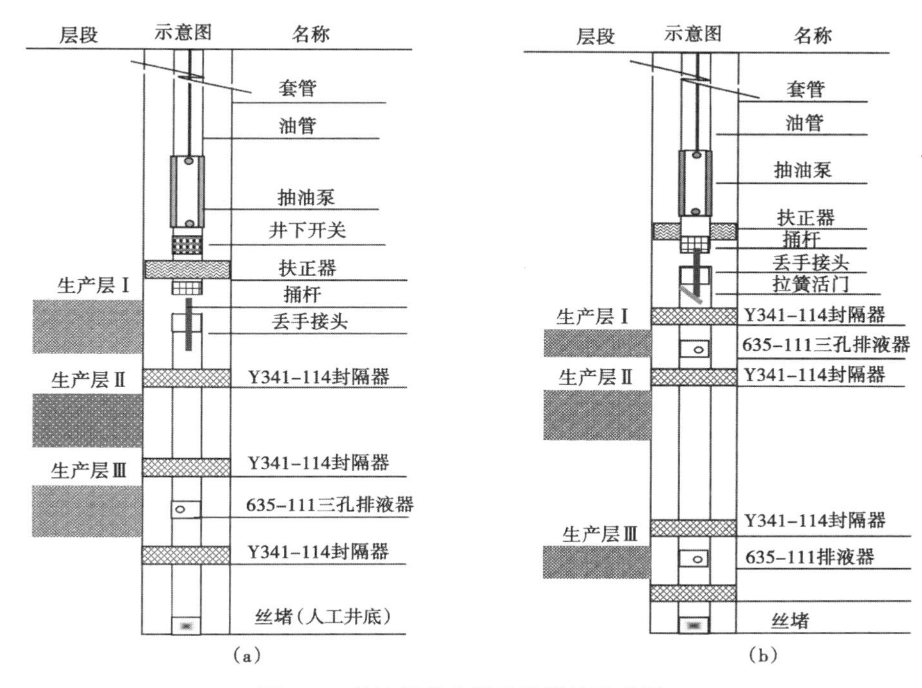

图 9-3 抽油机井分层采油管柱示意图

四、电动螺杆泵井分层采油

目前电动螺杆泵正在各油田被逐步推广使用到采油行业中来，电动螺杆泵采油系统按不同驱动形式分为地面驱动和井下驱动两大类，这里只介绍地面驱动井下螺杆泵。

根据地面驱动螺杆泵的传动形式可分为皮带传动(图 9-5)和直接传动(略)两种，其系统组成主要包括地面驱动部分、井下泵部分、电控部分、配套工具及其井下管柱等。

地面电源由配电箱供给电动机电能，电动机把电能转换为机械能并通过皮带带动减速装置来启动光杆，进而把动力再通过光杆传递给井下螺杆泵转子，使其旋转给井筒液加压并举升到地面，与此同时井底压力(流压)降低。

螺杆泵是一种容积式泵，它运动部件少，没有阀件和复杂的流道，排量均匀。缸体转子在定子橡胶衬套内表面运动，带有滑动和滚动的性质，使油液中砂粒不易沉积，同时转子—定子间容积均匀变化而产生的抽汲、推挤作用使油气混输效果好，在开采高黏度、高含砂和含气量较大的原油时应用效果较好。螺杆泵可应用于黏度范围为 0~2000mPa·s、含砂小于 5%、下入深度为 1400~1600m、适应环境温度低于120℃的高黏度原油开采。

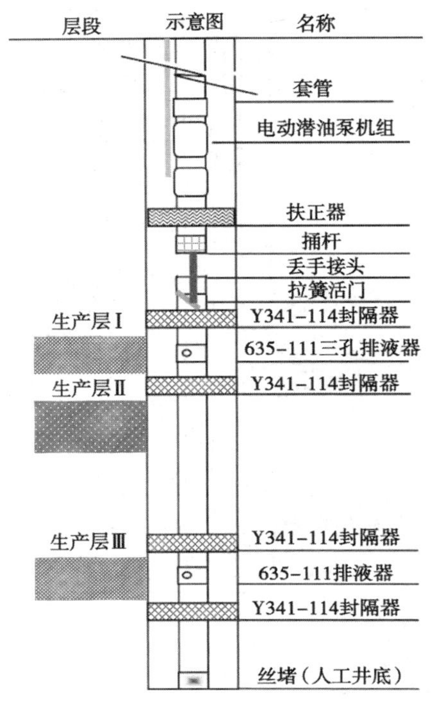

图9-4 电动潜油泵井分层采油管柱示意图

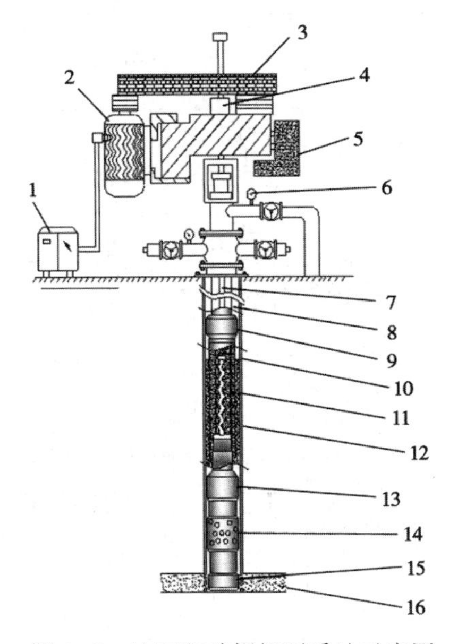

图9-5 地面驱动螺杆泵采油示意图

1—启动柜;2—电动机;3—皮带;4—方卡子;5—平衡重;6—压力表;7—抽油杆;8—油管;9—扶正器;10—动液面;11—螺杆泵;12—套管;13—防转锚;14—筛管;15—丝堵;16—油层

第三节 油水井井口装置

井口装置俗称“采油树”,是油、气、水井的一种最重要、最常见的设备,是控制和调节油井生产的主要设备。

一、采油树的作用

它的主要作用如下:

(1)悬挂油管,承托井内全部油管柱重量;

(2)密封油管、套管之间的环形空间,控制套管气;

(3)控制和调节油井的生产;

(4)录取油管、套管压力资料,测试、清蜡等;

(5)保证洗井、冲砂、酸化、压裂等井下作业施工顺利进行。

二、采油树的类型

采油树的类型包括我国自己设计制造的大庆 150、大庆 160 微型、CY250、CYb360、胜 251、胜Ⅱ型等。

三、采油树的结构

以国产 CY250 采油树为例(图 9-6),它由采油树套管四通、左右套管阀门、油管头、油管四通、总阀门、左右生产阀门、测试阀门或清蜡阀门(封井器)、油管挂顶丝、卡箍、钢圈及其他附件组成。

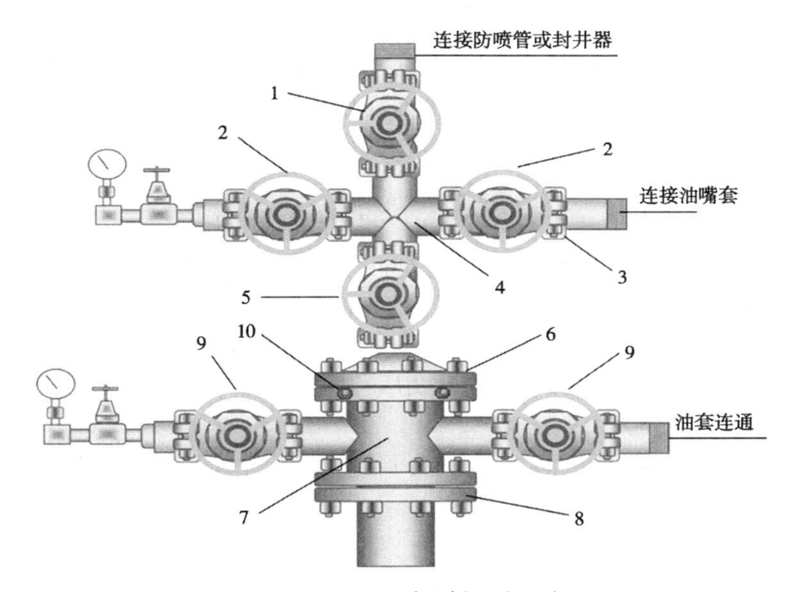

图 9-6 CY250 型采油树组成示意图

1—测试阀门;2—左右生产阀门;3—卡箍;4—油管四通;5—总阀门;6—上法兰;7—套管四通;8—下法兰;9—左右套管阀门;10—油管挂顶丝

四、采油树的连接方式

采油树的连接方式主要有以下五种:

(1)卡箍连接:采油树各组成部件之间的连接均以卡箍为主,如大庆 150Ⅱ、胜 261 微型、胜 254、CY-3-250 等采油树。

(2)螺纹连接:采油树各组成部件之间的连接均以螺纹为主,如大庆 150、胜 251 等采油树。

(3)铁箍连接:采油树各组成部件之间的连接均以铁箍为主,如胜Ⅰ型、胜Ⅱ型等采油树。

(4)法兰连接:采油树各组成部件之间的连接均以法兰为主,如上海大隆、荣丰、良工等采油树。

(5)卡箍法兰连接:采油树各组成部件之间的连接均以卡箍与法兰为主,如CY250等采油树。

五、采油树各部件的作用

1. 防喷管的作用

防喷管是用 ϕ73mm(2½in)油管制成,外部套 ϕ89mm(3½in)的,环空内循环蒸汽或热水(油)保温(采用不保温循环的就不用外套)。防喷管在自喷井中有两个作用,一是在清蜡前后起下清蜡工具及熔化刮蜡片带上来的蜡;二是用于各种测试、试井时的工具起下。防喷管在电动潜油泵井中也有两个作用,一是在电动潜油泵井测流压、静压时便于起下工具;二是在给电动潜油泵井清蜡时起下工具、放空用。

2. 胶皮阀门的作用(带封井器的)

(1)当刮蜡测试工具上升到防喷管时切断井下的压力;

(2)试关胶皮阀门可以判断下井工具是否已升到防喷管,防止下井工具掉落井中;

(3)在抽油井中,关闭胶皮阀门方可加光杆密封填料。

3. 测试阀门(250 阀)的作用

测试阀门用以连接胶皮阀门,便于测压、试井等。

4. 油管四通的作用

油管四通用以连接测试阀门与总阀门及左右生产阀门,是油井出油、水井测试等的必经通道。

5. 总阀门的作用

总阀门用于开关井以及在总阀门以外的设备维修时切断井底压力。

6. 套管四通的作用

套管四通是油管、套管汇集分流的主要部件。通过它密封油套环空,使油套分流。它的外部是套管压力,内部是油管压力,下部连接套管短节。

7. 套管短节的作用

套管短节上部与套管四通下法兰螺纹连接,下部与套管连接,作业施工时调整套管短节长度来提高或降低采油树的高度。

8. 表层套管与生产套管的钢板支撑的作用

钢板支撑连接生产套管及表层套管,使采油树不产生震动。

六、采油树的性能和技术参数

采油树的性能和技术参数见表 9-1。

表 9-1 采油树的性能和技术参数

型号	制造厂家	试验压力		工作压力（MPa）	连接形式	顶丝法兰尺寸（mm）			阀门		钢圈尺寸		外形尺寸		通径（mm）	油管挂最大直径（mm）	使用范围	
		强度（MPa）	气密（MPa）			外径	螺孔中心距	螺孔直径×个数	形式	个数	阀门（mm）	四通（mm）	高（mm）	长（mm）			油管尺寸（in）	套管尺寸（in）
大庆 150Ⅱ	大庆总机厂	30.0	15.0	15.0	卡箍				球阀	3	73（方形）	190	990	800	62	152	$2\frac{1}{2}$	5
大庆 150	大庆总机厂	30.0	15.0	15.0	平式螺纹				球阀	3	73（方形）	190	820	900	65	156	$2\frac{1}{2}$	5
大庆 160 微型	大庆总机厂	30.0	15.0	16.0	卡箍				针球阀	3	73（方形）	190	1050	700	65	152	$2\frac{1}{2}$	5
CY-3-250	大庆	500		250	卡箍	380	318	$\phi30\times12$	球阀	6		211	1150	1320	3″	169	3	$5\frac{3}{4}$、$6\frac{5}{8}$
CYD350	大庆	（水压）35.0	8.0	35.0	卡箍	380	318	$\phi30\times12$	闸板	6		211	1545	1344	65	169	$2\frac{1}{2}$	5、$4\frac{1}{2}$
CYD150	大庆	300	8.0	15.0	卡箍	380	318	$\phi30\times12$	闸板	6	外径 100	211	1472	1262	65	168	$2\frac{1}{2}$	$5\frac{5}{8}$、$5\frac{3}{4}$
CT-5B（大罗马）	上海大隆	42.0		21.0	法兰	380	318	$\phi33\times12$	闸板	6	101.6	211	2142	2246	68		$2\frac{1}{2}$	
CYD80	牡丹江红利	（水压）16.0		8.0	卡箍	380	318	$\phi30\times12$	闸板	4	88.7	211	1100	1240	65	168~148	$2\frac{1}{2}$	$6\frac{5}{8}$、$5\frac{3}{4}$

续表

型号	制造厂家	试验压力		工作压力(MPa)	连接形式	顶丝法兰尺寸(mm)			阀门		钢圈尺寸		外形尺寸		通径(mm)	油管挂最大直径(mm)	使用范围	
		强度(MPa)	气密(MPa)			外径	螺孔中心距	螺孔直径×个数	形式	个数	阀门(mm)	四通(mm)	高(mm)	长(mm)			油管尺寸(in)	套管尺寸(in)
CYD50	上海荣丰	50.0		35.0	卡箍	380	318	ϕ30×12	闸板	6	88.7	211	1750	1456	65	162	2½	5¾
胜 261	上海荣丰	30.0	16.0	15.0	卡箍	380	318	ϕ32×12	闸板	3	92(73)	211	770	1220	65	170	2½	5¾
胜 251	东营总机厂	25.0		15.0	螺纹	380	275	ϕ35×8	闸板	4		205	620	950	65	150	2½	5¾
胜 254	上海荣丰	45.0		25.0	卡箍	380	318	ϕ30×12	闸板	3	92	211	755	1290	65	162+6.5	2½	5¾
胜Ⅰ型	东营总机厂	45.0		25.0	铁箍	380	318	ϕ30×12	球阀	3		211	385	800	65	158+5	2½	5¼
胜Ⅱ型	东营总机厂	30.0		15.0	铁箍				球阀	3		190	475	825	65	150	2½	5
CY250	大庆	50.0	8.0	25.0	卡法	380	318	ϕ30×12	闸板	6	101	211	1625	1495	65	168	2½	5¾

第四节 采油工程基本概念

一、勘探开发名词

(1)油气显示。

石油、天然气及其与成因相联系的各种石油衍生物的天然和人工露头均称为油气显示,油气显示又可分为地面油气显示和井下油气显示两种。

①地面油气显示:石油和天然气沿着地下岩石的孔隙和裂缝运移到地面所形成的各种露头,叫地面油气显示。

②井下油气显示:由于钻井、取岩心和随同钻井液(或清水)循环而把石油和天然气携带到地面的露头,叫井下油气显示。

(2)含油层:含有油气的储层。如果储层中只含有天然气叫含气层。

(3)储油层(储层):凡能使石油、天然气在其孔隙、孔洞和裂缝中流通、聚集和储存的岩层(岩石)均称为储油层。

(4)岩石孔隙度。

岩石中未被矿物颗粒、胶结物或其他固体物质填集的空间称为岩石的孔隙空间。储油岩石的孔隙空间由相当复杂的孔隙、溶孔、裂缝组成,与油、气运移、聚集关系十分密切。用孔隙度衡量储油岩石孔隙性的好坏以及孔隙的发育程度。孔隙度可以用来计算地质储量及评价油、气层的好坏,可按有效孔隙度值来划分或评价储油层。

①绝对孔隙度(Φ):岩石的总孔隙体积(V_p)与岩石的总体积(V_a)之比。

$$\Phi = V_p / V_a \times 100\% \tag{9-1}$$

②有效孔隙度(Φ_{lia}):岩石有效孔隙体积(即液体能在其中流动的孔隙体积V_{lia})与岩石总体积(V_a)之比。

$$\Phi_{lia} = V_{lia} / V_a \times 100\% \tag{9-2}$$

(5)含油饱和度:流体饱和度是用来表示孔隙空间为某种流体所占据的程度,它在油田的勘探与开发中具有十分重要的作用。含油饱和度在油田的储量计算、油田动态分析、注水驱油效率的研究、油田剩余储量的利用以及提高最终石油采收率方面,均具有不容忽视的实际价值。油层孔隙中,含油的体积(V_m)与有效孔隙体积(V_{lia})之比,称含油饱和度S_m。

$$S_m = V_m / V_{lia} \times 100\% \tag{9-3}$$

(6)渗透率:在一定压差下,岩石让流体通过的能力称为渗透率。渗透率的数值是根据达西定律确定的，即流体通过岩石的流量（Q）与渗透率（K）、横截面积（A）、压差（Δp）成正比，而与流体的黏度（μ）和流体所经过的距离（L）成反比。其公式为：

$$K=\frac{Q\mu L}{10A\Delta p} \tag{9-4}$$

式中 K——渗透率，μm^2；

Q——在压差 Δp 作用下通过岩心的流量，cm^3/s；

A——岩心横截面积，cm^2；

μ——通过岩心的流体黏度，mPa · s；

L——岩心长度，cm；

Δp——流体通过岩心前、后的压力差，MPa。

国外普遍采用的渗透率单位是“达西”。一个达西（D）的物理意义是：当黏度为 1mPa · s 的流体，在压差 0.1MPa 作用下，通过横截面积为 $1cm^2$、长度为 1cm 的多孔介质，其流量为 $1cm^3/s$。此时，该多孔介质的渗透率就称为 1 达西。$1D=1\mu m^2$。

①绝对渗透率：单相液体或气体完全充满岩石的孔隙，且这种液体或气体不与岩石起任何物理、化学反应，流体的流动符合直线渗透定律，这时测得的岩石渗透率为岩石绝对渗透率。这时岩石的渗透率表示岩石本身的特性。岩石的绝对渗透率一般用空气测定。

②有效渗透率：当两种以上的流体通过岩石时，岩石让某一相流体通过的能力，也称为相渗透率。

③相对渗透率：有效渗透率与绝对渗透率的比值。

（7）与压力相关名词。

①静水柱压力：井口到油层中部的水柱压力。

②原始地层压力：油层在未开采前，从探井中测得的油层中部压力。

③目前地层压力：油层投入开发以后，某一时期测得的油层中部压力。

④静止压力：采油（气）井关井后，井底压力回升到稳定状态时，所测得的油层中部压力，简称静压。

⑤压力系数：原始地层压力与静水柱压力之比。

⑥流动压力：油井正常生产时，所测得的油层中部压力，简称流压。

⑦饱和压力：天然气开始从原油中分离出来时的压力。

⑧油管压力、套管压力：油、气从井底流到井口后的剩余压力称为油管压力，简称油压。油套管环形空间内，油和气在井口的压力称为套管压力，简称套压。

⑨总压差：原始地层压力与目前地层压力的差值。

⑩采油压差:油井生产时,地层静压与流动压力之差,又称为生产压差。

(8)含水率:生产油井日产水量与日产液量(油和水)之比,也称含水百分数。

(9)气油比:气油比分为原始气油比和生产气油比。油田未开发时,在油层条件下,一吨原油中所溶解的天然气量称为原始气油比;在油田开发过程中,每采出一吨原油所伴随着采出的天然气量称为生产气油比。

(10)采收率:油田采出来的油量与地质储量的比值。无水采油阶段的采收率称为无水采收率。油田开发结束时达到的采收率称为最终采收率。

二、井身结构名词

井身结构主要由导管、表层套管、技术套管、油层套管和各层套管外的水泥环等组成。

(1)导管:井身结构中下入的第一层套管称为导管,其作用是保持井口附近的地表层不坍塌。

(2)表层套管:井身结构中第二层套管称为表层套管,一般为几十米至几百米。下入后,用水泥浆固井并返至地面。其作用是封隔上部不稳定的松软地层和水层。

(3)技术套管:表层套管与油层套管之间的套管称为技术套管,是钻井中途遇到高压油、气、水层,漏失层和坍塌层等复杂地层时而下的套管。其层次由复杂地层的多少而定,作用是封隔难以控制的复杂地层,保持钻井工作顺利进行。

(4)油层套管:井身结构中最下面的一层套管称为油层套管。油层套管的下入深度取决于油井的完钻深度和完井方法。一般要求固井水泥返至最上部油气层顶部100~150m,特殊情况要求返至地面。其作用是封隔油、气、水层,建立一条供长期开采油、气的通道。

(5)水泥返高:固井时套管外的水泥面到井深原点(图9-7)的长度称为水泥返高。

三、采油工程名词

(1)油田开发:依据详探成果和必要的生产试验资料,在综合研究的基础上对具有工业价值的油田,按石油市场的需求,从油田的实际情况和生产规律出发,以提高最终采收率为目的,制订合理的开发方案,并对油田进行建设和投产,使油田按方案规划的生产能力和经济效益进行生产,直到油田开发结束的全过程。

(2)地层:地壳发展过程中所形成的层状岩石的总称。

(3)水压驱动:当油藏存在边水或底水时,依靠水压可以将原油驱动到井底,这种驱动方式称为水压驱动。水压驱动有刚性水驱和弹性水驱两种类型。

(4)气压驱动:当油藏存在气顶时,气顶中的压缩气为驱油的主要能量,该驱动

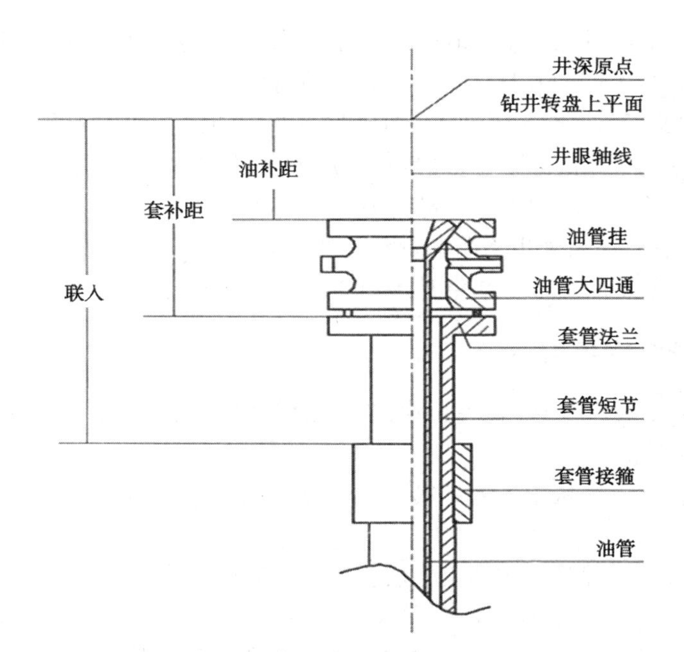

图 9-7　井深原点图解

方式称为气压驱动。气压驱动可分为刚性气压驱动和弹性气压驱动两种类型。

(5)重力驱动:靠原油自身的重力将油驱向井底的驱动方式,称为重力驱动。

(6)注水方式:油水井在油藏中所处的部位和它们之间的排列关系。

(7)面积注水方式:将注水井按一定几何形状和一定的密度均匀地布置在整个开发区上。

(8)井网:油气田开发过程中,油、气、水井的分布方式,分为行列井网和面积井网两大类,井网部署关系油田开发效率、最终采收率及油田开发经济效益。

(9)井网密度:井网密度有两种表示方法,一种是平均单井所控制的开发面积;另一种是单位开发面积上的井数。

(10)普通定向井:在一个井场内仅有一口最大井斜角小于60°的定向井。

(11)大斜度井:在一个井场内仅有一口最大井斜角在60°~80°之间的定向井。

(12)水平井:在一个井场内仅有一口最大井斜角不小于86°,并保持这种角度钻完一定长度水平段的定向井。

(13)丛式井:在一个井场内有计划地钻出的两口或两口以上的定向井组,其中可含一口直井。

(14)多底井:一个井口下面有两个或两个以上的井底的定向井。

(15)斜直井:用倾斜钻机或倾斜井架完成的,自井口开始井眼轨道一直是一段斜直井段的定向井。

(16)流压:油层中的流体流入井筒中,油层中部深度处的压力为流动压力,简称流压。

(17)生产压差:平均地层压力与井底流压之差,它是油层渗流过程中的压力损失。

(18)采油指数:单井采油指数定义为单位采油压差下的日产油量;广义采油指数定义为原油产量随井底流压的变化率。

(19)自喷采油:完全依靠地层的天然能量将原油采出地面的方法。

(20)机械采油:需要进行人工补充能量才能将原油采出地面的方法。

(21)平衡方式:为了使抽油机工作达到平衡状态,在下冲程把抽油杆自重做的功和电动机输出的能量储存起来所采取的形式,称为平衡方式。

(22)泵效:抽油泵的实际排量与理论排量之比。

(23)示功图:反映悬点载荷与悬点位移之间关系的曲线图。

(24)沉没度:动液面距泵吸入口的高度。

(25)静液面:抽油井停产后,油、套环形空间中的液面开始恢复,当液面静止不动时,称为静液面。

(26)动液面:抽油井正常生产时,油、套环形空间中的液面称为动液面。

(27)注水指示曲线:表示注水井在稳定流条件下,注入压力与注入量之间的关系曲线。

(28)吸水指数:单位注水压差下的日注水量。

(29)比吸水指数:吸水指数与油层有效厚度之比。

(30)视吸水指数:日注水量与井口注水压力之比。

(31)相对吸水量:在同一注入压力下,某分层吸水量占全井吸水量的百分数。

(32)吸水剖面:在一定注入压力下沿井筒各个射开层段吸水量的多少。

(33)酸液有效作用距离:酸液在变成残酸之前所流经裂缝的距离。

(34)选择性堵水:利用化学堵剂大幅度降低水相渗透率,少降或不降低油(气)相渗透率的化学堵水措施称为选择性堵水。

四、提高采收率名词

(1)一次采油:依靠天然能量开采原油的方法。

(2)二次采油:继一次采油之后,向地层中注入液体或气体补充能量采油的方法。

(3)三次采油:向地层注入其他工作剂或引入其他能量采油的方法。

(4)原油采收率:采出地下原油原始储量的百分数,即采出原油量与地下原始储量的比值。

(5)注水采收率:从开始注水到达到经济极限时期所获得的累计采油量与注水前原始储量之比。

(6)舌进:油水前缘沿高渗透层凸进的现象。

(7)碱—聚合物驱油:在注入水中加入碱和聚合物,以提高注入水的黏度,减小油水黏度比,降低界面张力,以提高采收率的驱油方法。

(8)热力采油(热驱):向油层中注入热流体或使油层中的原油就地燃烧,形成移动热流,降低原油黏度,增加原油流动能力的驱油方式。

第五节　典型示功图及测液面

一、测示功图的目的

利用动力仪(目前常用的是 CY-611 型动力仪)把作用在光杆上随上、下冲程交替变化的负荷,转变为动力仪测力系统内的液体压力变化,再通过记录系统将其记录在卡片上,光杆往复运动一次后,所得到的一条记录光杆在每个位置负荷大小的封闭曲线,称为示功图。封闭曲线所围成的面积,表示泵在一个行程中所做的功。

示功图是分析和判断深井泵在井下工作状态的主要手段。测示功图的目的在于了解如下内容:

(1)抽油机驴头负荷的变化情况。

(2)抽油参数组合是否合理。

(3)抽油泵的工作性能好坏。

(4)深井泵是否受到砂、蜡、气、水、稠油的影响。

(5)抽油杆是否断、脱。

(6)油层供液能力充足与否。

(7)防冲距调整是否恰当。

二、理论示功图

认为抽油机及抽油杆在带动泵工作时,光杆只承受静负荷,不承受惯性等动负荷,通过理论计算,表示光杆在往复运动一次的负荷变化和光杆、冲程变化的图形为理论示功图,见图 9-8。

平行四边形 *ABCD* 中,*A* 点表示驴头下冲程结束,上冲程开始。*AB* 线表示光杆负荷增加过程,叫增载线。此过程中抽油杆因加载而伸长,油管因卸载而缩短。

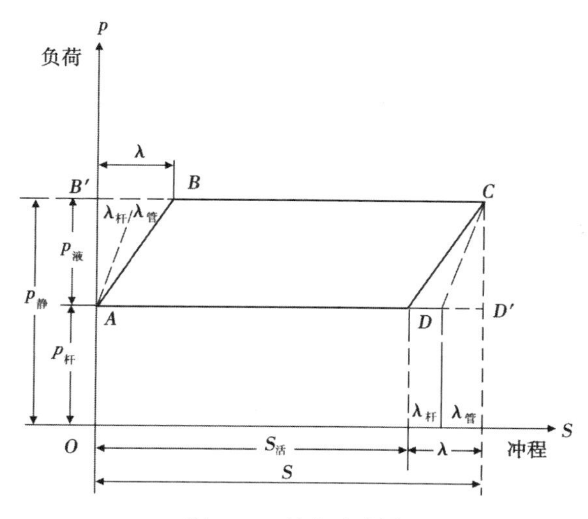

图 9-8 理论示功图

AB—增载线(仅光杆上行,出油阀关闭);*BC*—上行线(活塞上行,进油阀打开);*CD*—减载线(仅光杆下行,进油阀关闭);*DA*—下行线(活塞下行,出油阀打开);*OA*—上冲程时,光杆承受的最小静载荷;*OB′*—上冲程时,光杆承受的最大静载荷;*A*—驴头下死点位置;*B*—活塞开始上行点;*C*—驴头上死点位置;*D*—活塞开始下行点;*S*—光杆冲程,m;$S_{活}$—活塞冲程,m;*f*—光杆负荷;$p_{静}$—光杆负荷,kN;$p_{液}$—活塞上液柱压力,kN;$p_{杆}$—抽油杆在液体中的重力,kN;$\lambda_{杆}$—抽油杆伸缩长度,m;$\lambda_{管}$—油管伸缩长度,m;λ—光杆伸缩长度,m

光杆自 *A* 点虽开始上行,但活塞未动,直到 *B* 点加载结束,活塞才开始上行。*B′B* 线表示抽油杆伸长和油管缩短的冲程损失。*BC* 线表示活塞上行至上死点,光杆负荷等于抽油杆在液体中的重力与作用在活塞上的液柱压力之和,并保持不变。*CD* 线与 *AB* 线相反,表示光杆负荷减小的过程,称为卸载线。此时,油管因加载而伸长,抽油杆因卸载而缩短,到 *D* 点卸载结束,活塞开始下行。*D′D* 表示卸载过程中抽油杆缩短和油管伸长的冲程损失。*DA* 线表示活塞下行至下死点,光杆负荷等于抽油杆在液体中的重力,并保持不变。

三、实测典型示功图

典型示功图是指某一影响因素十分明显,其形状代表了该因素影响的基本特征的示功图。各种典型示功类型及图形特点见表 9-2。

通过对示功图的分析,可以全面、准确地了解有杆泵在井下的工作状态,以便及时采取措施排除各种故障,使油井正常生产。同时,检泵后,通过测示功图并加以分析,可以了解和掌握深井泵是否正常工作,发现问题及时采取措施,为提高检泵质量打下良好的基础。

表 9–2　典型示功类型及图形特点

类型	图形	图形特点
正常示功图	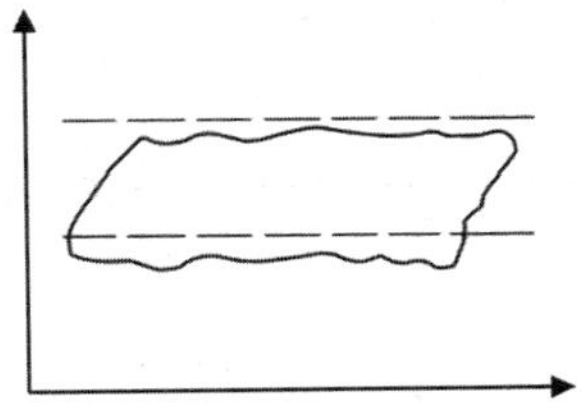	(1)图形基本上呈平行四边形。 (2)由于抽油杆柱受振动载荷的影响，使示功图出现波动，左上角和右下角处较明显。 (3)在深井中由于力的传递滞后以及动力载荷增大，使示功图沿顺时针方向有一定程度的偏转
油井连抽带喷示功图	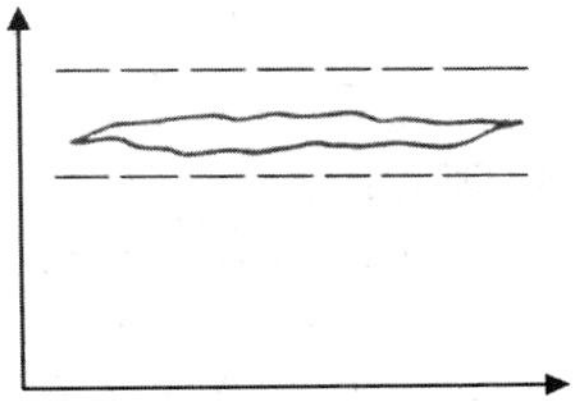	(1)上冲程时，由于油井有一定的自喷能力，出油阀不能关闭，此时液柱混有大量气体，因此最大负荷小于最大理论负荷；下冲程时，由于自喷的影响，进油阀不能完全关闭，因此负荷减小不多，所以示功图一般呈窗窄条形，并位于理论值之间。 (2)当油井自喷能力很大或泵径较大，以及两者兼有时，上喷能力很大，大大减轻了光杆负荷，使示功图低于最小理论值
砂卡示功图	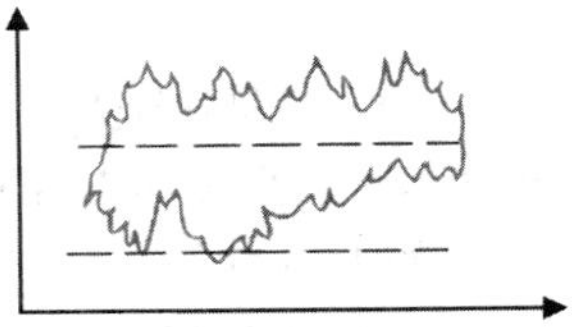	(1)由于砂卡产生阻力，当活塞通过局部阻力时，光杆负荷在极短时间内发生很大变化，所以负荷线常常出现不规则的锯齿尖锋。 (2)增载线与减载线振动强烈
蜡卡示功图	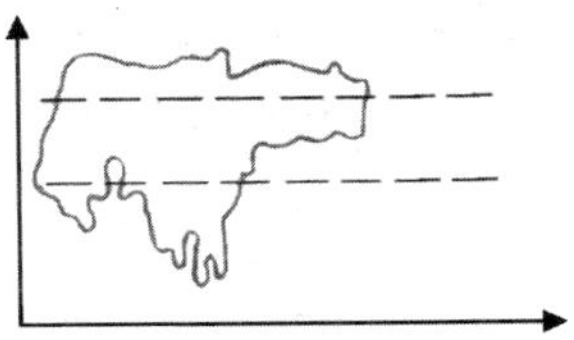	油管、抽油杆结蜡严重时，上冲程载荷增大很大，大于理论载荷，光杆刚下行时，载荷立即减小，小于光杆理论载荷
油井出水示功图	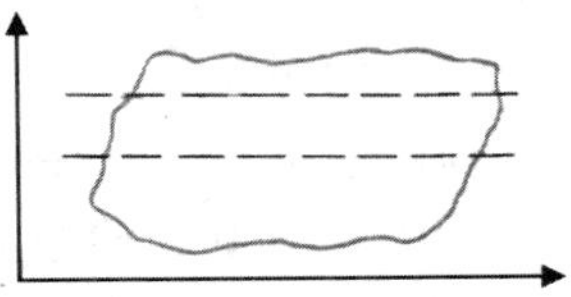	油井出水后造成原油乳化，黏度增加，从而增加了抽油杆摩擦，使图形肥胖。此种示功图与出油管线过长、回压过大、大油阀门关死或出油管线堵塞的示功图相似

续表

类型	图形	图形特点
油井产气示功图	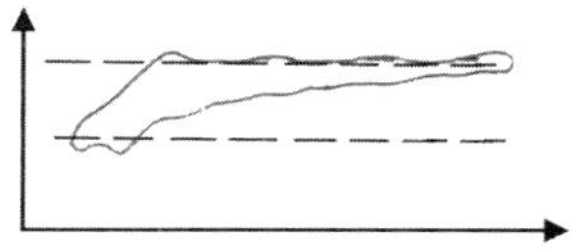	当光杆下行时，活塞下面的气体被压缩，出油阀不能立即打开，光杆不能立即卸载。当活塞下面的气体压力稍大于活塞上面的液柱压力时，出油阀才打开，光杆卸载；工作筒内气体越多则卸载线曲率越小；进入气体量越多，曲线半径越大。曲率中心在减载线的右下方
油井供油能力差示功图	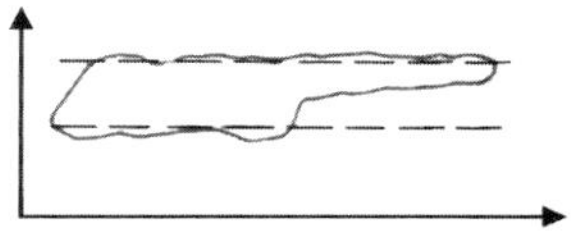	(1)因供油能力差，液体不能充满泵工作筒，使其下冲程杆不能及时卸载，只能当活塞碰到液面时才卸载，因此卸载曲率大。 (2)增载线与减载线平行
活塞向下撞击固定阀示功图	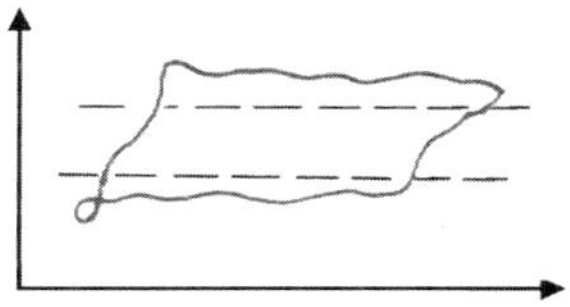	活塞下行到最末端，光杆负荷突然减小(小于抽油杆本身重量)，产生强烈的撞击震动，负载线呈波状。同时引起游动阀跳动，造成上冲程初期的瞬时漏失，示功图增载缓慢，形成一个环状的撞击"尾巴"
固定阀漏失示功图	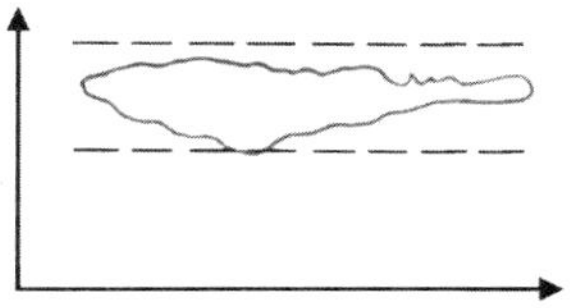	(1)减载线的倾角比泵正常工作时大，漏失越大倾角越大。原因是漏失使游动阀迟开，卸载延缓。 (2)漏失严重时泵不排油，下行线向上收缩趋于上行线，右上角比较尖，左上角变圆弧形，曲率中心在示功图内部，位于最低负载的左上方。这是与气体影响和液面低的示功图的主要区别
排出部分漏失示功图	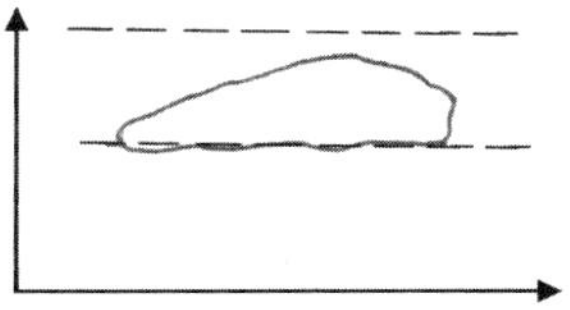	(1)在上冲程，因排出部分漏失，在工作筒内的液体的向上"顶托"作用，使光杆负荷不能及时上升到最大值，并使光杆未到上死点就卸载。漏失越严重，卸载越提前，右上角越圆滑。 (2)漏失量很大时，活塞始终不能离开液面的顶托，进油阀打不开，光杆负荷始终达不到最大值，泵不排油。 (3)增载线是一条向下凹的曲线，曲率中心在示功图的右下方

续表

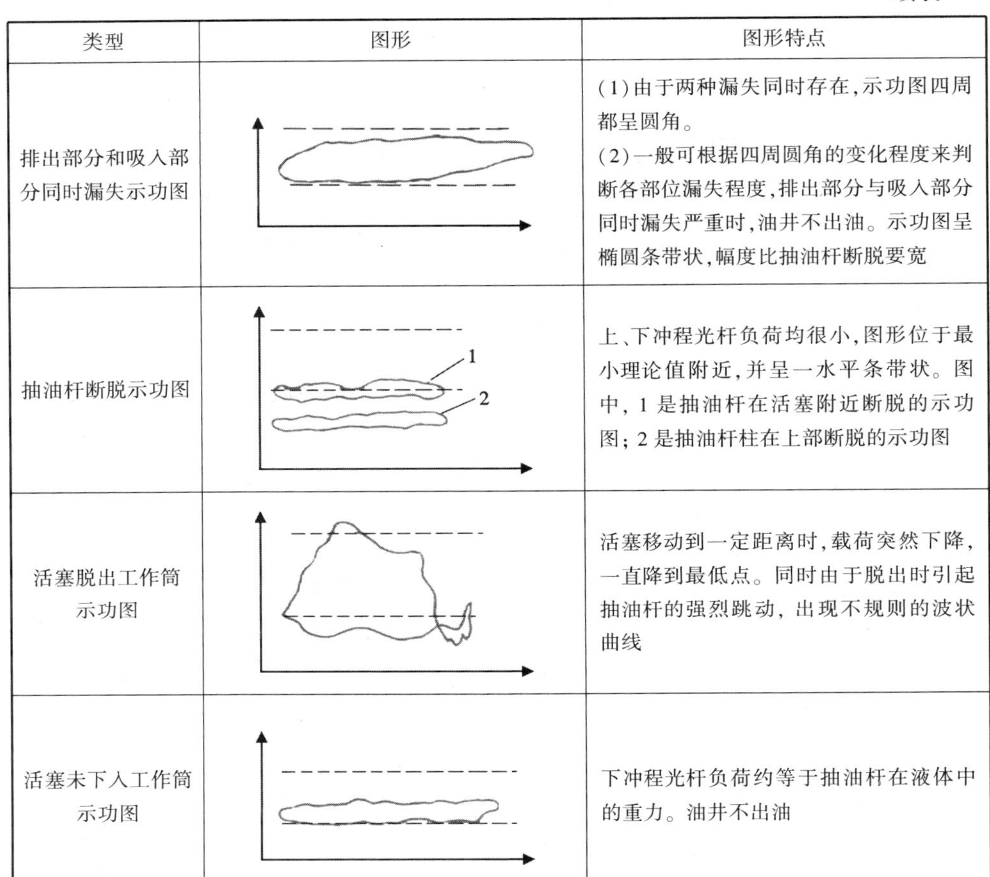

类型	图形	图形特点
排出部分和吸入部分同时漏失示功图		(1)由于两种漏失同时存在,示功图四周都呈圆角。 (2)一般可根据四周圆角的变化程度来判断各部位漏失程度,排出部分与吸入部分同时漏失严重时,油井不出油。示功图呈椭圆条带状,幅度比抽油杆断脱要宽
抽油杆断脱示功图	1 2	上、下冲程光杆负荷均很小,图形位于最小理论值附近,并呈一水平条带状。图中, 1 是抽油杆在活塞附近断脱的示功图; 2 是抽油杆柱在上部断脱的示功图
活塞脱出工作筒示功图		活塞移动到一定距离时,载荷突然下降,一直降到最低点。同时由于脱出时引起抽油杆的强烈跳动, 出现不规则的波状曲线
活塞未下入工作筒示功图		下冲程光杆负荷约等于抽油杆在液体中的重力。油井不出油

四、测井下液面

井下液面包括动液面和静液面。动液面是抽油井正常生产时, 在油套环形空间所测得液面深度。静液面指抽油井关井或停产后,待液面恢复稳定时,测得的液面深度。动液面与静液面之差(即它们之间的液相差的液柱高度),代表了抽油井的生产压差。

1. 测井下液面的目的

(1)确定抽油泵的沉没度 ($H_{沉}=H_{泵}-H_{液}$), 了解泵的工作情况。

(2)计算油层中部静止压力。

(3)计算油层中部流动压力。

2. 测井下液面的原理

利用声波在气体介质中传播时，遇到障碍物有回声反射的原理进行井下液面测量。若声波在井筒中的传播速度为 v，遇到障碍物回声反射至声源的时间为 t，则声源与障碍物之间的距离为 $S=vt/2$。

3. 测井下液面的深度

测量井下液面的深度是通过回声仪和声响发生器配合使用而实现的，声响发生器（有气枪式和火药式两种）发出声响，回声仪记录脉冲信号。测量时，回声仪通过电缆和热感收音器连接，当声响发生器在井口发出音响后，热感收音器就收到一个声波信号并把它转化为脉冲电流。此声波沿油套环形空间往下传，先碰到回音标，后碰到液面，碰到回音标和液面后声波反射回到井口。回音标反射的声波先到，液面反射的声波后到，回声仪依次接收。回声仪按炮声—回音标反射声波—液面反射声波的次序接收并记录下脉冲信号，形成一条记录曲线（图 9-9）。然后通过综合分析、整理、计算，便可求出井下液面深度。

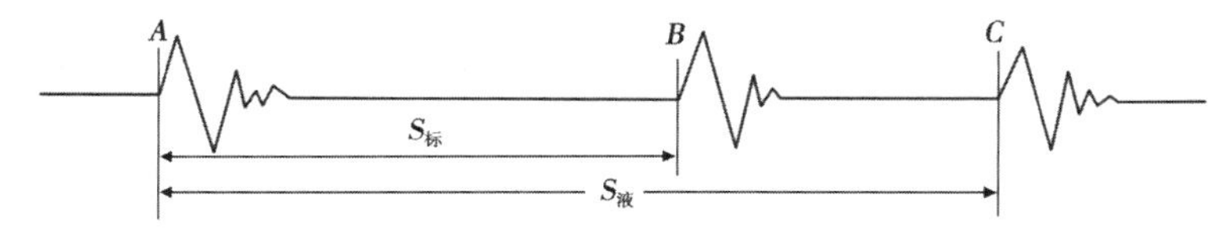

图 9-9　回声仪测量抽油井液面深度记录曲线

图中，$S_{标}$ 和 $S_{液}$ 分别为声波从井口到音标和液面，再反射到井口，记录笔在记录带上所走的距离（单位为 mm）。已知回音标下入深度为 $H_{标}$，则利用下式可计算出井下液面深度。

$$H_{液}=(H_{标}-H_{油补}-1/2H_{通})S_{液}/S_{标} \tag{9-5}$$

式中　$H_{油补}$——油补距，m；

$H_{通}$——采油树大四通高度，m。

第六节　案例分析

案例一　泵的抽汲能力制约压裂作用的发挥

实例 1　抽油机井参数小影响压裂效果

为提高油井生产能力，会经常对一些低产能、低泵效井进行压裂改造。而有些机采井在压裂后产液量得到提高，但由于没有及时调整生产参数、放大生产压差，影响压裂层作用的发挥，使含水率上升过快、效果变差。生产参数主要指：抽油机井的冲程、冲次、泵径，螺杆泵的泵径、转速。表 9–3 所示的就是一口抽油机井压裂前后的生产数据。

表 9–3 抽油机井压裂效果对比表

时间	产液量（t/d）	产油量（t/d）	含水率（%）	液面（m）	示功图	泵效（%）	冲程（m）	冲次（次/min）	泵径（mm）
压裂前	15	5	68. 5	853.2	供液不足	40. 1	3	6	44
压裂后	38	13	65. 2	井口	抽喷	101.8	3	6	44
压后一个月	37	8	78. 3	井口	抽喷	97. 2	3	6	44
压后三个月	35	5	84. 5	井口	抽喷	80.8	3	6	44

注：泵下入深度 926. 6m。

1. *效果评价及分析*

从这口抽油机井压裂前后的生产数据可以看出，压裂效果初期较好，但有效时间短。

压裂初期，该井产液量由 15t/d 上升到 38t/d，增加了 23t/d；产油量由 5t/d 上升到 13t/d，增加了 8t/d；含水率由 68. 5% 下降到 65. 2%，下降了 3. 3%；液面从 853. 2m 上升到井口，沉没度上升了 853. 2m。生产三个月后，产液量 35t/d，下降了 3t/d，基本稳定；产油量降至 5t/d，比初期下降了 8t/d；含水率升至 84. 5%，比初期上升了 19. 3%，由于含水率上升使压裂失去增油效果；液面在井口没有下降，供液能力比较强。产油量下降的主要原因是生产压差没有能够及时放大，层间矛盾加剧，含水率上升，影响了压裂层作用的发挥。

压裂效果及影响因素如下：

（1）油层得到改善，供液能力提高。这口井压裂后供液能力增强，压裂起到了一定的作用，液面从 853. 2m 上升到井口，沉没度增加了 853. 2m。从这一点认为压裂是有效果的，油层得到改善，渗流阻力减小，泄流面积增大，供液能力明显增强。

（2）抽汲能力过小，不能真正反映压裂效果。

由于这口井在压裂后下入了较小的抽油泵，再加上抽油机的参数小且没有及时放大，抽油机井的抽汲能力过低，限制了压裂层段作用的发挥。这口井在压裂后能量得不到释放，造成供液能力远远大于抽汲能力。

（3）井筒压力上升，层间矛盾加剧。

压裂后，由于泵的排液能力小，油层能量得不到释放，生产压差不能放大，导致井筒内压力上升、沉没度上升，层间矛盾加剧。高压、高含水层制约了压裂层发挥作用，使该井的含水率上升快，影响了压裂效果。

2. *存在问题*

（1）抽油机井的动液面过高，潜力很大，没能有效发挥。

(2)抽油机的泵径小、参数小,与油井的供液能力不匹配。

(3)由于排液效率低,层间干扰大,含水率上升速度快。

(4)压前泵效已达40%以上,压后,下泵设计没考虑增加液量后换大泵。

3. 下步措施

(1)首先进行调参。调大抽油机冲程、冲次,提高抽油机的抽汲能力,增加油井的产液量。

(2)应采取换大泵措施,提高油井的排液能力,降低油井的动液面。

(3)搞好与其连通注水井的分层注水工作,提高压裂层注水量,保证压裂层的能量得到补充。

实例2 抽油机井泵漏失导致压裂效果没发挥出来

机采井泵况的好坏直接影响油井的正常生产、措施效果。因为,泵况差,排液能力就差,压裂措施的作用就不能有效地发挥出来。泵况差主要是指抽油机井的抽油泵漏失、上下阀漏失、油管漏失、抽油杆断脱、油管断脱、脱节器断脱;电泵井卡泵、泵烧、泵轴断、泵漏失、测压阀漏失;螺杆泵井卡泵、漏失、抽油杆断脱等。如果压裂后泵况出现问题,都会造成机采井的排液能力下降,影响措施效果。表9-4所示的是一口抽油机井压裂后的生产数据,初期效果非常好,后来就是因为泵况变差使压裂失效。

表9-4 抽油机井压裂效果对比表

时间	产液量(t/d)	产油量(t/d)	含水率(%)	液面(m)	示功图	泵效(%)	冲程(m)	冲次(次/min)	泵径(mm)
压裂前	28	8	72.3	653.2	气体影响	45.9	3	6	56
压裂后	78	21	73.1	228.5	正常	81.6	3	6	70
压后15d	35	7	78.9	井口	漏失	36.2	3	6	70
压后两个月	33	7	79.6	井口	漏失	34.2	3	6	70

注:泵下入深度886.8m。

1. 效果评价及分析

从该抽油机井压裂前后的生产数据可以看出,压裂初期效果非常好,因泵漏使压裂措施失效 。

压裂初期,产液量由28t/d增加到78t/d,增加了50t/d;产油量由8t/d增加到21t/d,增加了13t/d;含水率由72.3%上升到73.1% ,仅增加了0.8%,稳定;液面深度由653.2m上升到228.5m,沉没度增加了424.7m,供液能力明显增强;泵工作状况由气体影响变为正常;泵效由45.9%提高到81.6% ,提高了35.1%。但是,在压裂开井后生产不长时间,泵出现漏失使产液量明显下降。与压裂初期对比,产液量下降了43t/d,产油量下降了14t/d,含水率上升了5.8%,液面上升到井口,泵效下降了45.4%。压裂效果由此变差。

压裂效果及影响因素如下：

(1)油层得到改善,生产能力提高。

这口井压裂起到增加生产能力的作用,从压裂开井初期的增产效果证实了这一点。认为压裂使油层得到改善,渗流阻力减小,泄流面积增大,油井的沉没度增加,生产能力明显增强。

(2)更换大泵提高排液能力。

这口井在压裂后直接下入比较大的泵,增大了抽油泵的排液能力。这口井压裂初期产液量、产油量、沉没度增加说明该井换大泵的措施是合理的。

(3)泵况变差,排液能力下降,影响了压裂增产效果。

产量下降主要原因是抽油泵漏失,排液能力降低。产量下降,液面大幅度上升,井筒内压力上升,导致层间矛盾加剧,含水率上升,压裂措施由有效变为无效。

2. 存在问题

(1)抽油泵生产不正常,造成油井的液面大幅度上升,含水率大幅度上升,产液量下降,产油量下降。

(2)从压裂开井初期的效果观察,液面较高,泵效较高,仍然有潜力可挖。

3. 下步措施

(1)立即进行作业检泵,恢复泵的排液能力。

(2)在液面较高的情况下,调整抽油机的冲次,进一步提高抽油泵的排液能力,增加油井的产液量。

(3)调整与其连通注水井的注水量,保证油井的能量补充。

案例二　注水井压裂无效分析

注水井压裂主要针对低注井、完不成配注的井。目的就是增加注水井注水量,提高注水效果。压裂无效主要是指措施后不增注或增注达不到方案设计的要求。注水井压裂无效的主要原因有:油层条件差、地层压力高、注入压力低、注入的水质差、地层未压开等。

注水井的压裂无效分析与采油井的不同。因为采油井的压裂无效可以通过很多生产参数变化分析出造成无效的具体原因,而注水井的生产参数少(主要是日注水量和注水压力),如果仅仅利用一两个生产参数的变化分析压裂无效的具体原因是比较困难的。

案例三　地层条件差,增注效果不好

有一口注水量特低的注水井,冬季由于气温低,使该井经常出现冻井的情况,

给注水井管理带来很大难度。另外,该井长期注水效果不好,使周围的油井一直受不到注水效果。为了提高注水量、解决冬季管理困难的问题,对该注水井采取了压裂增注措施。其压裂前后的生产数据如表9-5所示。

表9-5 注水井压裂效果对比表

时间	注水方式	注水泵压(MPa)	油管压力(MPa)	配注量(m^3/d)	实注量(m^3/d)
压裂前	正注	13.9	13.9	80	8
压裂后	正注	14.0	14.0	80	25
压裂后两个月	正注	13.8	13.8	80	17
压裂后四个月	正注	13.9	13.9	80	13

注:破裂压力15.1MPa。

1. 效果评价及分析

从表中的数据可以看出,压裂前该井是一口特低注的笼统注水井,压裂后效果不好。

为改善该井的注水状况,便于冬季管理,对其进行了压裂。压裂前,油管压力与注水泵压同为13.9MPa,全井配注量为80m^3/d,实注量为8m^3/d,因注水量特低,到冬季就关井停注。为提高注水效果,在入冬前进行了压裂增注,初期注水泵压、油管压力同为14.0MPa,配注量不变,实际注水量上升到25m^3/d;与压前相比,油管压力上升0.1MPa,实际注水量仅增加了17m^3/d。但时间不长,注水压力恢复至与压裂前一样,实际注水量下降至13m^3/d,与压裂前比仅增加5m^3/d,仍然属特低注井。由于这口井长期注水效果不好,周围的油井一直受效不好、产量低、地层压力低、沉没度低。

压裂效果不好的原因主要有以下几个方面:

(1)油层发育不好、渗透性太差。

该井射开的油层发育不好,地层条件差,渗透率低。压裂后地层虽有所改善,增加了注入面积,但注水量增幅不大。

(2)裂缝闭合,压裂失效。

通过这口井的压裂效果分析,在压裂初期见到一点效果,但随着压裂后注水时间的延长,注水量逐步减少,说明压裂产生的裂缝在很短时间就闭合,恢复到压裂前状态,增注效果失效。

2. 存在问题

(1)压裂后注水量仍然比较低,还是特低注水井。

(2)冬季管理难度大,易冻井。

3. 下步措施

(1)加强冬季生产管理,做到尽量多注水,但要防止冻井。

(2)提高注水泵压,在破裂压力允许的条件下尽量提高注水压力,提高注水量。

案例四　压裂有效期短,增注效果差

有一口二次加密注水井,由于注水量低、效果差,连通的油井一直见不到注水效果。根据这一情况,决定对其采取压裂增注措施,提高该井的注水量。压裂前后的生产数据见表9-6。

表9-6　注水井压裂效果对比表

时间	注水方式	注水泵压(MPa)	油管压力(MPa)	配注量(m^3/d)	实注量(m^3/d)
压裂前	正注	14.2	14.2	80	22
压裂后	正注	14.0	14.0	80	69
压后一个月	正注	14.3	14.3	80	35
压后两个月	正注	14.2	14.2	80	21
压后六个月	正注	14.3	14.3	80	25

注:破裂压力15.3MPa。

1. 效果评价及分析

从这口井压裂前后的生产数据表看,压裂初期效果较好,但有效期短,注水状况没有得到明显改善,属无效井。

压裂前,该井放大注水,泵压、油管压力都是14.2MPa,全井配注水量为80m^3/d,实际注水量仅为22m^3/d。压裂后开井初期,注水压力为14.0MPa,配注量不变,实际注水量上升到69m^3/d,增加了47m^3/d,压裂有效果。但时间不长实际注水量逐新下降,一个月后实际注水量降到35m^3/d,与压裂初期相比下降了34m^3/d;两个月后降到21m^3/d,与压裂前注水量接近,压裂失效。压裂有效期仅为一个月,没有达到提高注水效果的目的。

分析压裂有效期短的原因有以下几点:

(1)油层条件差,压裂增注期短。

由于该井开采的是差油层,地层发育、连通不好,渗透率低。压裂虽然改善了近井地带渗流能力,增加了渗流面积,短时间内增加注水量,但由于整个油层发育差,不能保持长期有效。

(2)注入大量不合格的水,使压裂失效。

如果注入水水质差,大量的杂质、乳化油就会随注入水一起进入油层造成堵塞,压裂井又不能进行洗井,同样会使注水量大幅下降,造成压裂失效。

2. 存在问题

这口井正常注水时的注水压力与破裂压力相差较大,油管压力还有进一步提高的余地。

3. 下步措施

(1)如果地层条件差,可以用提高注水泵压的方法提高注水量(在泵压允许的情况下)。

(2)对注入水化验,检查水质是否合格。如果注入不合格的水,应选择适当时机对该井进行洗井,排出堵塞物,恢复压裂效果。

案例五 油管漏失造成油井产液量大幅下降

1. 问题发现

有一口 GLB800-14 螺杆泵井,采油工在一次量油时,发现这口螺杆泵井的产液量突然下降。其他数据,除油管压力有所下降外基本正常。现将产液量变化前后的综合记录列成表格,具体情况见表 9-7。

表 9-7 螺杆泵井日生产数据表

时间	产液量(t/d)	产油量(t/d)	含水率(%)	油管压力(MPa)	套管压力(MPa)	电流(A)	回油温度(℃)	沉没度(m)	备注
2012 年 7 月 2 日	58	7	87.5	0.58	0.36	30	39		量油
2012 年 7 月 12 日	63	8	88.0	0.58	0.39	30	41	189.5	量油
2012 年 7 月 22 日	56	7	87.4	0.58	0.34	30	39		热洗扣 2.5h
2012 年 7 月 25 日	62	8	87.4	0.32	0.34	30	39		量油值低,借用
2012 年 7 月 26 日	62	8	87.4	0.32	0.35	30	39		量油值低,借用
2012 年 7 月 27 日	8	0	98.5	0.32	0.37	30	39		量油,产液量 8t/d,使用
2012 年 8 月 1 日	0	0	98.5	0	0.39	0	40		关井待检泵
2012 年 8 月 12 日	65	2	97.2	0.47	0.39	31	39		8 月 11 日检泵开井
2012 年 8 月 16 日	55	4	92.0	0.42	0.39	31	39	308.0	

注:螺杆泵下入深度 869.4m。

从列出的日生产数据变化表中可以看出,该井在 2012 年 7 月 12 日前产液量还是比较稳定的。2012 年 7 月 22 日到量油周期,因热洗没有进行。待热洗稳定 2d(即 2012 年 7 月 25 日)后再量油时发现产液量下降,其他数据变化不大,只是油管压力有所下降。后经两天核实,产液量仍然比较低。在第三天使用核实后的生产数据,产液量由 58t/d 下降到 8t/d,下降了 50t/d;产油量由 7t/d 下降到零;含水率由 87.5%上升到 98.5%，上升了 11%；油管压力由 0.58MPa 下降到 0.32MPa，下降了 0.26MPa；套管压力、回油温度、泵的工作电流变化不大。为了摸清产液量下降的原因，在 2012 年 7 月 27 日对其进行憋泵。具体憋泵数据见表 9-8。

表 9-8 该井憋泵数据表

时间(min)	正常生产	5	15	30	停机 10	开井
油管压力(MPa)	0.32	0.56	1.25	2.30	1.20	0.35
套管压力(MPa)	0.36	0.43	0.90	1.50	0.75	0.36

从憋泵数据表中可以看出，该井的憋压情况还是可以的。憋压 30min 后油管压力从 0.32MPa 上升到 2.3MPa，上升了 1.98MPa；停机 10min 下降 1.1MPa。从憋压情况看，螺杆泵工作正常，压力稳不住。在憋泵时还发现套管压力也跟着变化，即油管压力上升套管压力也上升，油管压力下降套管压力也下降。这说明油管的压力窜进套管，使套管压力随着变化，油管有漏失。

2. 诊断结果

诊断结果为油管漏失。

在 2012 年 8 月 10 日上作业检泵，起出油管后发现第 56 根油管螺纹刺漏。更换有问题油管后重新下泵起机，产液量得以恢复，但含水率出现了上升。

3. 原因分析

机械采油过程中如果井下油管、套管窜通，会使机械做功抽汲的一部分液量通过管柱泄漏点漏到油、套管环形空间，再通过泵的吸入口吸入，形成往复循环。这样，就使泵的扬程降低，井口产液量下降，无效功增大。由于泵的扬程降低，井口的油管压力下降，憋压上升缓慢，套管压力随着油管压力的变化而变化。如果油井开采的油层差异大，层间矛盾突出，一些高压、高含水层干扰着低压或差油层的出油。一旦出现问题影响油井的正常生产，层间矛盾就会加剧，待处理完恢复正常生产后液量比较容易恢复，含水率恢复就比较慢或不能恢复到以前的水平。

类似油管刺漏的问题还有油管挂密封不严等，都会使泵抽出的液体在油管、套管之间形成循环，造成产液量、油管压力等生产数据下降。

4. 采取措施

(1)检泵作业，检查井下的所有油管及螺纹。

(2)做好注水井的分层注水工作，减少层间矛盾，降低油井的含水率。

第十章 新工具新工艺

第一节 新工具介绍

一、防喷桥塞工具

随着油田开发不断深入，水力压裂技术已由单井增产、增注措施，逐渐成为低渗透储层勘探、开发的主体技术。随着新修订的《中华人民共和国环境保护法》(以下简称《环境法》)提出了“控制污染物排放总量”的相关规定，环境保护成为油水井作业施工的严峻考验。油管内防喷是环保施工的首要问题，在压裂过程中起下管柱、压后起下管柱、井口操作等各环节都要实施防喷措施。

外围直井缝网多段压裂管柱采用扩张式封隔器进行分层，采用内返排喷砂器进行不动管柱压裂。压后喷砂器可返排，但返排口不能再次封闭，因而卡具段不防喷。对此，应用工作筒堵塞器+底部丢手封隔器的防喷桥塞工具，见图10-1。

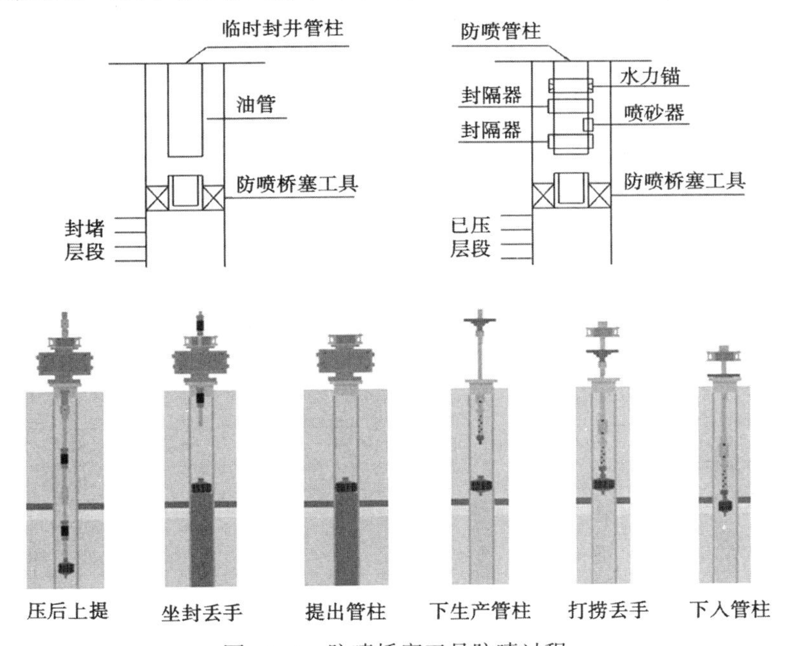

图10-1 防喷桥塞工具防喷过程

工作筒堵塞器位于卡具段上部，投堵后实现卡具段以上起管柱时防喷；底部丢手封隔器封位于管柱最下端，待全井压裂施工结束后活动开管柱，当卡具段上提到油层段以上时，旋转油管 4~5 圈，底部丢手封隔器坐封，上提管柱 6~8t（不包含管柱重量）丢手，此时封隔器封堵措施层，油管及环空实现防喷。待压裂管柱起出，下生产管柱实现底部丢手封隔器打捞和解封。在此过程中，将管柱上提到射孔井段以前，必须要配合投堵保证油管内防喷。

底部丢手封隔器的结构见图 10-2，技术参数见表 10-1。它可用于 5½in 井，接于酸化、压裂、补孔等管柱的下端，具有起管柱时防喷或临时封井等作用。它的特点如下：

（1）下压差可达到 25MPa；

（2）设有抗阻机构，遇阻不坐封；

（3）设有步进锁定机构，坐封牢固可靠；

（4）解封时可以先释放工具下面压力；

（5）允许探井深。

图 10-2 底部丢手封隔器

表 10-1 底部丢手封隔器的技术参数

最大刚体外径（mm）	114
工作套管内径（mm）	121~124
坐卡扭矩（N·m）	700
下压差（MPa）	25
工作温度（℃）	≤120
连接扣型	2⅞in UP TBG
丢开力（t）	6~8
解封力（t）	3~5

二、全通径压裂工具

外围油田采用常规压裂工艺，储层动用程度差，开发效果差，近两年缝网试验见到较好效果。但由于使用的阶梯式多层压裂管柱内通径小，节流损失大，施工排量和施工层数受限，限制了体积裂缝形成，影响压裂效果，而国内外没有成熟的管柱工具可借鉴，大庆油田自主研制了适用于大排量、多层、全通径的工艺管柱，实现高效、低成本致密油开发。

1. 结构

如图 10-3 所示，管柱结构主要由 K344 封隔器（2~7 级）、无套导压喷砂器（1 级）、导压喷砂封隔器（1~5 级）和水力锚等组成。

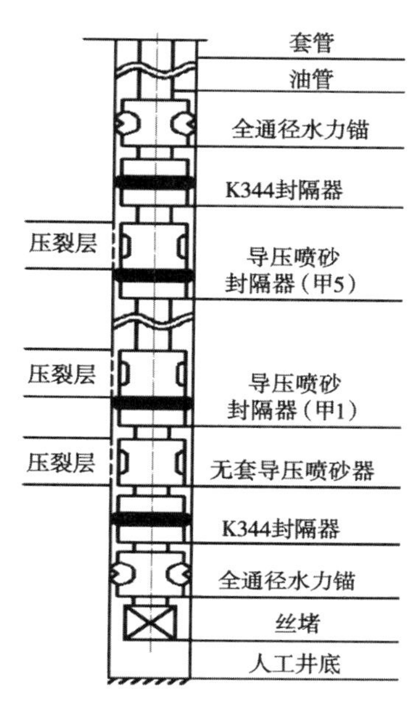

图 10-3 全通径压裂管柱

1）导压喷砂封隔器（封隔器部分）

如图 10-4 所示，该工具与导压喷砂器直接连接，构成一体式喷砂封隔器。封隔器部分主要由胶筒、中心管、上胶筒座和下胶筒座等部件组成。

图 10-4 导压喷砂封隔器（封隔器部分）

2）导压喷砂封隔器（喷砂器部分）

如图 10-5 所示，该工具与导压封隔器直接连接，构成一体式喷砂封隔器。喷砂器部分主要由上接头、导压主体、伞槽滑套、滤网和滑套等部件组成。

图 10-5 导压喷砂封隔器（喷砂器部分）

3）喷嘴总成

如图 10-6 所示，本层压裂结束后，投滑套喷嘴总成，打开上一层出砂口，封堵本层压裂通道；依次类推进行多层压裂施工。压后可同时返排。

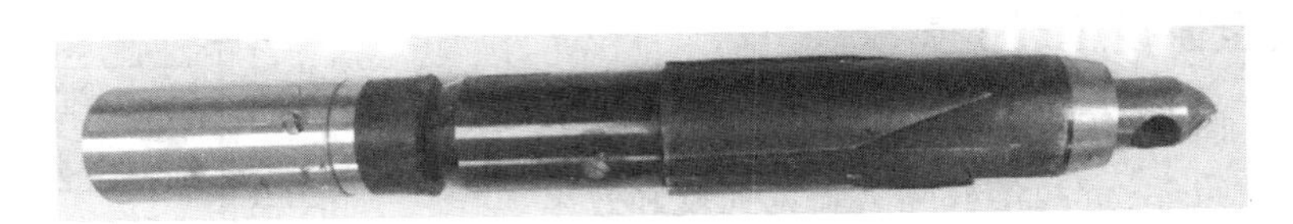

图 10-6　喷嘴总成

2. 工作原理

导压喷砂封隔器总长 2005mm。油管内加压，通过喷嘴产生节流压差，高压液体通过导压喷砂器导压通道进入胶筒，使胶筒膨胀，封隔器坐封。放掉油管内的压力，胶筒回收，封隔器解封。

3. 适用条件

(1)可不动管柱施工六层；

(2)工作温度 120℃，工作压力 70MPa；

(3)适用于外围地层。

三、水平井多段坐压管柱

水平井多段压裂常采用双封单卡层层上提的方式进行施工，施工一口水平井通常需 2～3d，单段压裂施工结束后，需进行压力扩散，返排后上提管柱进行下一段压裂，造成设备、人员、压裂车组等停，施工效率低、资源占用多。上提管柱过程中没有防喷措施，施工环境恶劣。在地层压力高区块施工时，若压后返排压力高，则不能立即上提管柱压裂下一段，需考虑防喷问题，只能延长返排时间或关井终止压裂施工，其余层段需第二次压裂施工或弃层，致使费用增加，影响增产效果。水平井多段坐压管柱的开发研制解决了这些问题，它可提高施工时效和压裂效果，满足油田开发压裂需求。

1. 结构

水平井多段坐压管柱结构如图 10-7 所示，管柱主要由安全接头、水力锚、SPJK344 封隔器(2～7 级)、侧壁节流喷砂器(1～6 级)和螺旋扶正器等组成。通过

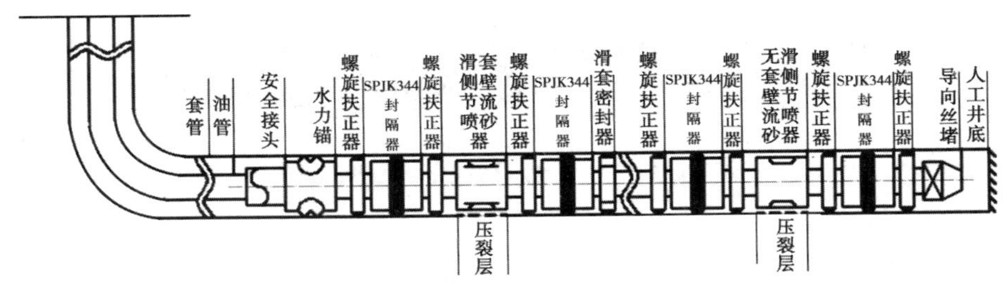

图 10-7　水平井多段坐压管柱结构示意图

油管打压,所有封隔器坐封,进行第一层压裂;然后,通过逐级投球打滑套进行以后层段的压裂。

1)SPJK344 封隔器

如图 10-8 所示,封隔器由胶筒、中心管、胶筒座、接头等部件组成。油管内打压,胶筒膨胀,封隔器坐封,放掉油管内的压力,胶筒回收,封隔器解封。

图 10-8 SPJK344 封隔器

2)侧壁节流喷砂器

如图 10-9 所示,喷砂器由主体、滑套、下接头、喷嘴等部件组成。

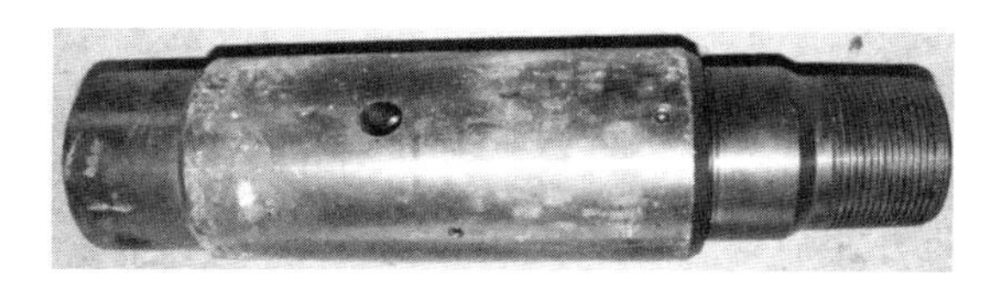

图 10-9 侧壁节流喷砂器

3)螺旋扶正器

如图 10-10 所示,螺旋扶正器的螺旋冲砂通道采用右旋方向设计,反洗能够提供较大的离心力,冲砂效果好。

图 10-10 螺旋扶正器

2. 工作原理

最下级不带滑套的喷砂器通过喷嘴直接压裂;上面各级先投球打套再进行压裂,滑套坐于滑套密封器内。

3. 适用条件

(1)不动管柱压裂 8 段;

(2)工作温度 120℃,工作压力 70MPa;

(3)适用于水平井压裂。

第二节　新工艺介绍

一、体积压裂(SRV)

体积压裂的英文全拼为 Stimulated Reservoir Volume,简写为 SRV。

截至 2011 年底,长垣外围探明石油地质储量 16.18×10^8t,剩余未开发储量 7.87×10^8t。这部分难采储量中又以低孔隙度、低渗透率、低丰度的扶杨、高台子油层所占比例最大,包括目前未动用储量(4.53×10^8t)及已开发区块的低效、无效储量(1.25×10^8t)两方面,为大庆油田特低渗透致密油储层有效动用重点区域。

自从 Bakken 油田突破常规理念,采用水平井体积压裂获得致密油储层产能突破,到 2011 年美国致密油产量已达 2700×10^4t。但是大庆油田致密储层的天然裂缝发育程度不同,增产改造理念可以借鉴 Bakken 油田,工艺方法不能直接应用。

体积压裂的基本原理如下:

超低渗透致密储层物性差、孔隙结构复杂、面孔率低、喉道细小,常规压裂技术很难达到预期的增产效果。压裂施工中可以通过优化排量、降低液体黏度等技术达到缝内净压力裂缝开启条件,使得沿主裂缝壁面延伸并沟通多条次生裂缝与微裂缝,最终在地层中形成复杂裂缝网络,从而大幅度提高压后单井产能。体积压裂示意图如图 10-11 所示。

图 10-11　体积压裂示意图

通过实验发现，净压力越大，应力差越小，越易形成体积裂缝；内摩擦角越大，内聚力越低，越易形成体积裂缝；应力差越小，内聚力越低，越易形成体积裂缝。内摩擦角和应力差与形成体积裂缝的关系图如图 10-12 所示。

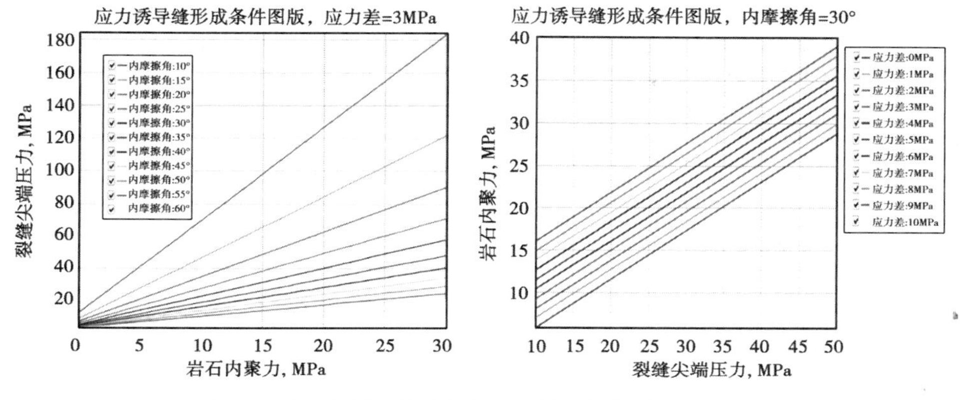

图 10-12　内摩擦角和应力差与形成体积裂缝的关系

通过体积缝起裂机理可以看出，尖端应力集中，塑性区内剪应力超过岩石抗剪切强度，在尖端形成应力释放缝。提高缝内净压力，降低应力差，有利于体积缝延伸。分段多簇、大排量、大液量、变液性（低黏滑溜水+清水）为主要控制方法。利用应力叠加理论，建立了水平井多缝延伸应力场变化模拟方法，能够实现不同物性条件下的多缝延伸的应力场干扰分析。

通过综合流体渗流规律和应力干扰分析，建立体积压裂工艺优选和压裂设计优化方法。

切割压裂：渗流方式为基质—主缝—井筒，启动压力越大、流度越低，连续有效渗流距离越小。

缝网压裂：改变渗流方式，即基质—缝网—主缝—井筒，缝网横向波及范围大，相当于增大连续有效渗流距离。

二、水平缝单砂体压裂

长垣二、三次加密井动用程度低，水井 43.4%小层不吸水，油井 44.6%的小层不产液。精细分层注水后，仍有 35.7%小层不吸水。主要原因如下：

（1）层间物性差异大导致注水不均衡，部分小层不吸水；

（2）储层物性差，目前井网条件油水井不能建立有效驱替。

1. 技术路线

如图 10-13 所示，注入端相当于并联电路，储层物性越差，电阻越大；通过压裂消掉压降,减小电阻,提高储层动用率。压裂方案设计如图 10-14 所示。

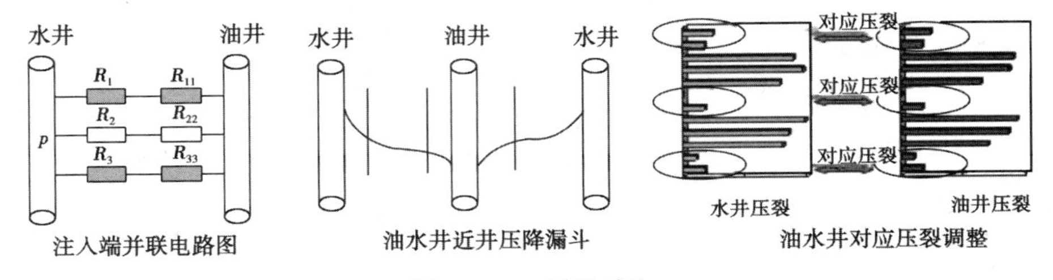

图 10-13 原理对比

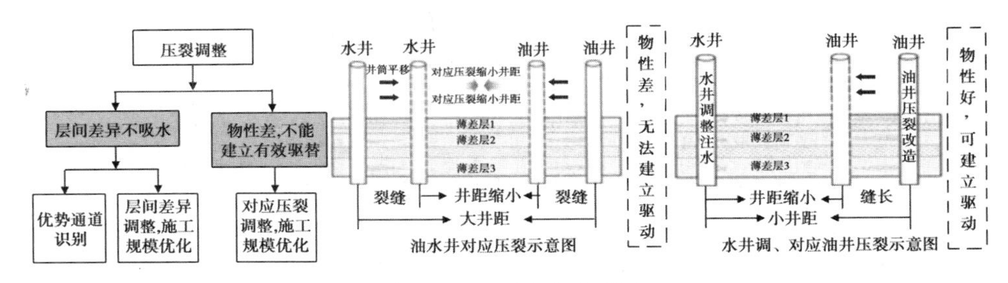

图 10-14 压裂方案设计

2. 技术目标

水井:减小层间渗透率引起的注水差异,改善吸水剖面。

油井:完善注采关系,提高储层动用程度。

解决大庆油田薄差储层由于层间矛盾、平面非均质性,导致整体注水开发效果差的难题。

3. 应用条件及范围

应用条件:层间差异导致小层吸水差异的储层;物性差,目前井距建立不起驱替的储层。

应用范围:长垣油田二、三类薄差储层。

4. 技术内容

(1)形成了对应精细压裂控制的设计方法(图 10-15)。

(2)建立了注水井调整层间差异的施工规模优化方法(图 10-16)。

目前分层注水同卡段内渗透率级差一般为 6~8 倍,当被改造的储层最小渗透率为 20mD 时,6~8 倍的渗透率级差, 30m 的改造规模就能控制不形成优势通道。

(3)对无法建立有效驱替的储层,形成与油藏井网相结合的压裂调整工艺(表 10-2)。

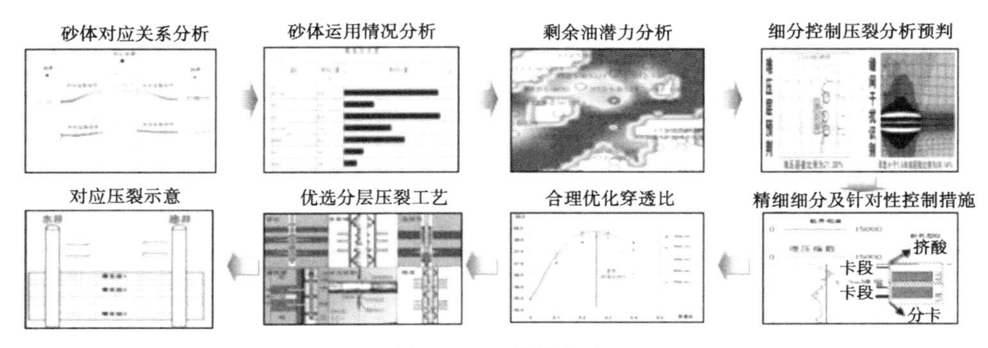

图 10-15 设计方法

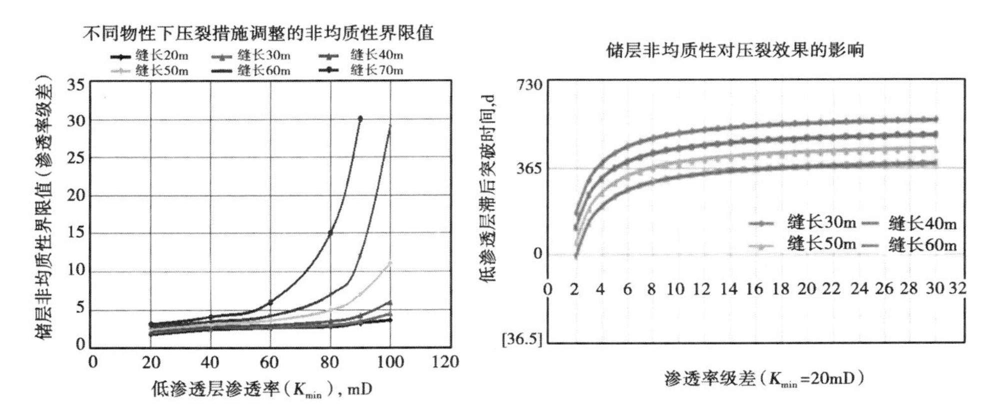

图 10-16 规模优化方法

表 10-2 压裂调整工艺参数

井距(m)	调整距离(m)	工艺控制
250	125	大规模对应调整
225	100	油水井对调
175	50	油水井对调
140	15	水井单压或对应调整
125	有效驱替井距	

(4)极限压裂工艺。

极限压裂:主要实施对象为动用程度低或未动用的三类薄差层(主要为杏树岗油田);选层上对全井80%以上的层位实施压裂改造(层数极限);工艺上实施最大

限度的细分卡段控制(单层单孔单压),保证每个小层得到改造(细分极限);参数优化依据缝长与采出程度关系曲线、油水井距、经济效益等条件实施规模最大化(规模极限)。

与常规压裂相比,极限压裂具有层数多、分卡细、规模大(液量大、砂量大)、破裂压力高、施工难度大等特征。

第十一章　标准化及创新工作

第一节　标准化基本知识

一、标准

标准为在一定范围内获得最佳秩序，对活动或其结果规定共同的和重复使用的规则、导则或特性的文件。该文件经协商一致，制定并经一个公认机构的批准。

标准应以科学、技术和经验的综合成果为基础，以促进最佳社会效益为目的。

二、标准化

标准化是指为在一定的范围内获得最佳秩序，对实际的或潜在的问题制定共同的和重复使用的规则的活动。

标准化活动主要是包括制定、修订、发布及实施标准的过程。标准化的重要意义是改进产品、过程和服务的适用性，防止贸易壁垒，并促进经济技术合作。

三、基础标准

基础标准是具有广泛的普及范围或包含一个特定领域的通用规定的标准。基础标准可作为直接应用的标准或作为其他标准的基础。

四、技术规范

技术规范是规定产品、过程或服务应满足的技术要求的文件。

必要时，技术规范应给出能够确定要求是否达到的方法。技术规范可以是标准、标准部分或与标准无关的独立文件。

五、规程

规程是为设备、结构或产品的设计、制造、安装、维修或使用而规定的操作或方法文件。

规程可以是标准、标准的一部分或与标准无关的独立文件。

六、认证

认证是由第三方对产品、过程或服务满足规定要求给出书面证明的程序。

七、认可

认可是由权威机构对有能力执行特定任务的机构或个人给予正式承认的程序。

八、采标方法与程度

1. 等同采用

等同采用指我国标准与国际标准的技术内容相同，没有或仅有编辑性修改，编写方法完全相对应。

2. 等效采用

等效采用指与国际标准的主要技术内容相同，技术上只有较小差异，编写方法可以不完全相对应。

九、世界标准日

1969 年 9 月，国际标准化组织（ISO）理事会发布 1969/59 号决议，决定把每年的 10 月 14 日定为世界标准日，作为全世界标准化工作者庆典标准的节日。当前国际上统称为“世界标准日”。

十、井下作业规程

井下作业拥有许多操作规程，以 SY/T 开头的各种作业标准，已经广泛地应用到各个基层队的施工当中，例如，SY/T 5873—2005《有杆泵抽油系统设计、施工推荐作法》，描述了各类工况、各种井型的施工标准，管理人员应该按照这些标准来提高施工质量。

此外，还有许多井下作业安全规定，例如，SY 5727—2014《井下作业安全规程》、SY/T 5856—2010《油气田电业带电作业安全规程》，管理人员应该熟读这些安全标准，按照标准上的规定来进行施工，保证施工人员的人身安全。

第二节　质量管理体系运行

一、全面质量管理的定义

质量有狭义和广义之分，狭义的质量就是产品的质量；广义的质量则除了产品质量外，还包括工作质量。

质量管理是为经济地提供用户满意的产品或服务所进行的组织、协调、控制、监察等工作的总称。它既有自己的一般发展过程，又随着生产技术的发展而发展。质量管理的发展一般经历了三个阶段，即传统的质量管理阶段（又称检验质量管理阶段）、统计质量管理阶段和全面质量管理阶段。

全面质量管理（Total Quality Control，TQC），就是企业全体职工及有关部门同心协力，综合运用管理技术和科学方法，经济地开发、研制、生产和销售用户满意产品的管理活动。

全面质量管理的核心是提高人的素质，调动人的积极性，人人做好本职工作，通过抓好工作质量来保证和提高产品质量或服务质量。

二、推行全面质量管理的目的

（1）养成善于发现问题的素质。

（2）养成重视计划的素质。

（3）养成重视过程的素质。

（4）养成善于抓关键的素质。

（5）养成动员全员参加的素质。

养成这些素质来期待完成企业的社会责任和经营发展目标。

三、全面质量管理的基础工作

全面质量管理的基础工作包括如下内容：

（1）标准化工作。

（2）计量工作。

（3）质量教育工作。

（4）质量责任制。

推行全面质量管理的工作需要做到如下内容：

（1）认真贯彻“质量第一”的方针。

（2）充分调动企业各部门和全体职工关心产品质量的积极性。

（3）有效地运用现代科学技术和管理技术，做好设计、制造、售后服务、市场调查等方面的工作，以预防为主，控制影响产品质量的各方面因素。同时要做到“三全”“一多样”，“三全”即全面、全过程、全企业的质量管理；“一多样”即所运用的方法必须多种多样。

四、全面质量管理的模式

全面质量管理常用的模式为戴明模式。

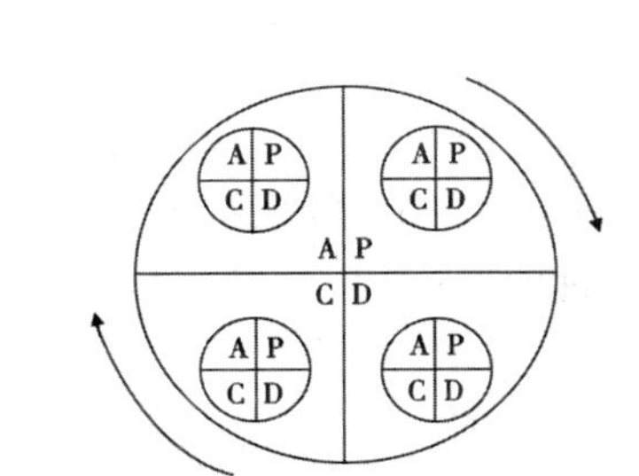

图 11-1　PDCA 循环模式

1. 戴明模式的定义

戴明模式是全面质量管理依据的管理模式。该模式由“计划(Plan)、实施(Do)、检查(Check)和改进(Action)”四个阶段组成,简称为 PDCA 循环模式(图 11-1)。它反映了质量改进和做各项工作必须经过的四个阶段。这四个阶段不断循环,因此称为 PDCA 循环。它是提高产品质量的一种科学管理的工作方法。

2. 戴明模式的基本指导思想

(1)一切为了用户。

(2)体系化综合管理。

(3)一切用数据说话。

3. 戴明模式的工作内容及步骤

PDCA 反映出四个阶段的基本工作内容:

(1)P 阶段。以提高质量、降低消耗为目标,通过分析诊断,制订改进目标,确定达到这些目标的具体措施和方法,即计划阶段。

(2)D 阶段。按照已制订的计划内容,克服各种阻力,扎扎实实地去做,以实现质量改进的目标,即执行阶段。

(3)C 阶段。对照计划要求,检查、验证执行的效果,及时发现计划过程中的经验及问题,即检查阶段。

(4)A 阶段。把成功的经验加以肯定,制定标准、规程、制度,巩固成绩,总结教训,克服缺点,即总结阶段。

这种 PDCA 的工作程序,一般情况下还可以具体分为以下八个步骤进行:

第一步:分析现状,找出存在的主要质量问题。对于存在的质量问题,要尽可能用数据加以说明。在分析现状时要坚决克服“没问题”“质量很好”等自满情绪。

第二步:诊断分析产生质量问题的各种影响因素。这就要逐个问题、逐个因素详加分析,切忌主观、笼统、粗枝大叶。

第三步:找出影响质量的主要因素。影响质量的因素往往是多方面的,从大的方面来看,可以有操作者、机器设备、检测工具、原材料、工艺方法以及环境条件等方面的影响因素。每项大的影响因素中又包含许多小的影响因素。要想解决质量问题,就要在许多因素中,全力找出主要的直接影响因素,以便从主要影响因素入手,解决质量问题。

第四步:针对影响质量的主要因素,制订措施,提出改进计划,并预计其效果。措施和活动应该具体、明确。一般应明确为什么(Why)要制订这一措施(或计划);

预计达到什么目标(What);在哪里(Where)执行这一措施(或计划);由哪个单位、由谁来执行(Who);何时开始,何时完成(When);如何执行(How)等,即通常所说的5W1H的内容。

以上四个步骤就是计划(P)阶段的具体化。

第五步:按既定的计划执行措施,即执行(D)阶段。

第六步:根据改进计划的要求,检查、验证实际执行的结果,看是否达到了预期效果,即检查(C)阶段。

第七步:根据检查的结果进行总结,把成功的经验和失败的教训都纳入有关的标准、制度和规定之中,巩固已经取得的成绩,同时防止重蹈覆辙。

第八步:提出这一循环还未解决的问题,把它们转到下一次PDCA循环的第一步去。

第七、八两步是总结(A)阶段的具体化。

五、全面质量管理的方法与图表

全面质量管理方法比较多,有排列图法与分层法、调查表法、因果图法、散布图法、直方图法、控制图法、关联图法、KT法、系统图法、矩阵图法、矩阵数据解析法、过程决策程序图法(PDPC)及箭头图法。下面简要介绍排列图法和因果图法。

1. 排列图

排列图是为寻找主要质量问题或影响质量的主要因素而使用的图。排列图是由两个纵坐标、一个横坐标、几个按高低顺序依次排列的长方形和一条累计百分比曲线组成的图。

排列图应用了关键的少数和次要的多数的原理。

2. 因果图

因果图是表示质量特性与原因关系的图。产品质量在形成的过程中,一旦发现了问题就要进一步寻找原因。采用开“诸葛亮”会的办法,集思广益,再把群众分析的意见按相互间的关系,用特定的形式反映在一张图上,就是因果图。因果图又叫特性要因图、石川图、树枝图、鱼刺图等。

第三节 QC小组操作指南

QC小组是企业实现全员参与质量改进的有效形式。组织开展好QC小组活动是技术人员参与本单位生产管理、提高效率的分内职责。

一、QC小组的含义

QC小组是在生产或工作岗位上从事各种劳动的职工,围绕企业的经营战略方针目标和现场存在问题,以改进质量、降低消耗、提高人的素质和经济效益为目的组织起来,运用质量管理的理论和方法开展活动的小组。

二、QC 小组活动的程序

(1)确定课题名称;
(2)小组概况;
(3)确定选题理由;
(4)质量因素现状调查;
(5)主要原因分析;
(6)制订对策;
(7)实施情况;
(8)效果分析;
(9)巩固措施;
(10)体会与打算。

三、QC 小组活动具体实施步骤

1. 准备工作

(1)本单位 QC 小组状况表。

(2)目前确定的活动课题(目标)。

2. 操作步骤

(1)对已组建的 QC 小组基本情况进行摸底了解,对成员情况、基本条件、以往活动简历、曾达到的水平和保持的现有成果等进行了解掌握。

(2)对已确定的课题内容和性质进行分析。

① 课题是上级业务部门指定的还是小组从现场生产实际存在的问题中选定的。

② 选定的课题本身是否符合质量管理标准,即一目了然、具体准确。

③依据所掌握的知识,初步评定课题的可行性、价值大小等。

(3)积极组织、参与小组活动,进行现状调查。

① 对收集调查的数据进行整理、分析,用数据说明问题存在的原因。

② 调查的方法要科学合理,常用的方法有调查法、列图表,排列图、直方图、控制图等。

(4)组织成员对调查的结果进行讨论分析,设定小组活动目标。

明确小组活动要把问题解决到什么程度(为以后检查活动的效果提供依据),并确定其量化值以及对制订目标理由作必要的陈述,使所有成员都能从中得到启发和坚定信心，最后用柱状图或折线图等形象地描绘出来。

(5)在问题调查、目标明确后，广泛发动小组成员开动脑筋(思路)分析原因。

找出究竟是什么原因造成的这个问题，可把所设想的全部要素(认为可能是产生问题的原因)一个一个地分析、判断，再逐个排除，确定出真正的原因。然后运用恰当的方法(因果图、单位图及关联图)经过反复分析，在最后确定的原因中，分头组织成员到生产现场去逐一验证、测试、测量，根据对问题影响程度的大小确定主要原因。

(6)针对主要原因制订对策。

① 首先让小组成员提对策，集思广益；

② 把所有提出的对策针对每一个原因加以分析确定；

③ 把选出的对策列表，为下一步实施对策提供依据。

(7)实施对策。

在对策制订后，组织成员按照对策表所指严肃、细致、认真、负责任地去实施，并对其过程和有关数据详细记录。在实施过程中若遇到困难进行不了，可组织成员讨论并制订新的对策。

(8)检查效率。

在对策表项目都实施后，把每个过程的记录数据和结果进行计算、对比、分析，确定完成程度及经济效益。

(9)制订巩固措施。

认真组织小组把措施中有效的措施内容巩固下去。

(10)总结及下步打算。

① 解决和没有解决的；

② 成功和不足的地方；

③ 编写本次小组活动报告(成果报告)。

第四节 技术革新操作指南

一、指导思想

以科学发展观为统领，深入贯彻大庆油田公司“自主创新、重点跨越、支撑发展、引领未来”的科技指导方针，以科技创新为核心，以解决制约油田发展的技术难题为着力点，遵循安全环保、节约成本和提高工作效率的总原则，注重技术改进、强调技术应用、突出技术创效，不断提升全员创新能力，为保障油田稳产，推进跨越发展，打造国际水平井下公司提供强力支撑。

二、工作目标

打造企业技术革新、科技创新新局面,形成技术革新成果的系列化、有形化、产品化、产业化,促使技术革新成为推动企业发展的动力;探索高技能人才培养的新模式,培养压裂、机械加工等专业的技能专家,建立师徒技能传承制度,形成覆盖井下作业领域的技能传承与推广体系。

三、革新进程

(1)提出革新目的,讨论革新成功率,建立初步图纸,讨论革新实体的具体结构与革新过程。

(2)在简易图纸的情况下讨论革新实体的结构及形状,确定革新实体的设计方案,汇报原件购买情况。

(3)讨论革新实体的安全性,对革新实体的测试体进行测试,发现的问题及需要改善的地方做详细记录。

(4)在施工现场进行使用,对雏形成品的试用效果进行评估。

(5)申报推广试验使用。

四、日常管理

(1)革新计划管理。年初在大队范围内征集技术革新课题,技术革新工作室向技术发展部申报技术革新项目。

(2)革新经费保障。技术革新工作室可根据工作需要提出物料采购或加工制作申请,由技术发展部审批、实施。

(3)革新技术支持。定期为技术革新工作室配备相关专业图书资料,组织技术革新人员参观学习、技术交流;工程地质技术大队、信息中心等相关技术人员对技术革新工作室开展理论指导及技术指导;技术革新专家组组织人员论证,推进技术革新成果定型。

(4)试用推广保障。技术革新工作室及基层小队的技术革新成果在大队范围内共享,同一类型、同一功用的技术革新成果经专家论证定型后执行统一标准。

(5)革新成果固化。大队推荐优秀技术革新成果参评分公司、油田公司技术革新成果奖,申报国家发明专利或实用新型专利。

五、申报成果要求

(1)申报革新成果需填报《油田公司重大技术革新成果评审报告》,一式一份,要求内容真实、表达准确,数据齐全、格式规范,图片对照、原理有形,效益可信、分析合理。报告须单位领导审核签字、加盖单位公章(或单位科技管理部门公章),并将此报告纸质件报至油田公司技术发展部。

(2)申报单位需上报本单位纸质件和电子件各1份。各单位须提前一天将本单位的革新文件夹复制到会场计算机内,以供评委们使用;在汇报的PPT中,革新成果的技术原理须清晰、准确、科普地表达出来。

(3)预验收形式:现场会议验收与函评验收相结合,即各专业不交叉,而是分专业统一集中到某固定地点,由革新人结合多媒体现场演示革新成果实物,并完成答辩。

第五节 案例分析

案例:运用QC方法降低烧电动机事故率

目前,抽油机井所占比例逐年增加,抽油机的动力装置电动机的故障率逐年增加,为保证油田的高效益可持续发展,在依靠科学技术的同时,还要依靠科学的管理方法来强化管理。

1. QC小组概况

QC小组概况见表11-1和图11-2。

表11-1 QC小组成员明细表

职务	姓名	年龄	文化程度	成员分工
组长	韩××	29	大专	全面协调
组员	王××	28	大专	组织协调
组员	卢××	40	中专	设备安装及维修
组员	褚××	26	大学	设备安装及维修
组员	康××	28	中技	设备安装及维修
组员	常××	26	中技	设备安装及维修
组员	张××	29	中专	资料整理

(1)2007年,某采油队共烧电动机8台,按平均每台11500元算,经济损失达9.2万元。同时,还给生产管理带来了很大的工作量,浪费了大量的人力、物力,企业损失较大。

(2)烧电动机问题存在着普遍性。某单位共有12个采油队,据统计2007年烧电动机121台。

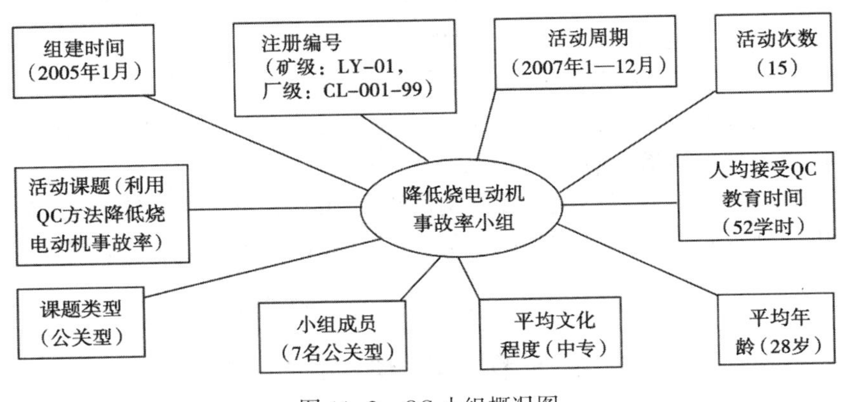

图 11-2　QC 小组概况图

(3)目前,企业管理从生产数量型向质量效益型转变。为保证"少投入、多产出,走质量效益型发展道路"的厂质量方针,需加强管理,从管理中要效益,降低故障率,减少成本消耗。

(4)活动目标值:确定烧电动机事故率从去年的 14.2%(8 台)降为 3.5%(2 台)。

2. 分析基本情况

通过对某采油队 2007 年烧电动机情况统计分析和调查验证,基本上找出了烧电动机的因素(表 11-2)。

表 11-2　烧电动机的因素统计表

序号	烧电动机的因素	频数	累计频数	频率(%)	累计百分数(%)
1	配电箱缺少保护装置	6	6	75.0	75.0
2	电动机绝缘老化	1	7	12.5	87.5
3	电动机轴断	1	8	12.5	100.0

由以上统计表可以看出,存在问题最大的是电动机配电箱缺少保护装置,其累计频率达到 75.0%,对此,找出了五个方面的 11 项因素。为了找出主要因素,QC 小组聘请了有经验的电器责任工程师和小组成员一起,用 0、1 评分法,对 11 项因素进行了原因重要程度评价,重要打 1 分,次要打 0 分。因素重要程度评分见表 11-3。

表 11-3　因素重要程度评分表

委员	电工新转岗水平低	领导缺少专业知识	空气开关选择不合理	四功能保护箱易损坏	电脑保护器易损坏	热继电器为单相保护	电器元件质量不好	缺少断相保护	缺少电容补偿	环境温差大导致失灵	刮风、下雨雪导致损坏
韩××	0	1	1	1	1	1	1	1	1	0	0
王××	1	1	1	1	1	1	1	1	1	0	0
卢××	0	0	1	1	1	1	0	1	1	0	1
康××	0	0	1	1	1	1	0	1	1	1	0
褚××	0	0	1	1	1	0	0	1	1	0	1
张××	1	0	0	1	1	1	0	1	1	0	0
常××	1	0	1	1	1	1	1	1	1	1	1
方××	0	0	1	1	1	1	0	1	1	1	0
总分	3	2	7	8	8	7	3	8	8	3	3

通过评分，确定了如下 6 条主要因素：

(1)空气开关选择不合理；

(2)四功能保护箱易损坏；

(3)电脑保护器易损坏；

(4)热继电器为单相保护；

(5)缺少断相保护；

(6)缺少电容补偿。

3. 制订对策

根据某采油队抽油机井配电箱种类和实际情况，QC 小组进行了功能方案对比，详见表 11-4。

表 11-4　功能方案对比表

种类	保护功能	所占比例	缺点	优点
磁力启动器系统	过载保护	75%	保护少	线路简单，价格便宜
电脑保护器配电箱	过载保护、短路保护、断相保护	11%	不适应恶劣环境，易损坏，不易修复，价格昂贵	体积小，保护功能全
四功能保护配电箱	过载保护、短路保护、断相保护、自动启机	9%	线路复杂，元件多，易损坏，不易维修，价格贵	保护功能全

4. 实施对策

根据制订的对策，截止到 2007 年 3 月 1 日，QC 小组逐步完成了各项措施，具体实施对策见表 11-5。

表 11-5　对策措施表

项目	要因	措施内容	目标	实施人	完成时间
设备原因	空气开关选择不合理	选择过载保护和短路保护，合理选择容量，使匹配合理	100%	韩×× 卢××	2007 年 2 月 5—15 日
	电脑保护器易损坏	拆除改造	100%	康×× 常××	2007 年 2 月 10—28 日
	四功能保护箱易损坏	拆除改造	100%	康×× 常××	2007 年 2 月 10—28 日
材料原因	热继电器为单相保护	改用三相式保护的热继电器	加强过载保护	韩×× 常××	2007 年 2 月 15—25 日
方法原因	缺少断相保护	加装一个中间继电器	杜绝缺相烧电动机现象	康×× 常××	2007 年 2 月 15—25 日
	缺少电容补偿	加装一个电容器	减少电动机启动负荷，延长电器使用寿命	常×× 褚××	2007 年 2 月 15—28 日

（1）针对空气开关选择不合理问题，QC 小组严格进行了选择，选择沈阳低压开关厂出的 DZ10-100/380、DZ10-250/380 两种型号。根据电动机的功率，进行合理匹配，杜绝大配小或小配大现象，具体如下：

①30kW 配备 DZ10-100/380 60A 型空气开关；

②40kW 配备 DZ10-100/380 80A 型空气开关；

③45kW 配备 DZ10-100/380 100A 型空气开关；

④55kW 配备 DZ10-250/380 120A 型空气开关；

⑤75kW 配备 DZ10-250/380 140A 型空气开关。

（2）针对电脑保护器和四功能保护箱易损坏失灵的问题，根据现场使用环境和不易维修及缺少配件等原因，把原箱配件拆除，改为新型配电保护系统。

（3）针对热继电器为单相保护的问题，采取更换为带三相保护的热继电器，加强保护功能，型号为 JR16-150/3D，并按电动机功率匹配为 85A、120A、160A 三种：

①30kW、40kW 采用额定电流为 85A 的 JR16-150/3D 热继电器；

②45kW、55kW 采用额定电流为 120A 的 JR16-150/3D 热继电器；

③75kW 采用额定电流为 160A 的 JR16-150/3D 热继电器。

（4）针对缺少断相保护的问题，在线路中加装一个中间继电器，把 a、c 两相控制小线以外的 b 相引入线圈，使任意一相熔断器烧都能立即断相保护停机，杜绝两相运转烧电动机事故（中间继电器为 10A，价格 20~30 元）。

(5)针对缺少电容补偿的问题,加装一个三相移相式电容器进行电容补偿,保护电气设备免受启动大电流的冲击,保护电动机,延长电动机使用寿命,而且能达到减少网络电压波动大和节能的效果。

5. 分析效果

(1)统计分析:通过 QC 小组全体成员的努力工作,这种保护性强的配电箱在采油队得到实际应用,经过检验,烧电动机的事故率明显下降。于 2007 年 12 月 15—20 日对烧电动机的因素重新进行了调查分析,效果见表 11-6。

表 11-6 效果对比表

项 目	措施前频数	措施后频数	差 值
配电箱缺少保护装置	6	0	6
电动机绝缘老化	1	0	1
电动机轴断	1	1	0
累计频数	8	1	7

从上表明显看出,措施前后截然不同,出现问题的频率明显下降,配电箱缺少保护装置因素,造成的烧电动机的事故率降为 0。截止到 2007 年 12 月,烧电动机一台,烧电动机事故率为 1.75%,达到目标要求。

(2)经济效益:从经济效益上看,由于烧电动机事故率的降低,减少直接损失 8.05 万元,并且提高了油井的时率,保证了产量的完成,减少工程维修费用,具有较高的间接经济效益。

6. 巩固措施及标准化

为了巩固 QC 小组取得的成果,小组成员对本次活动所采取的措施进行了认真总结,制订了以下标准措施:

(1)编制《多功能保护配电箱的配备说明及维修手册》,应用在生产实际中。

(2)加强岗位练兵和技术培训,提高采油工及电工的日常巡回检查能力。

(3)加强配电箱的维修保养工作,制定维修保养制度,做到旬检查、月保养。

(4)将岗位工人对配电箱的维修保养工作作为考核内容,与奖金挂钩,强化管理。

7. 下步打算

这次 QC 小组活动,取得了一定的成绩,员工认识到了 QC 在生产管理中的重要性。同时,也看到生产管理工作中,还存在很多的问题。例如,抽油机井皮带消耗较大,成本较高。因此,下步将针对“延长抽油机井皮带使用周期”这一课题进行活动,目标值为由平均使用周期 102d 延长到 150d。

第十二章　井下作业安全生产

加强劳动保护，抓好安全生产，保障职工安全和健康，是我们党和国家的一贯方针，也是油田生产管理的一项基本原则。特别是井下作业属于野外作业，环境艰苦，工艺复杂，工序繁多，生产过程中危险性较大，保障安全生产尤为重要。多年来的经验说明，安全生产必须从预防入手，而预防又必须从教育抓起。普遍提高广大员工的安全意识，是搞好安全生产的根本保证。

第一节　HSE 基本知识

一、HSE 管理体系

HSE 管理体系简而言之是一种管理模式，也是一个系统工程。HSE 是健康、安全、环境三个英文单词第一个字母大写的缩写，它把人的健康、安全、环境综合成一个体系，三者为一体的系统工程，三者相互依存，缺一不可。HSE 管理体系已被国际各大石油公司认可，成为国际惯例，具有突出的行业特点，适用于石油、石化行业，把健康、安全与环境三个不同的领域进行一体化管理，是企业管理领域的较大变革。

健康（Health）、安全（Safety）与环境（Environment）管理体系主要用于各种组织、单位，通过经常和规范化的管理活动，实现健康、安全与环境管理的目标，目的在于指导组织建立和维护一个符合要求的健康、安全与环境管理体系，再不断评价、评审和审核体系活动，推动体系的有效运行，达到健康、安全与境管理水平不断提高的目的。

二、井下作业的危害和风险识别

确定危险及其危害和影响是进行风险管理的第一步。首先确定井下作业施工在前期准备的各环节、自然和社会环境条件等对施工的影响，然后根据作业活动的自然状态和保证条件进行一一识别，从而确定是否存在危害。可以说 HSE 风险贯穿于井下作业施工的全过程，因此，“危害及其影响”的确定，应考虑投资、规划、建设、扩大再生产和技术改造等各阶段；常规和非常规工作环境和操作条件；事故及潜在的紧急情况；人为因素，包括违反健康、安全、环境管理体系要求等；丢弃、废弃、拆除与处理；以往活动遗留下来的潜在危害和影响等。

从事井下作业生产的公司对现有设施进行评价和风险管理时，应考虑所评价项目的优先顺序，在确定对现有设施进行评价的优先顺序时，可考虑下列因素：

(1)有常住人员的设施，例如，在浅海设施上的简易住房、平台上的简易住房和更复杂的居住设施。

(2)易燃、有毒或对环境有害和影响安全的材料的种类和数量。

(3)需要协调作业的区域。

(4)操作条件特殊，如高压、强腐蚀液体或其他由于出砂量大或高流速等条件引起严重腐蚀和侵蚀的设施。

(5)靠近环境敏感区的设施。

三、井下作业 HSE 作业指导书

1. HSE 作业指导书

HSE 作业指导书是基层组织运行 HSE 体系的具体表现，是预防事故(风险评估与管理)的有效措施，由生产指挥者和管理人员、专家和有经验的岗位操作能手、规章制度起草者共同编写开发的基层程序文件草案，报上级 HSE 委员会审核批准发布执行。HSE 作业指导书文件主要针对工艺操作和岗位进行危险识别，规范人的行为，消除或降低风险。由于有岗位操作能手参与编写，指导书可操作性强，能更好地贯彻执行。

2. HSE 作业指导书的基本要求

(1)文体描述是否和 HSE 管理体系要求的法律法规格式一致。

(2)内容是否符合中国石油《关于 HSE 作业指导书编写指南(试行)的通知》的文件要求 。

(3)是否清晰描述本单位的生产工艺过程或工序环节、危险点源分布、岗位构成和相互关系。

(4)对岗位规范具备 HSE 规定的最低要求。

(5)是否对所有作业和岗位操作、危险点源进行风险识别，准确把握住了多险削减和控制措施在施工中与岗位的接口关系。

(6)记录和考核实际操作状况，体现全过程持续改进的指导思想。

3. HSE 作业指导书的发布与实施

二级单位组织评审认可后，由二级单位最高领导签署发布。

四、个人保护

井场施工作业属危险作业，加强劳动保护十分重要，劳动保护用品是人身外层的最佳保护。据美国职业安全协会统计,89.7%的险情因劳动保护用品遮挡而未造成伤害。正确使用劳保用品包括识别标准、穿戴方法、保管和维护等。识别劳动保护用品的方法:查看生产许可证和产品质量合格证。

1. 安全帽

安全帽验电绝缘,无失效期限制,若发现软化,变形,裂纹立即更换。国际上白色安全帽表示持有安全证,蓝色安全帽表示无证,黄色安全帽表示新员工, 颜色差别以示警觉。

2. 安全带

尾绳静载负荷2450kg,尾绳长度3m,高空作业尾绳缩短至1.5m。

3. 手的保护

手套:要耐酸、耐碱、耐热(热工作业)、耐冻(液氮作业)。电工用绝缘手套,电焊工用皮质手套,钢丝绳作业用皮手套,管柱装卸用布手套 。

4. 脚的保护

穿长筒工靴。长筒工靴硬头防砸(1kg铁球2m高自由落体不伤脚趾),鞋底脚心部位内层隐夹钢片,防止鞋底断裂伤脚。

5. 工作服装

中国石油工作服按身材分大、中、小三种型号,选择防火面料,颜色为杏黄色并有"CNPC"标志。这种工作服在国际合作中被认可,但是,要求衣裤连体,颜色还应该区分开,管理者与岗位工人着不同颜色工装。根据作业环境的需要,应备围裙、袖套及鞋罩等。

6. 呼吸器官的保护

佩戴口罩、面罩、防毒面具、正压式呼吸器(进入有毒、缺氧的空间必须使用,气瓶有15min及30min的供氧量)。

第二节　井控基本知识

一、井控的概念

井控,又称井涌控制(Kick Control)或压力控制,是指采取一定的方法控制井内压力, 基本保持井内压力平衡,以保证井下作业的顺利进行。总而言之,井控是实施油气井压力的控制,就是用井眼系统的压力控制地层压力。

二、井控的分级

根据井涌的规模和采取的控制方法不同,把井下作业井控分为三级,即初级井控(一级井控)、二级井控、三级井控。

初级井控：依靠井内液柱压力来平衡地层压力，使得没有地层流体侵入井筒内，无溢流产生。

二级井控：依靠井内正在使用的压井液不足以控制地层压力，井内压力失衡，地层流体侵入井筒内，出现溢流和井涌，需要及时关闭井口防喷设备，并用合理的压井液恢复井内压力平衡，使之重新达到初级井控状态。

三级井控：发生井喷，失去控制，使用一定的技术和设备恢复对井喷的控制，也就是平常所说的井喷抢险，可能需要灭火、邻近注水井停注等各种技术措施。

一般地说，在井下作业时要力求使一口井经常处于初级井控状态，同时做好一切应急准备，一旦发生溢流、井涌、井喷，能迅速地做出反应加以解决，恢复正常修井作业。

三、井下各种压力的概念

1. 压力

压力是指物体单位面积上所受的垂直力。压力的单位是帕，符号是 Pa。1Pa 是 $1m^2$ 面积上受到 1N(牛顿)的力时形成的压力，即 $1Pa=1N/m^2$。

根据需要，压力的单位通常用千帕(kPa)或兆帕(MPa)。

1kPa=1×103Pa，$1MPa=1\times10^6Pa$。

2. 静液压力

静液压力是由静止液体重力产生的压力，其大小取决于液柱密度和垂直高度。

静液压力的计算公式为：

$$p=\rho gH \tag{12-1}$$

式中 p——静液压力，Pa；

ρ——液体密度，kg/m^3；

g——重力加速度，$9.81m/s^2$；

H——液柱垂直高度，m。

3. 地层压力

地层压力是地下岩石孔隙内流体的压力，也称孔隙压力。

地层压力又分为正常地层压力和异常地层压力。

正常地层压力是指地下某一深度的地层压力等于地层流体作用于该处的静液压力，正常地层压力梯度为 9.8~10.496kPa/m 或压力系数为 1.0~1.07。

异常地层压力不同于正常地层压力，它分为异常高压和异常低压。一般情况下，地层压力梯度小于 9.8kPa/m 或地层压力系数小于 1 的地层即为异常低压地层；地层压力梯度高于 10.496kPa/m 或地层压力系数大于 1.07 的地层即为异常高压地层。

4. 井底压力

井底压力是指地面和井内各种压力作用在井底的总压力。

井底压力以井筒液柱静液压力(静液柱压力)为主,还有压井液的环空流动阻力(环空压力损失)、侵入井内的地层流体的压力、激动压力、抽汲压力、地面压力等。井底压力随作业工序不同而变化。

5. 压差

压差是指井底压力和地层压力之间的差值。

$$\Delta p = p_1 - p_r \quad (12-2)$$

式中 p_1——井底压力,MPa;

p_r——地层压力,MPa。

当井底压力大于地层压力,即 $\Delta p>0$,称为正压差;当井底压力小于地层压力,即 $\Delta p<0$,称为负压差。正压差通常可称为超平衡,负压差可称为欠平衡。

在作业过程中控制井底压差是十分重要的,井下作业就是在井底压力稍大于地层压力,保持最小井底压差的条件下进行的,既可提高起下管柱速度,又可达到保护油气层的目的。

6. 抽汲压力

上提管柱时,管柱下端因管柱上升而空出一部分环形空间,井内液体应该向下流动而迅速充满这个空间,但由于管柱内外壁与井内液体之间存在摩擦力,并且井内液体具有一定的黏度,从而对井内液体向下流动产生一定的阻力,不能迅速地充满空出的空间,从而使井底压力降低。抽汲压力就是由于上提管柱而使井底压力减小的压力。抽汲压力值就是阻挠井内液体向下流动的阻力值。由于抽汲压力的存在,使得井内液体不能及时充满上提管柱时空出来的井眼空间,这样在管柱下端就会对地层中的流体产生抽汲作用,而使地层流体进入井内造成油气水侵。

影响抽汲压力的主要因素如下:

(1)起管柱速度越快,随同管柱一同上行的液体就越多,抽汲压力就越大;

(2)井内液体黏度、切力越大,向下流动的阻力就越大,抽汲压力越大;

(3)井越深,管柱越长,随管柱一同上行的液体就越多,越不能及时充填空出的井筒空间,因此抽汲压力就越大。

7. 激动压力

下放管柱时,挤压管柱下端的液体向上流动,同样由于井内液体具有一定的黏度与切力,管柱内外部与井内液体之间存在摩擦力,从而对井内液体向上流动产生一定的流动阻力,使井内液体难于向上流动,从而使井底压力增加,形成激动压力。

激动压力就是由于下放管柱而使井底压力增加的压力,激动压力值就是阻挠井内液体向上流动的阻力值。

四、井控设备的组成

1. 井口装置

井口装置是安装在井口上的设备的统称,包括完井井口装置和作业时的防喷装置,这些设备必须能满足油气井压力控制的要求。

1)完井井口装置

完井井口装置分套管头、油管头及采油树三部分。连接方式有螺纹、法兰和卡箍三种。

(1)完井井口装置的下部称套管头。其作用是将外部的各层套管与油层套管连接起来,并使管外环空严密不漏。

(2)完井井口装置的中间部分称油管头。其作用是吊挂油管、密封油管与油层套管之间的环形空间。

(3)采油树是由一些阀门、三通、四通和短节组成,安装在油管头上,其作用是控制和调节油气井自喷、机采。采油树的安装必须要满足注采的需要,要考虑油、水的控制和调节,注水井的正反洗井、试井清蜡、部件更换以及各种井下作业的要求等因素。

2)以防喷器为主体的防喷装置

以防喷器为主体的防喷装置又称防喷器组合,主要包括手动或者液压防喷器、四通、过渡法兰等。其作用是保证在井下作业过程中,当发生井涌、井喷时,能迅速控制住井口并能重建和恢复井内的压力平衡。

3)井下管柱内防喷工具

井下管柱内防喷工具主要包括油管旋塞阀、回压阀、油管堵塞器、活堵、各类形式的井下开关等。

2. 防喷器

1)手动闸板防喷器

手动闸板防喷器的开启或关闭是通过人工旋转左右丝杠,推动与丝杠配合的闸板轴,带动装有橡胶密封件的左右闸板,沿壳体闸板腔分别离开井口中心或向井口中心移动实现的。

(1)工作原理。

无论是何种结构形式的手动闸板防喷器,其工作原理大致相同。

①闸板开关、锁紧动作原理。

当人工旋转左右丝杠时，推动与丝杠配合的闸板轴，带动装有橡胶密封件的左右闸板，沿壳体闸板腔分别向井口中心移动，锁紧闸板，实现关井。当人工反方向旋转左右丝杠时，拉动与丝杠配合的闸板轴，带动装有橡胶密封件的左右闸板，向离开井口中心的方向运动，实现开井。

②井压密封原理。

闸板防喷器要有4处起密封作用才能有效地密封井口，即闸板顶部与壳体的密封、闸板前部与管柱的密封、壳体与侧门（盖）的密封、闸板轴与侧门（盖）的密封。

闸板的密封过程分为两步：一是在丝杠拧紧力的作用下推动闸板前密封胶芯挤压变形密封前部，顶密封胶芯与壳体间过盈压缩密封顶部，从而形成初始密封；二是在井内有压力时，井压从闸板后部推动闸板前密封进一步挤压变形，同时井压从下部推动闸板上浮贴紧壳体上密封面，从而形成可靠的密封。

（2）使用方法及注意事项。

①防喷器的使用要指定专人负责，落实职责，使用者要做到“三懂四会”（懂工作原理、懂性能、懂工艺流程；会操作、会维护、会保养、会排除故障）。

②当井内无管柱，试验关闭全封闸板时，不要用力拧紧丝杠，以免损坏胶芯。当井内有管柱时，严禁关闭全封闸板。

③防喷器的开关状态应挂牌说明。

④不允许用打开闸板的方法来泄压，以免损坏胶芯。每次打开闸板后要检查闸板是否处于全开位置（全部退回到壳体内），以免井下工具与闸板互相磕碰损坏。如果开关中有遇阻现象，应将小边盖打开，清洗内部泥砂后再装好使用。

⑤起下管柱之前要检查闸板总成是否呈全开状态，严禁在闸板未全开的情况下强行起下。起下管柱过程中要保持平稳，保证不碰防喷器。

⑥防喷器使用时，应定期检查开关是否灵活，若遇卡阻，应查明原因，予以处理，不要强开强关，以免损坏机件。

⑦防喷器使用过程中要保持清洁，特别是丝杠外露部分，应随时清洗，以免泥砂卡死丝杠，造成操作时不能灵活使用。

⑧每口井用完后，应对防喷器进行一次清洗检查，运动件和密封件作重点检查，对已损坏和失效零件应更换，对防喷器外部、壳体腔、闸板室、闸板总丝杠应作重点清洗。清洗擦干后，在螺栓孔、钢圈槽、闸板室顶部密封凸台、支撑筋、侧门铰链处均涂上润滑脂。

⑨在进行试压、挤注等施工前一定要将闸板关闭并检验，严禁在闸板未全部关闭的情况下进行挤注等施工，以防刺坏闸板胶芯，造成人身伤害事故。

(3)维护与保养。

手动防喷器每服务完25口井或施工周期超过3个月,施工结束后,送回井控车间,进行全面的清理、检查,有损坏的零件及时更换。

2)液压闸板防喷器

(1)液压闸板防喷器的工作原理。

液压闸板防喷器的关井、开井动作是靠液压实现的。关井时,来自控制装置的高压液压油进入两侧油缸的关井油腔,推动活塞与活塞杆,使左右闸板总成沿着闸板室内导向筋限定的轨道,分别向井筒中心移动;同时,开井油腔里的液压油在活塞推动下,经液控管路流回控制装置油箱,实现关井。开井动作时,高压液压油进入油缸的开井油腔,推动活塞与闸板迅速离开井筒中心,闸板缩入闸板室内;同时,关井油腔里的液压油则经液控管路流回控制装置油箱,实现开井。

因此,上下铰链座的油管接头与控制装置油管在连接安装时,不能接错,否则将导致关井、开井动作错误。

(2)液压闸板防喷器的使用方法及注意事项。

①防喷器的使用要指定专人负责,落实岗位职责,操作者要做到"三懂四会"(懂工作原理、懂设备性能、懂工艺流程;会操作、会维护、会保养、会排除故障)。

②当井内无管柱,试验关闭闸板时,最大液控压力不得超过3 MPa;当井内有管柱时,不得关闭全封闸板。

③闸板的开或关都应到位,不得停止在中间位置。

④在井场应至少有一副备用闸板,一旦所装闸板损坏可及时更换。

⑤用手动关闭闸板时应注意:右旋手轮是关闭,手动机构只能关闭闸板不能打开闸板,液压是打开闸板的唯一方法。

⑥若想打开已被手动机构锁紧的防喷器闸板,则必须遵循以下规程:

(a)向左旋转手轮直至终点,然后再转回1/2~1/4圈,以防温度变化时锁紧轴在解锁位置被卡住。

(b)用液压打开闸板。用手动机构关闭闸板时,远程控制台上的控制手柄必须置于关的位置,并将锁紧情况在控制台上挂牌说明。

⑦进入目的层后,每天应开关闸板一次,检查开关是否灵活,每次起钻完后还应做全封闸板的开关试验。

⑧不允许用开关防喷器的方法来卸压,以免损坏胶芯。

⑨注意保持液压油的清洁。

⑩未上紧侧盖连接螺钉前,不许在侧门处于关闭状态下,做开关闸板的动作,以免憋坏活塞杆。

⑪防喷器使用完毕后,闸板应处于打开位置,以便检修。

(3)液压闸板防喷器的合理使用。

①半封闸板的尺寸应与所用管柱尺寸相对应。

②井中有管柱时切忌用全封闸板关井。

③长期关井应手动锁紧闸板并将换向阀手柄扳至中位。

④长期关井后,在开井以前应首先将闸板解锁,然后再液压开井。未解锁不许液压开井;未液压开井不许上提管柱。

⑤闸板在手动锁紧或手动解锁操作时,两手轮必须旋转足够的圈数,确保锁紧轴到位。

⑥液压开井操作完毕应到井口检视闸板是否全部打开。

⑦半封闸板关井后不能转动管柱。

⑧半封闸板不准在空井条件下试开关。

⑨防喷器处于"待命"工况时,应卸下活塞杆二次密封装置观察孔处螺塞。防喷器处于关井工况时,应有专人负责注意观察孔是否有溢流现象。

3. 远程控制台

远程控制台的主要功能是控制油泵产生的高压油,并使其储存在蓄能器中。当需要开、关防喷器时,来自蓄能器的高压油通过管汇的三位四通转向阀被分配到各个控制对象中。

远程控制台的特点如下:

(1)配有两套独立的动力源。FKQ 型为电动泵和气动泵,FK 型为电动泵和手动泵。使在断电的情况下,也可保证系统正常工作。

(2)有足够的高压液体储备,实现防喷器的开、关。

(3)电动泵和气动泵均带有自动启动、自动停止装置,无须专人看管。在正常工作中,自动控制装置失灵,溢流阀可迅速溢流,以防超载。

(4) FKQ 型液控装置的每个防喷器的开、关动作均由相应的三位四通转向阀控制,既可用手动换向,又可气动遥控换向。FK 型液控装置只能手动换向。

(5)远程控制台留有备用压力油接口,可以引入或引出压力油。

(6)远程控制台备有吸油软管,开泵后可直接向油箱注油。

五、井下作业井控技术措施

井下作业一般是在井口敞开的情况下进行起下管柱和处理井下事故的。一旦井内液柱压力低于地层压力,势必会造成井内流体无控制地喷出,既有害于地层,又不利于施工,甚至会发生井喷失控,造成更大的损失。通常会采取压井工艺,平衡地层压力,以便于作业施工。

1. 压井前资料

1) 目前井下管柱结构状况

(1) 油管规范及深度;

(2) 井下工具规范及深度;

(3) 抽油泵、螺杆泵、抽油杆等井下设备的规范及组合情况,潜油电泵的规范及深度。

2) 井身结构现状

调查套管规范及完好情况。查阅历次施工作业情况,如有套管变形记载,应考虑压井后替喷的可行性。

3) 近期生产现状

(1) 产液量、气油比、综合含水率;

(2) 油管压力、套管压力和流压;

(3) 静压。

2. 压井方式的选择

在压井之前, 除了选择合适密度和性质的压井液外,对于不同条件的井,选择适当的压井方式也是保证压井成功的一个重要因素。

目前,现场上常用的压井方法有循环法、灌注法和挤注法三种。

1) 循环法

循环法是目前油田修井作业应用最广泛的方法。该方法是将配制好的压井液用泵泵入井内并进行循环,将井筒中的相对密度较小的井内液体用压井液替置出来,使原来被油、气、水充满的井筒被压井液充满。压井液液柱在井底产生回压,平衡油层压力,使油层中的油气不再进入井筒,从而将井压住。

循环法压井的关键是确定压井液的相对密度和控制适当的井底回压。循环压井法可分为反循环压井和正循环压井两种方法。

2) 灌注法

灌注法就是往井筒内灌注一段压井液, 用井筒液柱压力平衡地层压力的压井方法。此方法多用在井底压力不高、修井工作难度不大、工作量小、修井时间短的简单修井作业中,如更换油井采油树总阀门、解除井口附近卡钻事故、焊接井口、更换四通法兰等作业。其特点是压井液与油层不直接接触,基本排除了油层受损害的可能性。这种压井方法设备简单,操作方便,使油井恢复正常生产快。

3) 挤注法

挤注法是在既不能用循环法, 又不能用灌注法压井的情况下采用的方法, 如井下砂堵、蜡堵或因某种事故不能进行循环的高压井等。其方法是压井时井口只有压井液进口而没有返出口,在地面用高压将压井液挤入井内,把井筒内的油、气、水挤回地层，以达到压井的目的。

挤注法不同于灌注法，它是利用高压泵往井内泵入压井液，而且将井内的油、气、水挤回地层。它也不同于循环法，在压井时只有进口没有出口。这种压井方法的缺点是：在用高压将井筒内流体（油、气、水）挤回地层的同时，也有可能将井内的脏物（如砂、泥等）挤入地层，从而造成井底油层堵塞，而污染油层。

3. 压井作业施工

压井工艺比较简单，但是施工比较烦琐，应当十分谨慎，否则，不仅压井不成，还会给油层带来损害。正确确定压井方式、严格按照压井工序操作、保持和调配好压井液性能、及时录取各项资料是压井成功的重要条件。

1）保持井内液体密度

由于油层中天然气的影响，压井过程中可能会发生压井液气侵，使压井液密度降低，导致井内液柱在井底产生的回压下降，当井底回压降至低于地层压力后，便会发生井喷。因此，为了防止井喷，必须在一定时间内将井内已气侵的液体全部替出，以保持井内液柱在井底产生的回压，将井压住。

2）控制出口溢流量

保证进口排量大于出口溢流量，采用高压憋压方式压井，让井内的含气井液逐步被压井液所代替。

3）防止压漏及压井液注入油层

如在压井过程中发现井口压力很低或者有下降的趋势，同时又发生压井液泵入量多、排出量少的现象，就说明井有漏失。特别是一些地层吸水能力很强，压井开始时泵压很高，排量又大，很容易造成压漏现象，结果使压井液大量进入油层。如果井已压住，仍旧继续不停地往井内高压挤入压井液，也会使压井液进入油层。所以，在压井过程中，正确判断井是否被压住是一项重要工作。井被压住的特征主要有以下几点：

（1）井口进口压力与出口压力接近；

（2）进口排量等于出口溢流量；

（3）压井液进口的相对密度约等于出口相对密度；

（4）出口无气泡，停泵后井口无溢流。

4）防止井喷

在压井过程中，井口泵压平稳，泵入的液量和井口返出的液量大致相同，进出口液体密度几乎不变，返出液体无气泡。关井 30min 后井口无溢流，井筒内没有异常声音。这些都是判断井是否压住的方法。如果出现以下情况则是井喷预兆：

（1）进口排量小，出口溢流量大，出口溢流中气泡增多；

（2）压井液进口相对密度大，出口相对密度小，相对密度有不断下降的趋势；

(3)出口喷势逐渐增加；

(4)停泵后进口压力增高。

如遇上述现象,应立即进行压井液循环和调整压井液性能(如提高密度等),及时采取必要的防喷措施,保证安全。

5)压井施工中应注意的事项

无论采用何种方法压井都要注意以下问题：

(1)根据设计要求,配制符合条件的压井液。对一般无明显漏失层的井,配制液量通常为井筒容积的1.5~2倍。

(2)压井进口管线必须试压达到预计泵压的1.2~1.5倍,不刺不漏。高压管线和放喷管线须用钢质直管线,禁止使用弯头、软管及低压管线,并固定牢固。

(3)循环压井作业时,水龙头(或活动弯头)、水龙带应拴保险绳。

(4)压井前对气油比较大或压力较高的井,应先用油嘴控制出口排气,再用清水压井循环除气,然后再用密度高的压井液压井。

(5)进出口压井液性能、排量要一致。要求进出口压井液密度差小于2%,要尽量加大泵的排量(不低于0.5m^3/min)循环压井,并且修井泵的吸入管线要装过滤器。当进口量超过井筒容积1.2倍仍不返出而大量漏失时,应停止施工,请示有关部门,采取有效措施。

(6)压井中途一般不宜停泵,出口要适当控制排量,做到压井液既不漏又不被气侵。待井内返出的液体与进口性能一致时方可停泵。若停泵后发现仍有外溢或有喷势时,应再循环排气,或采用关井稳定的方法,使井内气体分离,然后开井放空检查效果。

(7)压井时最高泵压不得超过油层吸水启动压力(挤注法除外)。为了保护油层,避免压井时间过长,必须连续施工,减少压井液对油层污染。

(8)挤注法压井的液体注入深度,应控制在油层顶部以上50m处。关井一段时间后,开井检查效果。

(9)若压井失败,必须分析原因,不得盲目加大或降低压井液相对密度。

六、防喷演习

1. 明确防喷演习的目的

通过演习规范队伍现场防喷操作行为,增强防喷意识,培养防喷应急能力,十分熟练地掌握使用防喷设施,一旦现场发生井喷,能够熟练进行抢喷作业。

2. 建立防喷演习组织机构

防喷演习指挥:队长、副队长。

防喷演习技术负责人:技术员。

防喷演习组织实施者：班长、司机。

参加人员：各岗位作业人员。

3. 防喷演习人员职责

（1）队长（副队长）负责防喷演习组织和指挥，根据井控设备的实际情况负责组织防喷演习，包括召开技术安全会、负责人员安排等。

（2）技术员担任防喷演习技术负责人，负责制订演习方案和演习过程的质量技术监督。

（3）班长、司机担任现场防喷演习组织实施者，负责作业机的操作和人员岗位分工。

（4）一岗位负责开关手动防喷器，观察并记录压力变化，及时向现场指挥汇报。

（5）二岗位负责现场井口操作及配合关闭手动防喷器。

（6）三岗位负责观察溢流情况，发现溢流及时报告，协助开关手动防喷器。

4. 防喷演习的准备

（1）演习前，现场指挥组织各岗位认真检查各个环节的运行情况是否正常。

（2）演习前，所有井控设备、专用工具、消防设备、电气路系统应配齐并处于正常状态。

（3）放喷管线布局要考虑当地季节风向、居民区道路和各种设施等的具体情况。

（4）遇有井况复杂井、大斜度井等井喷演习，管柱在井筒内静止时间超过10min时，演习前制订操作性强的防卡、防复杂事故等措施。

5. 防喷演习实施程序

发现溢流后要及时发出警报信号，按正确的关井方法及时关井。

根据所发出的声音的长短、间隔时间的不同，警报信号分为如下三种：

（1）发出不间断的长音汽笛声为发现溢流警报声。

（2）发出中间间隔0.5~1s的两声短音的汽笛声为指挥关闭防喷器的警报声。

（3）发出中间间隔0.5~1s的三声短音的汽笛声表示防喷演习结束。

6. 演习讲评

演习结束后，要组织各岗位针对演习中出现的问题进行讲评并做记录，演习记录包括组织人、班组、时间、工况、速度、参加人员、存在问题、讲评等。

七、附件

井下作业井控规定及实施细则分别见附录1《中国石油天然气集团公司石油与天然气井下作业井控规定》、附录2《大庆油田井下作业井控技术管理实施细则》、附录3《吉林油田公司石油与天然气井下作业井控管理规定》。

第三节 应急措施预案

本节针对井下作业施工中各道工序，在充分考虑人为因素、设备的不良状况、工作环境、操作条件、技术状况及潜在的危害等情况下，分析识别将会带来哪些危害并制订预防措施，防止事故发生或降低发生事故的概率。一旦发生事故，按照应急行动程序，紧急反应，采取有效措施，减少事故对健康、质量、安全与环境的不利影响。应急措施预案包括风险预想、风险危害类别、风险识别、预防措施及应急措施五个部分。

一、洗井、压井施工应急措施预案

1. 风险预想

洗井、压井施工时易发生事故。

2. 风险危害类别

(1)人身伤害；

(2)设备损坏。

3. 风险识别

(1)洗井、压井管线使用破损管线，或洗井、压井管线未提前试压，管线刺漏伤人。

(2)管线被砂、蜡堵塞，可导致压力骤升，造成憋泵、管线严重刺漏，酿成事故。

(3)洗井、压井过程中，人员跨越管线，开关高压阀门未侧身规范操作，都可能造成人员伤害。

(4)各部位螺栓未紧固，井内管柱顶出伤人或损坏设备。

(5)施工压井后，起下管柱时，可能发生抽汲现象，造成井喷。

4. 预防措施

(1)洗井、压井前，先用油嘴或阀门控制放喷，压井中途不能停泵，以免压井液被气侵。

(2)用压井液压井时，压井前应先替入井筒容积3倍的清水，待出口见水后，再替入压井液，以防止压井液被油气侵。

(3)替入压井液后，要控制进口与出口压井液密度差小于压井液密度的2%。

(4)为保护油层，应避免压井时间过长，减少对油层的伤害。

(5)洗井、压井前，应对管线进行试压，试验压力为工作压力的1.5倍。

(6)压井前，应尽量加大排量，为防止上液管线堵塞，在吸入口处应装滤网。

(7)洗井、压井时不应在高压区穿行。如出现刺漏，应停泵放压后再处理；开关高压阀门应侧身操作;压力升高时,严禁施工人员跨越管线。

(8)对于高压油气井出口管线,错误地采用软胶管或使用硬管线且未固定,出口接90°弯头,都是造成事故的隐患,必须按规定使用硬管线,并接牢、固定。

(9)洗井、压井时,压力升高,有可能将井内管柱顶出,造成事故。洗井、压井前应认真检查,拧紧各部位螺栓,消除一切隐患。

(10)起下管柱作业时,应及时向井筒内补充压井液,补充量为起出管柱体积的总和,在现场还要准备好防喷阀门及所用接头等,以备发生井喷时抢装井口再次压井循环。

5. 应急措施

(1)发生人身伤害事故时,紧急启动应急程序,将受伤人员立即送医院抢救。

(2)设备损坏时及时报请上级部门进行抢修。

二、探砂面、冲砂应急措施预案

1. 风险预想

探砂面、冲砂操作过程中发生人身伤害、设备损坏事故。

2. 风险危害类别

(1)人身伤害;

(2)设备损坏。

3. 风险识别

(1)接单根前未充分循环钻井液,使已冲起的砂子又下降堆积,将管柱卡在井内,损坏设备。

(2)在冲砂过程中,由于施工压力超过水龙带、管线、井口的压力等级,引起管线破裂,造成人员伤害、设备损坏。

(3)冲砂时,洗井车(水泥车或压裂车)突然发生故障,使泵的排量降低或泵抽空,造成砂子下沉堆积卡住冲砂管柱,造成设备损坏。

(4)冲砂时操作不当,或违反操作规程倒错阀门,冲砂液中有堵物或动作迟缓,造成砂子堆积而卡住冲砂管柱。

(5)冲砂弯头未系安全绳,水龙带脱开掉落砸伤操作人员及损坏设备。

(6)弯头不灵活,活接头对接不紧固,上油管扣时活接头松扣、刺漏造成伤人。

(7)出口用水龙带,水龙带跳动砸伤人员。

(8)出口管线有90°直弯或未固定,管线摆动造成人员伤害。

4. 预防措施

(1)对冲砂管线进行试压,试验压力为工作压力的1~5倍,检查管线连接是否牢固。

(2)为了防止砂卡事故,应采取积极的预防措施,必须保证设备性能的完好,保证洗井车在冲砂过程中不停顿地大排量供给。

(3)要求水泥车的排量在0.3m^3/min以上,接单根前要用清水循环2周以上,接单根动作要迅速。

(4)冲砂过程中要时刻注意水泥车排量,如果排量减小或因故停泵,应立即上提冲砂管柱至原砂面以上,避免堆砂卡住冲砂管柱。

(5)水龙带要系安全绳,安全绳必须系牢固。

(6)弯头灵活好用,活接头不刺不漏并紧固。

(7)出口管线严禁用水龙带、直角弯头,且出口管线必须固定牢固。

(8)严格按操作规程执行。

5. 应急措施

(1)发生人员伤亡事故时,紧急启动应急程序,将受伤人员立即送医院抢救。

(2)设备损坏时及时报请上级进行抢修。

(3)发生砂卡后,必须马上进行处理,以防事故进一步恶化,常用的处理方法如下:

①反循环冲洗,将卡住管柱的堆积砂子冲洗出来。

②采取活动解卡,即活动被卡的冲砂管柱,使堆积的砂子脱落。

③大力上提解卡(应有相应的技术安全措施)。

④套铣倒扣解卡。

⑤对于卡得特别死的砂卡事故,可以采用爆炸解卡。

三、防喷演习应急措施预案

1. 风险预想

放喷时发生火灾及伤人事故。

2. 风险危害类别

(1)火灾。

(2)人身伤害。

3. 风险识别

(1)土油池引起火灾。

(2)放喷管、水龙带未连接好,飞起扫人、砸人。

(3)泵车就位时,无人指挥,撞人、挤人(尤其是冬季和雨季)。

(4)井口阀门开得过猛,使管线飞起伤人。

(5)井口着火引发火灾。

4. 预防措施

(1)防止火源接触油、气。

(2)观察人员远离高压管线，出口接硬管线。

(3)调整车位时，有专人指挥，其他人不许站在行驶方向上。

(4)缓慢开关井口阀门。

(5)冬季施工不许烧井口。

5. 应急措施

(1)发生人员伤亡事故时，紧急启动应急程序，将受伤人员立即送医院抢救。

(2)发生火灾事故时，启动火灾预案应急程序，及时扑灭火灾。

四、起下油管、抽油杆、钻杆应急措施预案

1. 风险预想

起下管、杆过程中发生伤人事故或设备损坏。

2. 风险危害类别

(1)人身伤害；

(2)设备损坏。

3. 风险识别

(1)操作人员思想、情绪不稳定，精力不集中或疲劳过度，判断能力差，有不良工作习惯，引起操作不当，配合不默契，造成伤人或设备损坏。

(2)操作环境恶劣，高温高寒，风天雨天，井场条件差，易发生伤人事故。

(3)在施工过程中管、杆桥倒塌伤人。

(4)起下油管时刮、碰、掉，造成伤人事故、设备损坏。

(5)液压钳操作不当，发生伤人事故、设备损坏。

(6)背钳、背绳断脱，伤人。

(7)大钩顶天车拉倒井架，大绳断，刹车失灵，大钩溜转墩井口，造成伤人、设备损坏。

(8)管钳钳体反转打伤人。

(9)起原井管柱时，油管遇卡后突然解卡，造成油管碰撞伤人。

(10)油管未上满扣或螺纹未卸完时，通井机操作手上提或下放油管造成油管螺纹崩脱，使油管落入井内。吊卡销子弹出，吊环打开，吊卡、油管掉下砸伤人、损坏设备。

(11)起下油管时，活门、月牙及销子不灵活，使吊卡卡不住油管，造成油管脱落砸伤人。

(12)游动滑车在起吊油管过程中，不用管钳咬住油管，使油管移动碰井口、井架，造成油管跌落伤人。

4. 预防措施

(1)观察、稳定员工情绪，杜绝员工带病上岗，加强培训，以老带新。

(2)创造良好的工作环境,高温高寒情况下禁止施工。

(3)施工过程中,经常检查管、杆桥是否牢固。

(4)通井机操作手要在油管扣上满或卸开,并且站井口人员推开液压钳后,才能上提或下放油管;起下油管时,各岗位协调配合、平稳操作,站井口人员及时退到安全部位。

(5)严格执行液压钳操作规程。

(6)起下油管时要检查活门、月牙及销子,保证灵活好用。

(7)用不同型号吊卡起下平式油管和加厚油管。

(8)背钳、背绳牢固,如果发现破损应及时更换。

(9)大绳断股时应及时更换,调好刹车。

(10)禁止人员使用管钳反向旋转井下管柱。

(11)起原井管柱前,应对施工操作人员进行井下情况技术交底。

5. 应急措施

(1)发生人员伤亡事故时,紧急启动应急程序,将受伤人员立即送医院抢救。

(2)设备损坏时及时报请上级进行抢修。

五、打捞落物应急措施预案

1. 风险预想

打捞时造成伤人事故和设备损坏。

2. 风险危害类别

(1)人身伤害;

(2)设备损坏。

3. 风险识别

(1)冲洗打捞时,加压过大,使水泥车憋压,造成水龙带憋坏。

(2)打捞时,不听从指挥,盲目上提,造成人员受伤及设备损坏。

(3)拉力计表针失灵,解卡时不能准确掌握上提负荷,造成设备损坏或人员伤亡。

(4)上提解卡时,未检查地锚、绷绳、死绳、绳卡、大绳,造成设备损坏或人员伤亡。

4. 预防措施

(1)打捞时,加压负荷不超过30kN,防止憋压。

(2)打捞时,必须有专人指挥。

(3)拉力计必须完好,灵活好用。

(4)打捞解卡前,对地锚、绷绳、死绳、绳卡、大绳进行检查加固,确保完好。

(5)超负荷拔钻时,严格执行公司制定的《拔钻权限规定》。

5. 应急措施

(1)发生人员伤亡事故时,紧急启动应急程序, 将受伤人员立即送医院抢救。

(2)设备损坏时及时报请上级进行抢修。

六、调防冲距应急措施预案

1. 风险预想

调防冲距时发生伤人事故。

2. 风险危害

人身伤害。

3. 风险识别

(1)调防冲距时,手抓光杆,方卡子未上紧,滑落砸手。

(2)调防冲距时,操作人员踩空坠落受伤。

(3)调防冲距时,高空作业人员携带工具落下伤人。

(4)游动滑车从地面吊起光杆时,用手抓光杆底部,防喷盒未卡死光杆,防喷盒滑落砸伤人。

(5)抽油机刹车失灵。

4. 预防措施

(1)调防冲距时,用专用梯子,严禁用手抓光杆。

(2)操作人员要抓紧踩牢,所携带的工具必须系安全绳。

(3)用游动滑车从地面吊光杆时,必须用钩子或绳套子拉住光杆。

(4)施工前检查抽油机刹车,保证好用,施工时专人看护抽油机刹车。

5. 应急措施

发生人员伤亡事故时,紧急启动应急程序,将受伤人员立即送医院抢救。

第四节 案例分析

案例一 照明灯引发井场失火事故

1999 年 3 月 26 日 23:35,某采油厂某作业队到某井接上一班执行检泵起管作业。该井属稀油井,原油含轻质油成分较多。起管过程中,井口照明使用的是 3 只低压照明灯,其中一只无灯罩,照明灯距井口只有 3~4m。随着可燃气体浓度的不断增大,凌晨 4:00 左右,突然发生了爆燃起火。当班工人在班长的带领下,迅速用土、工服、灭火器将井场的火扑灭,未造成人员伤亡和较大的经济损失。

1. 案例分析

引发这起火灾事故的原因是:可燃气体达到一定的浓度,遇到火源即可发生爆炸或爆燃。该井属于稀油井,原油含轻质油成分较多,起管过程中,附带在油管壁上的原油在卸扣过程中被甩落在井口附近,原油中的轻质油成分不断挥发,在井口周围形成一定浓度的可燃气体,给燃烧提供了条件。而井口照明使用的是3只低压照明灯,其中一只无灯罩,照明灯距井口只有3~4m,严重违反井口照明装置必须距离井口10m的规定,为爆燃起火提供了火源。当班工人忽视安全,对可燃气体可能引起的爆炸或爆燃起火认识不足是引发火灾的根本原因。

2. 案例提示

(1)加强职工安全素质教育,加深对石油天然气以及伴生物特性的了解,增强火灾的防范意识和消除能力。

(2)作业使用的低压照明灯具必须摆放在距井口10m以外的地方,同时尽可能摆放在上风口处,并完好无损。

(3)在类似井口可能产生可燃气体的施工条件下,要采取可靠的监控措施防止井口工具撞击产生火花,有条件的要采用铜质工具。

(4)在类似井口可能产生可燃气体施工时,领导必须到现场监督,制订周密可靠的防范措施后方可施工。

案例二　违章操作,引起井喷事故

2000年10月5日,在某井起隔热管作业施工。该井为补层后停喷下泵井,施工前没有按要求进行压井作业,当起至第85根时,井口出现少量溢流,没有引起现场操作者足够重视,继续施工。起出全井油管后,进行下步工序,下放第一根时,发现溢流增大,立即抢装井口。因井内压力高,致使防喷井口坐不到四通平面上,发生井喷,后经抢险突击队制订抢喷方案,采取用钢丝绳反加压的方法才将井口坐上,制服井喷。此次井喷造成直接经济损失10万元以上。

1. 案例分析

(1) 由于没有严格按井控设计施工,在起下管柱施工前,没有装井口防喷器,又未进行压井作业,是事故发生的主要原因 。

(2) 在发现少量溢流时没有及时安装井口和进行压井,延误了防止事故发生的有利时机。

2. 案例提示

(1) 在施工作业中,要严格执行设计方案,对于重点工序要由专人负责指挥。

(2) 一旦发现溢流、井涌、气大等井喷预兆,应及时抢装井口,然后压井。

(3)在起下管柱施工前,必须按要求安装井口防喷器,防止作业施工中井喷事故的发生。

案例三　冲砂不当，造成卡管柱事故

1996年7月22日，在某井进行冲砂施工当中，当冲砂进尺50m时，突然发生卡钻事故，上提管柱负荷达400kN时，管脱。对扣后上提管柱负荷至420kN，又脱。起出油管103根，下滑块捞矛捞上后，上提管柱负荷450kN，经反复活动解卡无效后，转大修。

1. 案例分析

(1)冲砂速度过快，水泥车排量不够，使冲砂液携砂能力下降，砂子下沉，是管柱被卡的主要原因。

(2)油套环形空间的间隙过小，是管柱被卡的另一原因。

2. 案例提示

(1)冲砂前查清油井生产层位、射孔井段、油层物性、生产动态、产层压力、井身结构、油层漏失情况等。

(2)冲砂前探砂面时，管柱下放速度应小于1.2m/min，当悬重下降10～20kN时，确认遇砂面，并连探三次。

(3)冲砂施工时，先将冲砂管柱提离砂面3m以上，开泵循环正常后，用0.5m/min速度均匀缓慢下放管柱。

(4)冲砂过程中，如水泥车发生故障，必须停泵处理。同时要上提管柱至原砂面以上30m，并反复活动。作业机发生故障时，必须用水泥车正常循环洗井，防止砂卡管柱。

附录 1

中国石油天然气集团公司
石油与天然气井下作业井控规定

二〇〇六年五月十九日

目　　录

第一章　总　　则

第一条　为做好井下作业井控工作,有效地预防井喷、井喷失控和井喷着火、爆炸事故的发生,保证人身和财产安全,保护环境和油气资源,特制定本规定。

第二条　各油气田应高度重视井控工作,必须牢固树立"以人为本"的理念,坚持"安全第一,预防为主"方针。

第三条　井下作业井控工作是一项要求严密的系统工程,涉及各管理(勘探)局、油(气)田公司的勘探开发、设计、施工单位、技术监督、安全、环保、装备、物资、培训等部门,各有关单位必须高度重视,各项工作要有组织地协调进行。

第四条　利用井下作业设备进行钻井(含侧钻和加深钻井)的井控要求,均执行《石油与天然气钻井井控规定》。

第五条　井下作业井控工作的内容包括:设计的井控要求,井控装备,作业过程的井控工作,防火、防爆、防硫化氢等有毒有害气体的安全措施和井喷失控的紧急处理,井控培训及井控管理制度等六个方面。

第六条　本规定适用于中国石油天然气集团公司(以下简称集团公司)陆上石油与天然气井的试油(气)、射孔、小修、大修、增产增注措施等井下作业施工。

第二章　设计的井控要求

第七条　井下作业的地质设计、工程设计、施工设计中必须有相应的井控要求或明确的井控设计。

第八条　地质设计(送修书或地质方案)中应提供井身结构、套管钢级、壁厚、尺寸、水泥返高及固井质量等资料,提供本井产层的性质(油、气、水)、本井或邻井目前地层压力或原始地层压力、气油比、注水注汽区域的注水注汽压力、与邻井地层连通情况、地层流体中的硫化氢等有毒有害气体含量,以及与井控有关的提示。

第九条　工程设计中应提供目前井下地层情况、套管的技术状况,必要时查阅钻井井史,参考钻井时钻井液密度,明确压井液的类型、性能和压井要求等,提供施工压力参数、施工所需的井口、井控装备组合的压力等级。提示本井和邻井在生产及历次施工作业硫化氢等有毒有害气体监测情况。

压井液密度的确定应以钻井资料显示最高地层压力系数或实测地层压力为基准,再加一个附加值。附加值可选用下列两种方法之一确定:

(一)油水井为0.05~0.1g/cm^3;气井为0.07~0.15g/cm^3;

(二)油水井为1.5~3.5MPa;气井为3.0~5.0MPa。

具体选择附加值时应考虑:地层孔隙压力大小、油气水层的埋藏深度、钻井时的钻井液密度、井控装置等。

第十条 施工单位应依据地质设计和工程设计做出施工设计,必要时应查阅钻井及修井井史等资料和有关技术要求,施工单位要按工程设计提出的压井液、压井液加重材料及处理剂的储备要求进行选配和储备,并在施工设计中细化各项井控措施。

第十一条 工程设计单位应对井场周围一定范围内(含硫油气田探井井口周围3km、生产井井口周围2km范围内)的居民住宅、学校、厂矿(包括开采地下资源的矿业单位)、国防设施、高压电线和水资源情况以及风向变化等进行勘察和调查,并在工程设计中标注说明和提出相应的防范要求。施工单位应进一步复核,并制定具体的预防和应急措施。

第十二条 新井(老井补层)、高温高压井、气井、含硫化氢等有毒有害气体井、大修井、压裂酸化措施井的施工作业必须安装防喷器、放喷管线及压井管线,其他情况是否安装防喷器、放喷管线及压井管线,应在各油田实施细则中明确。

第十三条 设计完毕后,按规定程序进行审批,未经审批同意不准施工。

第三章　井控装备

第十四条 井控装备包括防喷器、射孔防喷器(阀门)及防喷管、简易防喷装置、采油(气)树、内防喷工具、防喷器控制台、压井管汇和节流管汇及相匹配的阀门等。

第十五条 含硫地区井控装置选用材质应符合行业标准SY/T 6610—2014《含硫化氢油气井井下作业推荐作法》的规定。

第十六条 防喷器的选择应按以下要求执行:

(一)防喷器压力等级的选用,原则上应不小于施工层位目前最高地层压力和所使用套管抗内压强度以及套管四通额定工作压力三者中最小者。

(二)防喷器组合的选定应根据各油田的具体情况,参考推荐的附图进行选择。

(三)特殊情况下不装防喷器的井,必须在作业现场配备简易防喷装置和内防喷工具及配件,做到能随时抢装到位,及时控制井口。

第十七条 压井管汇、节流管汇及阀门等的压力级别和组合形式要与防喷器压力级别和组合形式相匹配,其整体配置按各油田的具体情况并参考推荐的附图进行选择。

第十八条 井控装备在井控车间的试压与检验应按以下要求执行:

(一)井控装备、井控工具要实行专业化管理,由井控车间(站)负责井控装备和工具的站内检查(验)、修理、试压,并负责现场技术服务。所有井控装备都要建档并出具检验合格证。

(二)在井控车间(站)内,应对防喷器、防喷器控制台、射孔阀门等按标准进行试压检验。

(三)井控车间应取得相应的资质。

第十九条 现场井控装备的安装、试压和检验按各油田实施细则规定执行。

第二十条 放喷管线安装在当地季节风的下风方向,接出井口30m以外,高压气井放喷管线接出井口50m以外,通径不小于50mm,放喷阀门距井口3m以外,压力表接在内控管线与放喷阀门之间,放喷管线如遇特殊情况需要转弯时,转弯处要用锻造钢制弯头,每隔10~15m(填充式基墩或标准地锚)固定。出口及转弯处前后均固定。压井管线安装在当地季节风的上风方向。

第二十一条 井控装备在使用中应按以下要求执行:

(一)防喷器、防喷器控制台等在使用过程中,井下作业队要指定专人负责检查与保养并做好记录,保证井控装备处于完好状态。

(二)油管传输射孔、排液、求产等工况,必须安装采油树,严禁将防喷器当作采油树使用。

(三)在不连续作业时,必须关闭井控装置。

(四)严禁在未打开闸板防喷器的情况下进行起下管柱作业。

(五)液压防喷器的控制手柄都应标识,不准随意扳动。

第二十二条 采油树的保养与使用应按以下要求执行:

施工时拆卸的采油树部件要清洗、保养完好备用。当油管挂坐入大四通后应将顶丝全部顶紧。双阀门采油树在正常情况下使用外阀门,有两个总阀门时先用上阀门,下阀门保持全开状态。对高压油气井和出砂井不得用阀门控制放喷,应采用针型阀或油嘴放喷。

第二十三条 所有井控装备及配件必须是经集团公司认可的生产厂家生产的合格产品。

第四章 作业过程的井控要求

第二十四条 作业过程的井控工作主要是指在作业过程中按照设计要求,使用井控装备和工具,采取相应的技术措施,快速安全控制井口,防止井喷、井喷失控、着火和爆炸事故的发生。

第二十五条 井下作业队施工前的准备工作应按以下要求执行:

(一)对在地质、工程和施工设计中提出的有关井控方面的要求和技术措施要向全队职工进行交底,明确作业班组各岗位分工,并按设计要求准备相应的井控装备及工具。

(二)对施工现场已安装的井控装备在施工作业前必须进行检查、试压合格,使之处于完好状态。

(三)施工现场使用的放喷管线、节流及压井管汇必须符合使用规定,并安装固定试压合格。

(四)施工现场应备足满足设计要求的压井液或压井液加重材料及处理剂。

(五)钻台上(或井口边)应备有能连接井内管柱的旋塞或简易防喷装置作为备用内、外防喷工具。

(六)建立开工前井控验收制度,对于高危地区(居民区、市区、工厂、学校、人口稠密区、加油站、江河湖泊等)、气井、高温高压井、含有毒有害气体井、射孔(补孔)井及压裂酸化井等开工前必须经双方有关部门验收,达到井控要求后方可施工。

第二十六条 现场井控工作要以班组为主,按不同工况进行防喷演习。

第二十七条 及时发现溢流是井控技术的关键环节,在作业过程中应有专人观察井口,以便及时发现溢流。

第二十八条 发现溢流后要及时发出信号(信号统一为:报警信号为一长鸣笛,关井信号为两短鸣笛,解除信号为三短鸣笛),关井时,要按正确的关井方法及时关井或装好井口,其关井最高压力不得超过井控装备额定工作压力、套管实际允许的抗内压强度两者中的最小值。

第二十九条 压井施工时,必须严格按施工设计要求和压井作业标准进行压井施工,压井后如需观察,观察后要用原性能压井液循环一周以上,然后进行下一步施工。

第三十条 拆井口前要测油管、套管压力,根据实际情况确定是否实施压井,确定无异常方可拆井口,并及时安装防喷器。

第三十一条 射孔作业应按以下要求执行:

各油田应根据本油田的实际情况,确定射孔方式,即常规电缆射孔、油管传输射孔、过油管射孔。

(一)常规电缆射孔应按以下要求执行:

1. 射孔前应根据设计中提供的压井液及压井方法进行压井,压井后方可进行电缆射孔。

2. 射孔前要按标准安装防喷器或射孔阀门、放喷管线及压井管线。

3. 射孔过程中要有专人负责观察井口显示情况,若液面不在井口,应及时向井筒内灌入同样性能的压井液,保持井筒内静液柱压力不变。

4. 射孔过程中发生溢流时，应停止射孔，及时起出枪身，来不及起出射孔枪时，应剪断电缆，迅速关闭射孔阀门或防喷器。

5. 射孔结束后，要有专人负责观察井口显示情况，确定无异常时，才能卸掉射孔阀门进行下一步施工作业。

（二）油管传输射孔、过油管射孔应按以下要求执行：

1. 采油（气）树井口压力级别要与地层压力相匹配。

2. 采油（气）树井口上井安装前必须按有关标准进行试压，合格后方可使用。

3. 采油（气）树井口现场安装后要整体试压，合格后方可进行射孔作业。

4. 射孔后起管柱前，应根据测压数据或井口压力情况确定压井液密度和压井方法并进行压井，确保起管柱过程中井筒内压力平衡。

第三十二条 诱喷作业应按以下要求执行：

（一）在抽汲作业前应认真检查抽汲工具，装好防喷管、防喷盒。

（二）发现抽喷预兆后应及时将抽子提出，快速关闭阀门。

（三）预计为气层的井不应进行抽汲作业。

（四）用连续油管进行气举排液、替喷等项目作业时，必须装好连续油管防喷器组。

第三十三条 起下管柱作业应按以下要求执行：

（一）在起下封隔器等大直径工具时，应控制起下钻速度，防止产生抽汲或压力激动。

（二）在起管柱过程中，应及时向井内补灌压井液，保持液柱压力平衡。

（三）起下管柱作业出现溢流时，应立即抢关井。经压井正常后，方可继续施工。

（四）起下管柱过程中，要有防止井内管柱顶出的措施，以免增加井喷处理难度。

第三十四条 冲砂作业应按以下要求执行：

（一）冲砂作业要使用符合设计要求的压井液进行施工。

（二）冲开被埋的地层时应保持循环正常，当发现出口排量大于进口排量时，及时压井后再进行下步施工。

（三）施工中井口应坐好自封封井器和防喷器。

第三十五条 钻磨作业应按以下要求执行：

（一）钻磨水泥塞、桥塞、封隔器等施工作业所用压井液性能要与封闭地层前所用压井液性能一致。

（二）钻磨完成后要充分循环洗井至1.5~2个循环周，停泵观察至少30min，井口无溢流时方可进行下步工序的作业。

(三)施工中井口应坐好自封封井器和防喷器。

第三十六条 出现不连续作业、设备熄火或井口无人等情况时必须关闭井控装置或装好井口。

第三十七条 测试、替喷及压裂酸化后施工作业等的井控要求各油田应根据本油田的实际情况具体制定。

第五章 防火、防爆、防硫化氢等有毒有害气体安全措施和井喷失控的紧急处理

第三十八条 井场设备的布局要考虑防火的安全要求,标定井场内的施工区域并严禁烟火。在森林、苇田、草地、采油(气)场站等地进行井下作业时,应设置隔离带或隔离墙。值班房、发电房、锅炉房等应在井场盛行季节风的上风处,距井口不小于30m,且相互间距不小于20m,井场内应设置明显的风向标和防火防爆安全标志。若需动火,应执行 SY/T 5858—2004《石油工业动火作业安全规程》中的安全规定。

第三十九条 井场电气设备、照明器具及输电线路的安装应符合 SY/T 5727—2014《井下作业安全规程》、SY/T 5225—2012《石油与天然气钻井、开发、储运防火防爆安全生产技术规程》和 SY 6023—1994《石油井下作业安全生产检查规定》等标准要求。井场必须按消防规定备齐消防器材并定岗、定人、定期检查维护保养。

第四十条 在含硫化氢等有毒有害气体井进行井下作业施工时,应严格执行 SY/T 6137—2005《含硫化氢的油气生产和天然气处理装置作业的推荐作法》、SY/T 6610—2005《含硫化氢油气井井下作业推荐作法》和 SY/T 6277—2005《含硫化氢油气田硫化氢监测与人身安全防护规程》标准。

第四十一条 各单位应根据本油区的实际情况制定具体的井喷应急预案,对含硫等有毒有害油气井应急预案的编制,应参考 SY/T 6610—2005《含硫化氢油气井井下作业推荐作法》的有关规定。

第四十二条 各单位应根据本油区的实际情况,制定关井程序和相应的措施。

第四十三条 一旦发生井喷失控,应迅速启动应急预案,成立现场抢险领导小组,统一领导,负责现场抢险指挥。同时配合地方政府,紧急疏散井场附近的群众,防止人员伤亡。

第六章 井控培训

第四十四条 各油气田应在经集团公司认证的井控培训单位进行相关人员

的取证和换证的培训工作。

第四十五条 各油气田必须对从事井下作业地质设计、工程设计、施工设计及井控管理、现场施工、现场监督等人员进行井控培训,经培训合格后做到持证上岗。要求培训岗位如下:

(一)油气田的井下作业现场管理人员、设计人员、作业监督人员。

(二)井下作业公司及下属分公司主管生产、安全、技术的领导、机关从事一线生产指挥人员、井控车间技术干部。

(三)井下作业队的主要生产骨干(副班长以上)。

第四十六条 井控培训应按以下要求执行:

(一)对工人的培训,重点是预防井喷,及时发现溢流,正确快速实施关井操作程序及时关井(或抢装井控工具),掌握井控设备的日常维护和保养方法。

(二)对井下作业队生产管理人员的培训,重点是正确判断溢流,正确关井,按要求迅速建立井内平衡,能正确判断井控装备故障,及时处理井喷事故。

(三)对井控车间技术人员、现场服务人员的培训,重点是掌握井控装备的结构、原理,会安装、调试,能正确判断和排除故障。

(四)对井下作业公司经理、主管领导(安全总监)、总工程师及二、三线从事现场技术管理的技术人员的培训,重点是井控工作的全面监督管理,井控各项规定和规章制度的落实,井喷事故的紧急处理与组织协调等。

(五)对预防含硫化氢等有毒有害气体的培训,按 SY/T 6137—2005《含硫化氢的油气生产和天然气处理装置作业的推荐作法》的相关内容执行。

第四十七条 对井控操作持证者,每两年由井控培训中心复培一次,培训考核不合格者,取消(不发放)井控操作证。

第七章 井控管理

第四十八条 应建立井控分级责任制度,内容包括:

(一)各管理(勘探)局和油(气)田公司应分别成立井控领导小组,明确各单位主管生产和技术工作的局(公司)领导是井控工作的第一责任人,由第一责任人担任组长。双方领导小组共同负责组织贯彻执行井控规定,制定和修订井控工作实施细则,组织开展井控工作。

(二)各采油厂(作业区)、井下作业公司(工程技术处)、井下作业分公司、作业施工队、井控车间(站)应相应成立井控领导小组,负责本单位的井控工作。

(三)井下作业公司(工程技术处)配备有专(兼)职井控技术和管理人员。

(四)各级负责人按"谁主管,谁负责"的原则,应恪尽职守,做到职、权、责明确到位。

（五）集团公司工程技术与市场部和油（气）田公司上级主管部门每年联合组织一次井控工作大检查，各油（气）田每半年联合组织一次井控工作大检查，各井下作业公司（工程技术处）对本单位下属作业队，至少每季度进行一次井控工作检查，井下作业队每天要进行井控工作检查。

第四十九条 应持证人员经培训考核取得井控操作合格证后方可上岗。

第五十条 井控装置的安装、检修、现场服务制度包括以下内容：

（一）井控车间（站）应按以下要求执行：

1. 负责井控装置的建档、配套、维修、试压、回收、检验、巡检服务。

2. 建立保养维修责任制、巡检回访制、定期回收检验制等各项管理制度。

3. 在监督、巡检中应及时发现和处理井控装备存在的问题，确保井控装备随时处于正常工作状态。

4. 每月的井控装备使用动态、巡检报告等应及时逐级上报井下作业公司主管部门。

（二）作业队应定岗、定人、定时对井控装置、工具进行检查、保养，并认真填写运转、保养和检查记录。

第五十一条 井下作业队必须根据作业内容定期进行不同工况下的防喷演习，并做好防喷演习讲评和记录工作。演习记录包括：班组、日期和时间、工况、演习速度、参加人员、存在问题、讲评等。

第五十二条 作业队干部应坚持24h值班，并做好值班记录。值班干部应监督检查各岗位井控措施执行、落实制度情况，发现问题立即整改。

第五十三条 井喷事故逐级汇报制度包括以下内容：

（一）井喷事故分级。

1. 一级井喷事故（Ⅰ级）。

海上油（气）井发生井喷失控；陆上油（气）井发生井喷失控，造成超标有毒有害气体逸散，或窜入地下矿产采掘坑道；发生井喷并伴有油气爆炸、着火，严重危及现场作业人员和作业现场周边居民的生命财产安全。

2. 二级井喷事故（Ⅱ级）。

海上油（气）井发生井喷；陆上油（气）井发生井喷失控；陆上含超标有毒有害气体的油（气）井发生井喷；井内大量喷出流体造成对江河、湖泊、海洋和环境造成灾难性污染。

3. 三级井喷事故（Ⅲ级）。

陆上油气井发生井喷，经过积极采取压井措施，在24h内仍未建立井筒压力平衡，集团公司直属企业难以短时间内完成事故处理的井喷事故。

4. 四级井喷事故(Ⅳ级)。

发生一般性井喷,集团公司直属企业能在24h内建立井筒压力平衡的井喷事故。

(二)井喷事故报告要求。

1. 事故单位发生井喷事故后,要在最短时间内向管理(勘探)局和油(气)田公司汇报,管理(勘探)局和油(气)田公司接到事故报警后,初步评估确定事故级别为Ⅰ级、Ⅱ级井喷事故时,在启动本企业相应应急预案的同时,在2h内以快报形式上报集团公司应急办公室,油(气)田公司同时上报上级主管部门。情况紧急时,发生险情的单位可越级直接向上级单位报告。

油(气)田公司应根据法规和当地政府规定,在第一时间立即向属地政府部门报告。

集团公司应急办公室接收企业Ⅰ级、Ⅱ级井控事故信息,经应急领导小组组长或副组长审查后,立即向国务院及有关部门做出报告。

2. 发生Ⅲ级井控事故时,管理(勘探)局和油(气)田公司在接到报警后,在启动本单位相关应急预案的同时,24h内上报集团公司应急办公室。油(气)田公司同时上报上级主管部门。

3. 发生Ⅳ级井喷事故,发生事故的管理(勘探)局和油(气)田公司启动本单位相应应急预案进行应急救援处理。

(三)发生井喷或井喷失控事故后应有专人收集资料,资料要准确。

(四)发生井喷后,随时保持各级通信联络畅通无阻,并有专人值班。

(五)各管理(勘探)局和油(气)田公司,在每月10日前以书面形式向集团公司工程技术与市场部汇报上一月度井喷事故(包括Ⅳ级井喷事故)处理情况及事故报告。汇报实行零报告制度,对汇报不及时或隐瞒井喷事故的,将追究责任。

(六)井喷事故发生后,事故单位以附件2内容向集团公司汇报,首先以附表一(快报)内容进行汇报,以便集团公司领导在最短的时间内掌握现场情况,然后再以附表二(续报)内容进行汇报,使集团公司领导及时掌握现场抢险救援情况。

第五十四条 井控例会制度包括以下内容:

(一)作业队每周召开一次由队长主持的以井控为主的安全会议;每天班前、班后会上,值班干部或班长必须布置井控工作任务,检查讲评本班组井控工作。

(二)井下作业分公司每月召开一次井控例会,检查、总结、布置井控工作。

(三)井下作业公司(工程技术处)每季度召开一次井控工作例会,总结、协调、布置井控工作。

(四)各油气田每半年联合召开一次井控工作例会,总结、布置、协调井控工作。

(五)集团公司工程技术与市场部和油(气)田公司上级主管部门每年联合召

开一次井控工作例会,总结、布置、协调井控工作。

第八章　附　　则

第五十五条　各油气田应根据本规定,结合本地区油、气、水井井下作业的特点,制订相应实施细则;在浅海、滩海地区进行井下作业的有关单位还应结合自身特点补充有关技术要求,报集团公司工程技术与市场部备案。各油气田应当通过合同约定,要求进入该地区的所有井下作业队伍严格执行本规定及井控实施细则。

第五十六条　本规定自印发之日起施行。集团公司原市场管理部 2004 年 7 月印发的《石油与天然气井下作业井控规定》同时废止。

第五十七条　本规定由集团公司工程技术与市场部负责解释。

附件1 推荐井控装置及节流、压井管汇组合图

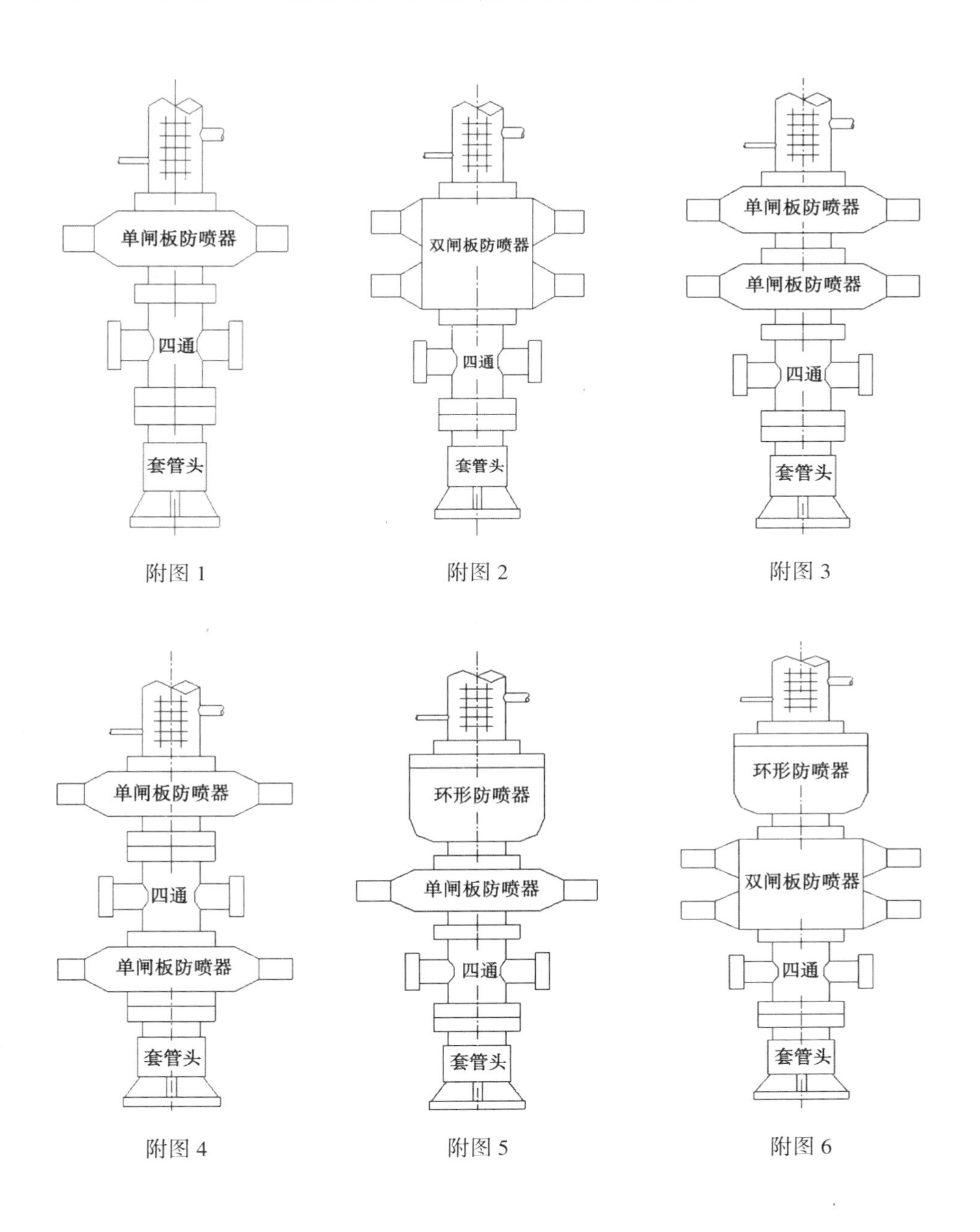

附图1 附图2 附图3

附图4 附图5 附图6

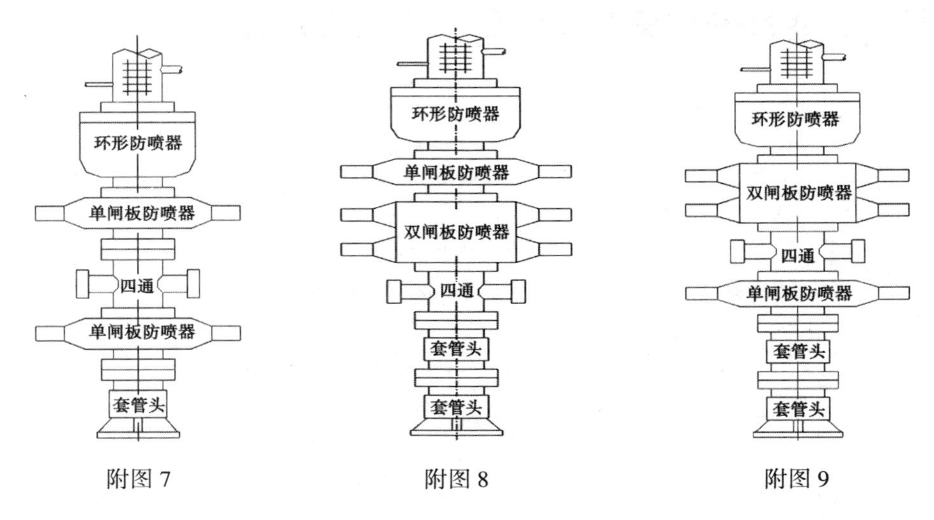

附图 7　　附图 8　　附图 9

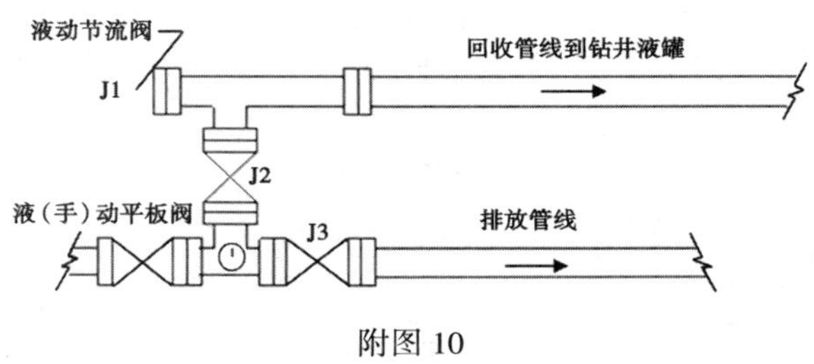

附图 10

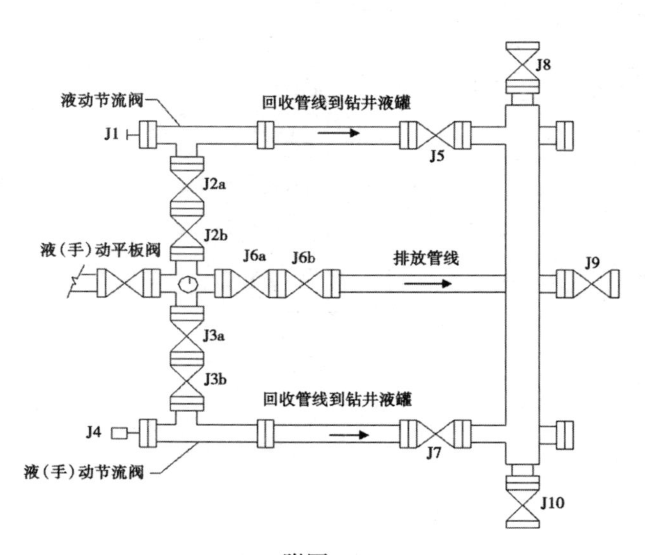

附图 11

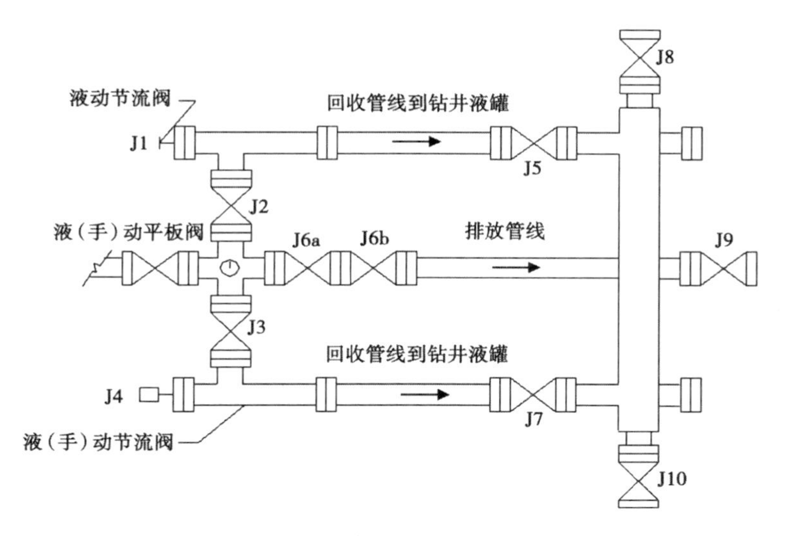

附图 12

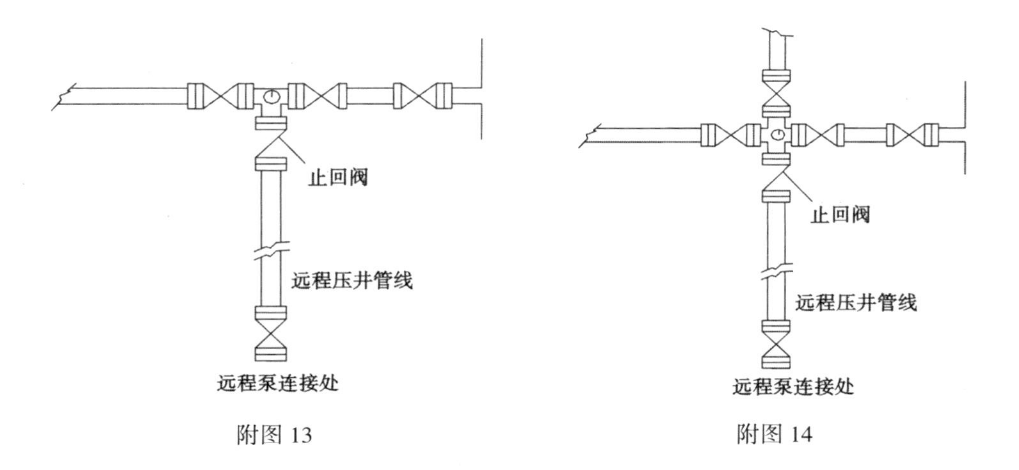

附图 13

附图 14

附件 2

附表一 集团公司井下作业井喷失控事故信息收集表(快报)

<table>
<tr><td>收到报告时间</td><td colspan="7">年 月 日 时 分</td></tr>
<tr><td>报告单位</td><td colspan="7"></td></tr>
<tr><td>报告人</td><td></td><td>职务</td><td colspan="2"></td><td>联系电话</td><td colspan="2"></td></tr>
<tr><td>发生井喷单位</td><td colspan="7"></td></tr>
<tr><td>现场抢险负责人</td><td></td><td>职务</td><td colspan="2"></td><td>电话</td><td colspan="2"></td></tr>
<tr><td>事故发生地理位置</td><td colspan="7"></td></tr>
<tr><td rowspan="6">基本情况</td><td>井喷发生时间</td><td></td><td>机组类型</td><td></td><td>作业队号</td><td colspan="2"></td></tr>
<tr><td>井 号</td><td></td><td>井别</td><td></td><td>井型</td><td colspan="2">水平井 □ 定向井 □ 直井 □</td></tr>
<tr><td>油层套管尺寸(cm)</td><td></td><td>人工井底(m)</td><td></td><td>油层井段(m)</td><td colspan="2"></td></tr>
<tr><td>构 造</td><td></td><td>地层压力(MPa)</td><td></td><td>目前管柱的垂深(m)</td><td colspan="2"></td></tr>
<tr><td>表层套管下深(m)</td><td></td><td>井内液体类型</td><td></td><td>井内液体密度(g/cm^3)</td><td colspan="2"></td></tr>
<tr><td>施工作业主要内容</td><td colspan="6"></td></tr>
<tr><td>有毒气体类型</td><td colspan="3">H_2S □ CO_2□ CO □</td><td>人员伤亡情况</td><td colspan="3"></td></tr>
<tr><td rowspan="6">井口装备状况</td><td rowspan="4">防喷器状况</td><td colspan="3">额定工作压力(MPa)</td><td colspan="3"></td></tr>
<tr><td colspan="3">型号</td><td colspan="3"></td></tr>
<tr><td colspan="3">开关状态</td><td colspan="3">开 □ 关 □</td></tr>
<tr><td colspan="3">可控或失控</td><td colspan="3">可控 □ 失控 □</td></tr>
<tr><td>采油树型号、状况</td><td>型号</td><td></td><td>完好情况</td><td></td><td>开关</td><td></td></tr>
<tr><td>地面流程状况</td><td colspan="6"></td></tr>
</table>

续表

<table>
<tr><td>内防喷工具状况</td><td colspan="2">完好情况</td><td></td><td colspan="2">开关状态</td><td></td></tr>
<tr><td rowspan="3">井喷具体状况</td><td colspan="2">喷势描述及估测产量</td><td colspan="4"></td></tr>
<tr><td colspan="2">喷出物</td><td colspan="4">气 □　　油 □　　水 □　　气油水 □</td></tr>
<tr><td colspan="2">环境污染情况</td><td colspan="4"></td></tr>
<tr><td rowspan="3">周边 500m 内环境状况</td><td rowspan="2">居民</td><td>数量</td><td></td><td rowspan="2">工农业设施</td><td>名称及数量</td><td></td></tr>
<tr><td>距离（m）</td><td></td><td>距离（m）</td><td></td></tr>
<tr><td colspan="2">江、河、湖、泊的距离</td><td colspan="4"></td></tr>
<tr><td>已疏散人群</td><td colspan="6"></td></tr>
</table>

附表二 集团公司井下作业井喷失控事故报告信息收集表(续报)

<table>
<tr><td>事故级别</td><td colspan="2">Ⅰ□ Ⅱ□ Ⅲ□ Ⅳ□</td><td colspan="2">有毒气体含量</td><td colspan="2">H_2S( ) CO_2( ) CO( )</td></tr>
<tr><td>井口压力</td><td>油管压力</td><td></td><td colspan="2">套管压力</td><td colspan="2"></td></tr>
<tr><td rowspan="2">现场气象、海况及主要自然天气情况</td><td>阴或晴</td><td></td><td>雨或雪</td><td></td><td>风力</td><td></td></tr>
<tr><td>风向</td><td></td><td>气温</td><td></td><td>海浪高</td><td></td></tr>
<tr><td>井喷过程简要描述及初步原因</td><td colspan="6"></td></tr>
<tr><td>井身结构及管柱结构图</td><td colspan="6"></td></tr>
<tr><td>邻近注水、注气井情况</td><td colspan="6"></td></tr>
<tr><td>救援地名称及距离</td><td colspan="6"></td></tr>
</table>

续表

<table>
<tr><td>周边道路情况</td><td colspan="6"></td></tr>
<tr><td>已经采取的抢险措施</td><td colspan="6"></td></tr>
<tr><td>下一步将采取的措施</td><td colspan="6"></td></tr>
<tr><td rowspan="3">井场压井材料储备</td><td>重压井液</td><td>密度</td><td>(g/cm³)</td><td>量</td><td colspan="2">(m³)</td></tr>
<tr><td>工程用水</td><td colspan="5">(m³)</td></tr>
<tr><td>加重材料</td><td>重晶石</td><td>(t)</td><td>石灰石粉</td><td>(t)</td><td>铁矿石粉 (t)</td></tr>
<tr><td>救援需求</td><td colspan="6"></td></tr>
</table>

附录 2

大庆油田井下作业井控技术管理实施细则

第一章　总　　则

第一条　井下作业井控是保证油田开发井下作业安全、环保的关键技术。为做好井控工作,保护油气层,有效地防止井喷、井喷失控及火灾事故发生,保证员工人身安全和国家财产安全,保护环境和油气资源,按照国家有关法律法规,以及中国石油天然气集团公司《石油与天然气井下作业井控规定》,结合油田实际,特制定本细则。

第二条　井喷失控是井下作业中性质严重、损失巨大的灾难性事故。一旦发生井喷失控,将会造成自然环境污染、油气资源的严重破坏,还易造成火灾、设备损坏、油气井报废甚至人员伤亡。因此,必须牢固树立"安全第一,预防为主,以人为本"的指导思想,切实做好井控管理工作。

第三条　井下作业井控工作是一项要求严密的系统工程,涉及各单位的设计、施工、监督、安全、环保、装备、物资、培训等部门,各有关单位必须高度重视,各项工作要有组织地协调进行。

第四条　井下作业井控工作的内容包括:设计的井控要求,井控装备,作业过程的井控工作,防火、防爆、防硫化氢有毒有害气体安全措施和井喷失控的紧急处理,井控培训及井控管理制度等六个方面。

第五条　本细则适用于在大庆油田区域内,利用井下作业设备进行试油(气)、射孔(补孔)、大修、增产增注措施、油水井维护等井下作业施工。进入大庆油田区域内的所有井下作业队伍均须执行本细则。

第六条　利用井下作业设备进行钻井(侧钻)施工,执行《大庆油田钻井井控技术管理实施细则》。

第二章　井下作业设计的井控要求

第七条　井下作业地质设计、工程设计和施工设计中必须有相应的井控要求或明确的井控设计。要结合所属作业区域地层及井的特点,本着科学、安全、可靠、经济的原则开展井下作业井控设计。维护性作业可以将工程设计和地质设计合二为一。

第八条 各有关单位每年根据油田开发动态监测资料和生产情况,画出或修改井控高危区域图,为井控设计提供依据,以便采取相应防控措施。

第九条 地质设计中应提供井身结构、套管钢级、壁厚、尺寸、水泥返高、固井质量、本井产层的性质(油、气、水)、本井或邻井目前地层压力或原始地层压力、钻遇目的层时使用的钻井液密度和漏失量、气油比、注水注汽(气)区域的注水注汽(气)压力、与邻井地层连通情况、地层流体中的硫化氢等有毒有害气体含量,以及与井控有关的提示。

第十条 工程设计应提供目前井下地层情况、井筒状况、套管的技术状况,明确压井液的类型、性能和压井要求等,提供施工压力参数、施工所需的井口、井控装备组合的压力等级。提示本井与邻井在生产及历次施工作业硫化氢等有毒有害气体的检测情况。

压井液密度的确定应以钻井资料显示最高地层压力系数或实测地层压力为基准,再加一个附加值。附加值可选用下列两种方法之一确定:

(一)油水井为 0.05~0.1g/cm^3;气井为 0.07~0.15g/cm^3。

(二)油水井为 1.5~3.5MPa;气井为 3.0~5.0MPa。

具体选择附加值时应考虑:地层孔隙压力大小、油气水层的埋藏深度、钻井时的钻井液密度、井控装置等。

第十一条 施工单位应依据地质设计和工程设计做出施工设计,必要时应查阅钻井及修井井史等资料和有关技术要求,选择合理的压井液,并选配相应压力等级的井控装置,并在施工设计中细化各项井控措施。

第十二条 工程设计单位应对井场周围一定范围内(有毒有害油气田探井井口周围 3km、生产井井口周围 2km 范围内)的居民住宅、学校、厂矿(包括开采地下资源的矿业单位)、国防设施、高压电线和水资源情况以及风向变化等进行勘察和调查,并在工程设计中标注说明和提出相应的防范要求。施工单位应进一步复核,并制定具体的预防和应急措施。

第十三条 新井(老井补层)、高温高压井、气井、含硫化氢等有毒有害气体井、大修井、压裂酸化措施井的施工作业必须安装防喷器、放喷管线及压井管线。

第十四条 设计完毕后,应按规定程序进行审批,未经审批不准施工。作业设计由大队级主管审批;“三高”井及特殊井由厂级总工程师审批;“三高”井及特殊井措施作业的由油田公司主管领导审批。

第三章　井控装备

第十五条　井控装备包括防喷器、简易防喷装置、采油(气)树、旋塞阀、内防喷工具、防喷器控制台、压井管汇、节流管汇及相匹配的阀门等。

第十六条　井控装备的选择。

(一)防喷器压力等级的选用,原则上应不小于施工层位目前最高地层压力和施工用套管抗内压强度以及套管四通额定工作压力三者中最小者。

(二)压井管汇、节流管汇及阀门等的压力级别和组合形式要与防喷器压力级别和组合形式相匹配。

(三)特殊情况下不装防喷器的井,必须在作业现场配备简易防喷装置和内防喷工具及配件,做到能随时抢装到位,及时控制井口。

(四)根据施工井的作业项目,井控装备选用可按以下形式选择:

1. 取套井作业选用 TC2FZ32-14 液动双闸板承重防喷器及液控系统,同时配备相应压力级别的压井管汇、节流管汇、套铣筒旋塞阀、钻杆旋塞阀。

2. 侧斜井作业选用 TC2FZ32-21 液动双闸板承重防喷器及液控系统,同时配备相应压力级别压井管汇、节流管汇、钻杆旋塞。

3. 大修井作业选用 2SFZ18-14 手动双闸板防喷器,同时配备相应压力级别钻杆旋塞阀、油管旋塞阀。

4. 浅气层发育区、气层发育区、油层气发育区、油层异常高压区等井控高危区域的大修井作业选用 2SFZ18-21 手动双闸板防喷器;气井修井选用 2FZ18-35 液动双闸板防喷器及液控系统,同时配备相应压力级别的压井管汇、节流管汇。

5. 压裂井作业选用 2SFZ18-14 或 2SFZ18-21 手动双闸板防喷器,配备相应压力级别油管旋塞阀。针对井控高危区域施工井,选用 2FZ18-35 液动双闸板防喷器及液控系统,同时配备相应压力级别的压井管汇、节流管汇。

6. 深层气井作业选用 FH18-21 过油管防喷器、2FZ18-35 或 2FZ18-70 液动双闸板防喷器及液控系统和相应压力级别的压井管汇、节流管汇,配备相应压力级别油管旋塞阀。

7. 深层气井修井作业选用 FH18-21 过油管防喷器、2FZ18-35 或 2FZ18-70 液动双闸板防喷器及液控系统和相应压力级别的压井管汇、节流管汇,配备 70MPa 的钻杆旋塞阀和油管旋塞阀。

8. 射(补)孔井作业:

(1)射孔:井底压力低于 20MPa 的井,电缆射孔时选用 STFZ12-21 电缆全封防喷器;井底压力在 20~35MPa 的井,选用 STFZ12-35 电缆全封防喷器。

(2)射孔作业:井底压力低于20MPa的井,选用2⅞in油管旋塞阀(35MPa)、3½in油管旋塞阀(35MPa);井底压力在20~35MPa的特殊井施工时选用SFZ18-35半封防喷器、2⅞in油管旋塞阀(35MPa)、3½in油管旋塞阀(35MPa)。

(3)配合射孔的作业:选用SFZ18-21半、全、自封一体化多功能手动防喷器和相应压力级别的油管旋塞阀。

9. 试油测试作业:

(1)产油层:井底压力低于20MPa,选用SFZ18-21半、全、自封一体化多功能手动防喷器;井底压力在20~35MPa,选用SFZ18-35半、全、自封一体化多功能手动防喷器或2FZ18-35远程液压控制防喷器;每口井配备3½in、2⅞in(35MPa)旋塞阀。

(2)产气层:井底压力低于35MPa,选用2FZ18-35液压双闸板防喷器组;井底压力高于35MPa,选用2FZ18-70或2FZ18-105液压双闸板防喷器组;每口井配备3½in、2⅞in(70MPa)旋塞阀和相应压力级别的压井管汇、节流管汇。

10. 油水井维护性作业:根据井内压力情况,选用简易防喷器,配备由提升短节、阀门或旋塞阀、油管挂等组成的快速抢装井口装置;选用SFZ18-14多功能防喷器或选用SFZ18-14半封闸板防喷器、全封闸板防喷器,并配备油管旋塞阀;在高危区域井作业时应选用SFZ18-21多功能防喷器和2SFZ18-21手动双闸板防喷器。

第十七条 井控装备在井控车间的试压、检验:

井控装备、井控工具由各厂工具车间管理。各种井控装置及井控工具必须到油田公司指定的具有集团公司资质的井控车间进行检测。所有井控装备都要建档并出具检验合格证。运行半年或施工已达到60口井的井控装置及井控工具必须进行检测。

第十八条 现场井控装备的安装、试压、检验:

(一)现场安装前要认真保养防喷器,并检查闸板芯子尺寸是否与所使用管柱尺寸相吻合,检查配合三通的钢圈尺寸、螺孔尺寸是否与防喷器、套管四通尺寸相吻合。

(二)防喷器安装必须平正,各控制阀门、压力表应灵活可靠,上齐上全连接螺栓。

(三)防喷器控制系统必须采取防冻、防堵、防漏措施,安装在距井口25m以外,保证灵活好用。

(四)施工气井、取套、侧斜、试油、射孔、补孔、“三高”井时,全套井控装置在现场安装完毕后,用清水(冬季加防冻剂)对井控装置连接部位进行试压。试压到额定工作压力的70%。

(五)放喷管线安装在当地季节风向的下风方向,接出井口30m以外,高压气井放喷管线接出井口 50m 以外，通径不小于 50mm，放喷阀门距井口 3m 以外，压力表接在内控管线与放喷阀门之间，放喷管线如遇特殊情况需要转弯时，要用锻造钢弯头或钢制弯管，转弯夹角不小于 120°，每隔 10～15m 用地锚或水泥墩固定牢靠。压井管线安装在上风向的套管阀门上。

(六)若放喷管线接在四通套管阀门上，放喷管线一侧紧靠套管四通的阀门应处于常开状态，并采取防堵、防冻措施，保证其畅通。

第十九条 井控装备在使用中的要求：

(一)防喷器、防喷器控制台等在使用过程中，井下作业队要指定专人负责检查与保养并做好记录，保证井控装置处于完好状态。

(二)油管传输射孔、排液、求产等工况，必须安装采油树，严禁将防喷器当采油树使用。

(三)在不连续作业时，必须关闭井控装置。

(四)严禁在未打开闸板防喷器的情况下进行起下管柱作业。

(五)液动防喷器的控制手柄都要标识，不准随意扳动。

(六)防喷器在不使用期间应保养后妥善保管。

第二十条 采油(气)树的保养与使用：

(一)施工时拆卸的采油(气)树部件要清洗、保养完好备用。

(二)当油管挂坐入大四通后应将顶丝全部顶紧。

(三)双阀门采油(气)树在正常情况下使用外阀门，有两个总阀门时先用上阀门，下阀门保持全开状态。对高压油气井和出砂井不得用阀门控制放喷，应采用针型阀或油嘴放喷。

(四)采油树必须满足安装防喷器的要求。

第二十一条 井控装置、井控配件生产制造厂应具有“防喷器全国工业产品生产许可证”和集团公司井下作业防喷器生产资质。

第四章　作业施工过程中的井控

第二十二条 作业过程的井控工作主要是指在作业过程中按照设计要求，使用井控装备和工具，采取相应的技术措施，快速安全控制井口，防止井涌、井喷、井喷失控和着火、爆炸事故的发生。

第二十三条 施工前作业队必须做到：

(一)对在地质、工程和施工设计中提出的有关井控方面的要求和技术措施要向全队员工进行交底，明确作业班组各岗位分工，并按设计要求准备相应的井控装备及工具。

（二）施工现场的值班房、作业设备、井架、工具房、管杆桥、消防器材等摆放或安装要符合安全规定的要求。

（三）对施工现场已安装的井控装备在施工作业前必须进行检查、试压合格，使之处于完好开启状态。

（四）施工现场使用的放喷管线、压井管汇必须符合规定，并安装固定、试压合格。

（五）施工现场应备足满足设计要求的压井液或压井液加重材料及处理剂。

（六）钻台上或井口边应备有能连接井内管柱的旋塞阀或简易防喷装置作为备用的内、外防喷工具。

（七）建立开工前井控验收制度，对于高危地区（居民区、市区、工厂、学校、人口稠密区、加油站、江河湖泊等）、气井、高温高压井、含有毒有害气体井、射孔（补孔）井及压裂酸化井等开工前必须经有关部门验收，达到井控要求后方可施工。

第二十四条 现场井控工作要以班组为主，按不同工况进行防喷演习。

第二十五条 及时发现溢流是井控技术的关键环节，在作业过程中要有专人观察井口，以便及时发现溢流。

第二十六条 发现溢流后要及时发出信号（信号统一为：报警信号为一长鸣笛，关井信号为两短鸣笛，解除信号为三短鸣笛），关井时，要按正确的关井方法及时关井或装好井口，其关井最高压力不得超过井控装备额定工作压力、套管实际允许的抗内压强度两者中的最小值。

第二十七条 压井施工时，必须严格按施工设计要求和压井作业标准进行压井施工，压井后如需观察，观察后要用原压井液循环一周以上，然后进行下一步施工。

第二十八条 拆井口前要测油管、套管压力，根据实际情况确定是否实施压井，确定无异常方可拆井口，并及时安装防喷器。

第二十九条 射孔作业。

（一）常规电缆射孔。

1. 射孔前应根据设计中提供的压井液及压井方法进行压井，压井后方可进行电缆射孔。

2. 射孔前在作业防喷器上安装电缆防喷器。

3. 射孔过程中要有专人负责观察井口显示情况，若液面不在井口，应及时向井筒内灌入同样性能的压井液，保持井筒内静液柱压力不变。

4. 射孔过程中发生溢流时，应停止射孔，及时起出枪身，来不及起出射孔枪时，应剪断电缆，迅速关闭射孔阀门或防喷器。

5. 射孔结束后，要有专人负责观察井口显示情况，确定无异常时，才能卸掉射孔阀门进行下一步施工作业。

(二)油管传输射孔、过油管射孔。

1. 采油(气)树井口压力级别要与地层压力相匹配。

2. 采油(气)树井口上井安装前必须按有关标准进行试压,合格后方可使用。

3. 采油(气)树井口现场安装后要整体试压,合格后方可进行射孔作业。

4. 射孔后起管柱前应根据测压数据或井口压力情况确定压井液密度和压井方法进行压井,确保起管柱过程中井筒内压力平衡。

第三十条 诱喷作业。

(一)抽汲作业前应认真检查抽汲工具,装好防喷管、防喷盒。

(二)发现抽喷预兆后应及时将抽子提出,快速关闭阀门。

(三)预计为气层的井不应进行抽汲作业。

(四)用连续油管进行气举排液、替喷等项目作业时,必须装好连续油管防喷器组。

第三十一条 起下作业。

(一)在起下封隔器等大尺寸工具时,应控制起下速度,防止产生抽汲或压力激动。

(二)在起下管柱过程中,应及时向井内补灌压井液,保持液柱压力平衡。

(三)起下管柱作业出现溢流时,应立即抢关井。经压井正常后,方可继续施工。

(四)起下管柱过程中,要有防止井内管柱顶出的措施,以免增加井喷处理难度。

第三十二条 冲砂作业。

(一)冲砂作业要使用符合设计要求的压井液进行施工。

(二)冲开被埋的地层时应保持循环正常,当发现出口排量大于进口排量时,及时压井后再进行下步施工。

(三)施工中井口应安装好自封封井器和防喷器。

第三十三条 钻磨作业。

(一)钻磨水泥塞、桥塞、封隔器等施工作业所用压井液性能要与封闭地层前所用压井液性能一致。

(二)钻磨完成后要充分循环洗井至1.5~2个循环周,停泵观察至少30min,井口无溢流时方可进行下步工序的作业。

(三)施工中井口应安装好防喷器。

第三十四条 压裂、酸化、化学堵水、防砂等特殊措施作业施工时,要严格按其相关的技术要求和操作规程进行施工,防止井喷。

第三十五条 因特殊原因判断可能形成超压情况下应控制放喷，及时汇报，并做好压井准备。

第三十六条 出现不连续作业、设备熄火或井口无人等情况时必须关闭井控装置或装好井口。

第五章 防火、防爆、防硫化氢等有毒有害气体安全措施和井喷失控的紧急处理

第三十七条 井场设备的布局要考虑防火的安全要求，标定井场内的施工区域严禁烟火。在森林、苇田、草地、采油（气）场站等地进行井下作业时，应设置隔离带或隔离墙。值班房、发电房、锅炉房等应在盛行季风的上风处，距井口不小于30m，且相互间隔不小于20m，井场内应设置明显的风向标和防火防爆标志。若需动火，应执行SY/T 5858—2004《石油工业动火作业安全规程》中的安全规定。

第三十八条 井场电器设备、照明器具及输电线路的安装应符合SY/T 5727—2014《井下作业安全规程》、SY/T 5225—2002《石油与天然气钻井、开发储运防火防爆安全生产技术规程》和SY 6023—1994《石油井下作业队安全生产检查规定》等标准要求。井场必须按消防规定备齐消防器材并定岗、定人、定期检查维护保养。

第三十九条 在含硫化氢等有毒有害气体井进行井下作业施工时，应严格执行SY/T 6137—2005《含硫化氢的油气生产和天然气处理装置作业的推荐作法》、SY/T 6610—2005《含硫化氢油气井井下作业推荐作法》和SY/T 6277—2005《含硫化氢油气田硫化氢监测与人身安全防护规程》标准。

第四十条 各单位要根据本油区的实际制定具体的井喷应急预案，编制含硫等有毒有害油气井应急预案，要参考SY/T 6610—2005《含硫化氢油气井井下作业推荐作法》的有关规定。

第四十一条 各单位要根据本油区的实际，制定关井程序和相应的措施。

第四十二条 井喷失控后的紧急处理。

（一）一旦发生井喷失控，应迅速停机、停车、断电，并设置警戒线。在警戒线以内，严禁一切火源，并将氧气瓶、油罐等易燃易爆物品拖离危险区。同时进行井口喷出油流的围堵和疏导，防止井场地面易燃物扩散。

（二）迅速做好储水、供水工作，用消防水枪向油气喷流和井口周围大量喷水冷却，保护井口。

（三）成立有领导干部参加的现场抢险组，迅速启动或制定抢险方案，集中、统一领导，负责现场施工指挥。

(四)测定井口周围及附近的天然气和硫化氢气体的浓度,划分安全范围,并准备必要的防护用具。

(五)清除井口周围和抢险通道上的障碍物。

(六)井喷失控抢险施工尽量避免在夜间进行。施工时,不要在施工现场同时进行可能干扰施工的其他作业。

(七)抢险中每个步骤实施前,必须进行技术交底和演习,使有关人员心中有数。

(八)做好人身安全防护工作,避免烧伤、中毒、噪声等伤害。

第六章　井控技术培训

第四十三条　由大庆油田有限责任公司指定的具有井下作业井控培训资格的单位负责进行相关人员的培训、取证和换证工作。

第四十四条　对从事井下作业地质设计、工程设计、施工设计及井控管理、现场施工、现场监督等人员必须进行井控培训,经培训合格后做到持证上岗。要求培训岗位如下:

(一)作业管理:采油厂(分公司)主管作业生产、技术、安全的领导和机关科室有关人员、各大队的有关领导。

(二)作业设计:工程技术大队、地质大队、采油矿、作业大队负责编写设计的有关人员。

(三)作业监督:工程技术大队、地质大队、采油矿等的现场监督。

(四)生产骨干:作业小队的主要生产骨干(副班长以上),作业大队主管生产、技术、安全的有关人员,井控车间的有关人员。

第四十五条　井控培训要求。

(一)对工人的培训,重点是预防井喷,及时发现溢流,正确实施关井操作程序及时关井或抢装井控工具,掌握井控设备日常维护和保养方法。

(二)对作业队生产管理人员的培训,重点是正确判断溢流,正确关井,按要求迅速建立井内平衡,能正确判断井控装置故障,及时处理井喷事故。

(三)对井控车间技术人员、现场服务人员的培训,重点是掌握井控装备的结构、原理,能够安装、调试,能正确判断和排除故障。

(四)对采油厂、井下作业分公司、试油试采分公司主管井控的领导(安全总监)、总工程师,二、三线从事现场技术管理的技术人员的培训,重点是井控工作的全面监督管理,井控各项规定和规章制度的落实,井喷事故的紧急处理与组织协调等。

（五）对预防含硫化氢等有毒有害气体的培训，按 SY/T 6137—2005《含硫化氢的油气生产和天然气处理装置作业的推荐作法》的相关内容执行。

第四十六条 对持有井控操作证者，每两年由井控培训部门复培一次，培训考核不合格者，取消井控操作证。当年到期的井控操作证在年内仍然有效。

第七章 井控工作七项管理制度

第四十七条 井控分级责任制度。

（一）井控工作是井下作业安全工作的重要组成部分，油田公司主管开发领导是井下作业井控工作的第一责任人。

（二）油田公司成立井控领导小组，组长由井控工作第一责任人担任。领导小组下设办公室，办公室设在油田公司开发部。主要负责组织贯彻执行井控规定，制定和修订井控工作实施细则，组织开展井控工作。

（三）采油各厂、井下作业分公司、试油试采分公司以及下属作业大队、作业队、工具车间（站）应相应成立井控领导小组，负责本单位的井控工作。

（四）各单位作业大队必须配备有专（兼）职井控技术和管理人员。

（五）各级负责人要按“谁主管，谁负责”的原则，恪尽职守，做到职、权、责明确到位。

（六）油田公司每半年组织一次井控工作大检查。采油各厂、井下作业分公司、试油试采分公司对本单位下属作业队，每季度进行一次井控工作检查，作业队每天要进行井控安全检查，及时发现和解决问题，杜绝井喷事故发生。

第四十八条 井控操作证制度。

应持证人员经培训考核取得井控操作合格证后方可上岗。

第四十九条 井控装置的安装、检修、现场服务制度：

（一）井控（工具）车间。

1. 负责井控装置的建档、配套、维修、试压、回收、检验、巡检服务。

2. 建立保养维修责任制、巡检回访制、定期回收检验制等各项管理制度。

3. 在监督、巡检中应及时发现和处理井控装备存在的问题，确保井控装备随时处于正常工作状态。

4. 每月的井控装备使用动态、巡检报告等应及时逐级上报井下作业专业主管部门。

（二）作业队在施工过程中每个班对井控装置、工具检查一次，并认真填写运转和检查记录。

第五十条 防喷演习制度。

井下作业队必须根据作业内容每月进行一次不同工况下的防喷演习，并做好防喷演习讲评和记录工作。演习记录包括：班组、日期和时间、工况、演习速度、参加人员、存在问题、讲评等。

第五十一条 作业队干部值班制度。

（一）作业队干部应坚持24h值班，并做好值班记录。

（二）值班干部应检查监督井控各岗位执行、落实制度情况，发现问题立即整改。

第五十二条 井喷事故逐级汇报制度。

（一）井喷事故分级。

1. 一级井喷事故（Ⅰ级）。

海上油（气）井发生井喷失控；陆上油（气）井发生井喷失控，造成超标有毒有害气体逸散，或窜入地下矿产采掘坑道；发生井喷并伴有油气爆炸、着火，严重危及现场作业人员和作业现场周边居民的生命财产安全。

2. 二级井喷事故（Ⅱ级）。

海上油（气）井发生井喷；陆上油（气）井发生井喷失控；陆上含超标有毒有害气体的油（气）井发生井喷；井内大量喷出流体造成对江河、湖泊、海洋和环境造成灾难性污染。

3. 三级井喷事故（Ⅲ级）。

陆上油气井发生井喷，经过积极采取压井措施，在24h内仍未建立井筒压力平衡，中国石油天然气集团公司直属企业难以短时间内完成事故处理的井喷事故。

4. 四级井喷事故（Ⅳ级）。

发生一般性井喷，各单位能在24h内建立井筒压力平衡的井喷事故。

（二）一旦发生井喷或井喷失控应有专人收集资料，资料要齐全、准确。

（三）发生井喷后由下至上逐级上报，2h内要报告公司开发部，并立即报告油田公司主管领导。情况紧急时，发生险情的单位可越级直接向上级单位报告。发生Ⅰ级、Ⅱ级井喷事故，公司开发部接到报警后要立即上报集团公司应急办公室（办公厅）和中国石油天然气股份有限公司勘探与生产分公司，同时向当地政府进行报告；发生Ⅲ级井喷事故，公司开发部接到报警后24h内上报集团公司应急办公室（办公厅）和股份公司勘探与生产分公司。

（四）发生井喷后，要随时保持各级通信联络畅通无阻，并有专人值班。

（五）各单位在每月上旬以书面形式向公司开发部汇报上一月度井喷事故处理情况及事故报告。汇报实行零报告制度，对汇报不及时或隐瞒井喷事故的，将追究责任。汇报格式见附件1、附件2。

第五十三条 井控例会制度。

(一)作业队每周召开一次由队长主持的以井控工作为主要内容的安全会议,每天班前、班后会上,值班干部、班长必须布置井控工作任务,检查、讲评本班组井控工作。

(二)作业大队每月召开一次井控例会,检查、总结、布置井控工作。

(三)采油各厂、井下作业分公司、试油试采分公司每季度召开一次井控工作例会,总结、协调、布置井控工作。

(四)油田公司每半年召开一次井控工作例会,总结、布置、协调井控工作。

第八章 附 则

第五十四条 本细则自印发之日起施行。原大庆油田有限责任公司关于印发《大庆油田井下作业井控技术管理实施细则(试行)》的通知(庆油发〔2004〕66 号文)同时废止。

第五十五条 本细则由大庆油田有限责任公司开发部负责解释。

附件:1. 井下作业井喷失控事故信息收集表(快报)

2. 井下作业井喷失控事故报告信息收集表(续报)

附件 1

井下作业井喷失控事故信息收集表(快报)

<table>
<tr><td>收到报告时间</td><td colspan="7">年　月　日　时　分</td></tr>
<tr><td>报告单位</td><td colspan="7"></td></tr>
<tr><td>报告人</td><td></td><td>职务</td><td colspan="2"></td><td>联系电话</td><td colspan="2"></td></tr>
<tr><td>发生井喷单位</td><td colspan="7"></td></tr>
<tr><td>现场抢险负责人</td><td></td><td>职务</td><td colspan="2"></td><td>电话</td><td colspan="2"></td></tr>
<tr><td>事故发生地理位置</td><td colspan="7"></td></tr>
<tr><td rowspan="6">基本情况</td><td>井喷发生时间</td><td></td><td>机组类型</td><td></td><td>施工单位</td><td colspan="2"></td></tr>
<tr><td>井号</td><td></td><td>井别</td><td></td><td>井型</td><td colspan="2">水平井 □ 定向井 □
直井 □</td></tr>
<tr><td>油层套管尺寸(mm)</td><td></td><td>人工井底(m)</td><td></td><td>油层井段(m)</td><td colspan="2"></td></tr>
<tr><td>构造</td><td></td><td>地层压力(MPa)</td><td></td><td>目前管柱的垂深(m)</td><td colspan="2"></td></tr>
<tr><td>表层套管下深(m)</td><td></td><td>井内液体类型</td><td></td><td>井内液体密度(g/cm^3)</td><td colspan="2"></td></tr>
<tr><td>施工作业主要内容</td><td colspan="6"></td></tr>
<tr><td>有毒气体类型</td><td colspan="3">H_2S □　CO_2□　CO □</td><td>人员伤亡情况</td><td colspan="3"></td></tr>
<tr><td rowspan="6">井口装备状况</td><td rowspan="4">防喷器状况</td><td colspan="3">额定工作压力(MPa)</td><td colspan="3"></td></tr>
<tr><td colspan="3">型号</td><td colspan="3"></td></tr>
<tr><td colspan="3">开关状态</td><td colspan="3">开 □　关 □</td></tr>
<tr><td colspan="3">可控或失控</td><td colspan="3">可控 □　失控 □</td></tr>
<tr><td>采油树型号、状况</td><td>型号</td><td></td><td>完好情况</td><td></td><td>开关</td><td></td></tr>
<tr><td>地面流程状况</td><td colspan="6"></td></tr>
</table>

续表

<table>
<tr><td>内防喷工具状况</td><td colspan="2">完好情况</td><td></td><td colspan="2">开关状态</td><td></td></tr>
<tr><td rowspan="3">井喷具体状况</td><td colspan="2">喷势描述及估测产量</td><td colspan="4"></td></tr>
<tr><td colspan="2">喷出物</td><td colspan="4">气 □　　油 □　　水 □　　气油水 □</td></tr>
<tr><td colspan="2">环境污染情况</td><td colspan="4"></td></tr>
<tr><td rowspan="3">周边500m内环境状况</td><td rowspan="2">居民</td><td>数量</td><td></td><td rowspan="2">工农业设施</td><td>名称及数量</td><td></td></tr>
<tr><td>距离（m）</td><td></td><td>距离（m）</td><td></td></tr>
<tr><td colspan="2">江、河、湖、泊的距离</td><td colspan="4"></td></tr>
<tr><td>已疏散人群</td><td colspan="6"></td></tr>
</table>

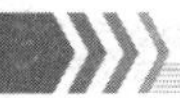

附件 2

井下作业井喷失控事故报告信息收集表(续报)

<table>
<tr><td>事故级别</td><td colspan="2">Ⅰ□ Ⅱ□ Ⅲ□ Ⅳ□</td><td colspan="2">有毒气体含量</td><td colspan="2">H_2S( ) CO_2( ) CO( )</td></tr>
<tr><td>井口压力</td><td>油管压力</td><td></td><td colspan="2">套管压力</td><td colspan="2"></td></tr>
<tr><td rowspan="2">现场气象、海况及主要自然天气情况</td><td>阴或晴</td><td></td><td>雨或雪</td><td></td><td>风力</td><td></td></tr>
<tr><td>风向</td><td></td><td>气温</td><td></td><td>海浪高</td><td></td></tr>
<tr><td>井喷过程简要描述及初步原因</td><td colspan="6"></td></tr>
<tr><td>井身结构及管柱结构图</td><td colspan="6"></td></tr>
<tr><td>邻近注水、注气井情况</td><td colspan="6"></td></tr>
<tr><td>救援地名称及距离</td><td colspan="6"></td></tr>
</table>

续表

<table>
<tr><td>周边道路情况</td><td colspan="7"></td></tr>
<tr><td>已经采取的抢险措施</td><td colspan="7"></td></tr>
<tr><td>下一步将采取的措施</td><td colspan="7"></td></tr>
<tr><td rowspan="3">井场压井材料储备</td><td>重压井液</td><td>密度</td><td>(g/cm³)</td><td>量</td><td colspan="3">(m³)</td></tr>
<tr><td>工程用水</td><td colspan="6">(m³)</td></tr>
<tr><td>加重材料</td><td>重晶石</td><td>(t)</td><td>石灰石粉</td><td>(t)</td><td>铁矿石粉</td><td>(t)</td></tr>
<tr><td>救援需求</td><td colspan="7"></td></tr>
</table>

附录 3

吉林油田公司石油与天然气井下作业井控管理规定

第一章 总 则

第一条 为确保井下作业过程中的井控安全,根据 Q/SY 1553—2012《中国石油天然气集团公司石油与天然气井下作业井控技术规范》及相关标准文件,结合吉林油田井下作业生产实际,制定本规定。

第二条 本规定是对井下作业井控设计、井控装备、作业过程中的井控要求、井控职责等做出的具体规定,适用于吉林油田自营区和合资合作区的井下作业施工。

第三条 利用井下作业设备进行钻井(含侧钻和加深钻井)的施工,执行《吉林油田公司石油与天然气钻井井控管理规定》;利用钻井设备进行试油(气)和测试施工,执行本规定。

第四条 带压作业施工执行 Q/SY 1119—2007《油水井带压修井作业安全操作规程》和 Q/SY 1230—2009《注水井带压作业技术规范》等文件及相关标准。

第二章 井控设计

第五条 井下作业井控设计不单独编写,应该在地质设计、工程设计和施工设计中包含井控设计的内容和要求,并按照规定程序进行审核、审批。

(一)地质设计的井控要求。

1. 地质设计中应明确施工井所处区块的风险级别,并在设计封面右上角标明(A 级风险、B 级风险、C 级风险)。具体分级原则见《吉林油田公司井控管理办法》。

2. 基础数据。

(1)井身结构数据:目前井身结构,各层套管钢级、壁厚、外径和下入深度,人工井底,射孔井段、层位、水泥返深和固井质量等资料。

(2)地层流体性质:本井产层流体(油、气、水)性质、气油比等。

(3)压力数据:原始地层压力(目前地层压力)或本施工区域地层压力系数,井口压力等。

(4)产量数据:产量(测试产量及绝对无阻流量)、注水量、注气(汽)量等。

(5)老井状况:试、修、采等情况,目前井下状况(包括水泥塞和桥塞位置,油管的钢级、壁厚、外径、下深,井下工具名称规范,井下套管腐蚀磨损)和井口情况等资料。

(6)邻井情况:邻井的注水或注气(汽)井口压力,本井与邻井地层连通情况,邻井的流体性质、产量、压力、有毒有害气体资料。

(7)钻井情况:钻井显示、测录井资料、中途测试及钻井液参数等资料。

3. 风险提示。

(1)标注和说明:在地质设计中对井场周围500m范围内(含硫油气田探井井口周围3km、生产井井口周围2km范围内)的居民住宅、学校、厂矿(包括开采地下资源的矿业单位)、国防设施、高压电线和水资源情况以及风向变化等情况进行标注和说明。

(2)异常高压等情况提示:对本井及构造区域内可能存在的异常高压情况进行提示和说明。

(3)有毒有害气体提示:对本井或本构造区域内的硫化氢、二氧化碳等有毒有害气体的情况进行提示和说明。

(二)工程设计的井控要求。

1. 工程设计应根据各区块风险级别,结合施工工艺情况对施工井进行风险评估,按照危害级别从高到低划分为Ⅰ类井、Ⅱ类井、Ⅲ类井,并在设计封面右上角标明。具体分类原则见《吉林油田公司井控管理办法》。

2. 工程设计应依据地质设计提供的井场周围一定范围内的情况,制定预防措施。

3. 根据地质设计提供的地层压力,预测井口最高关井压力。

4. 压井液密度的确定应以地质设计中提供的本井目前地层压力为基准,再加一个附加值。附加值可选用下列两种方法之一确定:

(1)油水井为0.05~0.10g/cm^{3}或1.5~3.5MPa;

(2)气井为0.07~0.15g/cm^{3}或3.0~5.0MPa。

具体选择附加值时推荐:浅井以压力附加值为准,深井以密度附加值为准。含硫化氢等有毒有害气体的油气层压井液密度的设计,其安全附加密度值或安全附加压力值应取上限值。

5. 根据地质设计的参数,明确压井液的类型、密度、性能、备用量及压井要求。压井液备用量按以下要求确定:

(1)Ⅰ类井现场压井液的备用量应为井筒容积的1~1.5倍。

(2)Ⅱ类井、Ⅲ类井压井液可集中储备。

6. 给出施工所需要的井控装置压力等级和组合形式示意图,还应提出采油

(气)井口装置以及地面流程的配置及试压要求等。

7. 设计中，不需要配置压井与节流管汇进行井下作业的，应明确要求安装简易压井与放(防)喷管线，其通径不小于50mm。

8. 工程设计中选择的作业管柱应满足井控要求。

9. 依据地质设计中硫化氢等有毒有害气体的风险提示，制定相应的防范要求。

(三)施工设计的井控要求。

1. 依据地质设计和工程设计，施工设计中应有明确的井控内容。应包括(但不限于)以下内容：

(1)压井液要求：性能、数量。

(2)压井材料准备：清水、添加剂和加重材料。

(3)防喷器的规格、组合及示意图，节流、压井管汇规格及示意图。

(4)井控装置的现场安装、调试与试压要求等。

(5)管柱内防喷工具规格、型号、数量。

(6)起下管柱(油杆)、旋转作业(钻、磨、套、铣等)、起下大直径工具(钻铤或封隔器等)、钢丝(电缆)作业和空井时，应有具体的井控安全措施。

(7)明确环境保护、防火和防硫化氢等有毒有害气体的具体措施及器材准备。

2. 按照相关要求编写井控应急预案。

第三章　井控装备

第六条　井控装备、井控辅助仪器的配备应按以下要求执行：

(一)防喷器及内防喷工具选用原则。

防喷器压力等级的选用应不小于施工层位目前最高地层压力、所使用套管抗内压强度以及套管四通额定工作压力三者中最小值。

1. Ⅰ类井、Ⅱ类井可选用的防喷器组合形式执行《中国石油天然气集团公司石油与天然气井下作业井控规定》中的规定，有毒有害气体超标的井应选用环形防喷器，有钻台作业井应使用液动防喷器。高压、高含硫井，应安装剪切闸板防喷器。

2. Ⅲ类井可不安装防喷器，但必须配备简易防喷装置。

3. 内防喷工具压力等级应与防喷器压力等级一致。

(二)压井、节流管汇(线)选用原则。

1. 压井管汇、节流管汇等装备的压力级别和组合形式应与防喷器压力级别和组合形式相匹配，2⅞in 完好油管可作为放喷管线使用，压井、节流管汇的组合形式执行《中国石油天然气集团公司石油与天然气井下作业井控规定》中的规定。

2. 节流管汇上应同时安装高、低量程压力表，压力表朝向井场前场方向，下端装截止阀,低压表下端所装截止阀处于常关状态,高压表下端所装截止阀处于常开状态。高压表量程和节流管汇额定工作压力相匹配,低压表量程为高压表量程1/3左右。

第七条 含硫地区井控装备、井控辅助仪器的选用应符合行业标准SY/T 6610—2005《含硫化氢油气井井下作业推荐作法》的规定。

第八条 井控装备试压要求。

(一)试压要求及介质。

1. 试压介质为液压油和清水(冬季使用防冻液)。

2. 除环形防喷器试压稳压时间不少于10min外,其余井控装置稳压时间不少于30min,密封部位无渗漏,压降不超过0.7MPa为合格。低压密封试压稳压时间不少于10min,密封部位无渗漏,压降不超过0.07MPa为合格。

3. 采油(气)井口装置在井控车间和上井安装后,试压稳压时间不少于30min,密封部位无渗漏,压降不超过0.5MPa为合格。

(二)井控车间试压。

1. 防喷器、内防喷工具、节流管汇、压井管汇、射孔阀门按照额定工作压力进行密封试压。闸板防喷器还应做1.4~2.1MPa低压密封试压。

2. 防喷器控制系统及液动闸阀应用液压油做21MPa可靠性试压。

(三)现场试压。

1. 闸板防喷器在套管抗内压强度80%、套管四通额定工作压力、闸板防喷器额定工作压力三者中选择最小值进行试压。

2. 环形防喷器封闭钻杆或油管(禁止无管柱封零)在不超过套管抗内压强度80%、套管四通额定工作压力、闸板防喷器额定工作压力的情况下,试其额定工作压力的70%。

3. 防喷器控制系统在现场安装好后按21MPa压力做一次可靠性试压。

4. 连续油管防喷器根据设计施工压力进行试压。射孔阀门、防喷管线、压井管汇、节流管汇按照额定工作压力进行试压。

5. 放喷管线和测试流程的试压值不小于10MPa。

6. 分离器现场安装后,其试压值为分离器最近一次检测时所给的最高允许工作压力(新分离器按照额定工作压力试压)。

7. 采油(气)井口装置按其额定工作压力试压。

8. 以组合形式安装的井控装置,按各部件额定工作压力的最小值进行试压。

9. 井控装置在现场更换配件后还应进行试压。

第九条 现场井控装备的安装要求。

井控装备安装前,必须经有资质的井控车间进行检验、试压合格。

（一）采油（气）树的安装要求。

1. 采油（气）树运到现场后要进行验收检查，各零部件齐全，阀门开关灵活，主体无损坏。

2. 采油（气）树安装时，应先将四通底法兰卸开，将各钢圈清洁干净并涂抹润滑脂，确保钢圈无损坏。

3. 再将法兰连同套管短节安装到井口的套管接箍上，将钢圈安放在法兰的钢圈槽内并涂好润滑脂，然后将整套采油（气）树装好，依次对角上紧各连接螺栓，装齐油管、套管压力表。

4. 压裂、酸化等大型施工的采油（气）树井口必须要加固。

（二）防喷器的安装要求。

1. 施工前，建设方应确保施工井井口装置齐全、完好。

2. 现场安装前认真检查闸板尺寸与施工管柱尺寸是否吻合，检查钢圈尺寸、螺孔尺寸与防喷器、套管四通是否吻合。

3. 井口四通及防喷器的钢圈槽应清理干净，并涂抹润滑脂，然后将钢圈放入钢圈槽内，确认钢圈入槽后，上下螺孔对正和方向符合后，上全螺栓，并对角上紧，螺栓两端余扣均匀。防喷器的旁侧孔应背向作业机方向，液压管线接头面向作业机方向。

4. 防喷器安装后，应保证其通径中心与天车、游动滑车在同一垂线上，垂直偏差不得超过 10mm。

5. 根据设计要求使用环形防喷器并且配备钻台的井，安装完毕后，应用 4 根不小于 9.5mm 的钢丝绳和花篮螺栓在井架底座的对角线上绷紧、找正固定。

6. 具有手动锁紧机构的闸板防喷器应装齐手动操作杆，靠手轮端应支撑牢固，其中心与锁紧轴之间的夹角不大于 30°，并挂牌标明开、关方向和圈数，如手动操作杆的高度大于 1.5m，应安装操作台，且保证手轮之间不相互干扰，气井施工可考虑增加手动操作杆的长度及加装手动防护板。

（三）防喷器控制系统的安装要求。

1. 防喷器控制台安装在面对作业机侧前方，距井口 25m 以外，同其他设施的距离不少于 2m，周围 10m 内不得堆放易燃、易爆、腐蚀物品。

2. 远程控制台电源应从配电箱总开关处直接引出并单独设置控制开关；应保持远程控制台照明良好，且应接地保护。

3. 远程控制台电控箱开关旋钮应处于自动位置，控制手柄应处于工作位置，并有控制对象名称和开关标识；控制剪切闸板的三位四通阀应安装防误操作的限位装置，控制全封闸板的三位四通阀应安装防误操作的防护罩。

4. 远程控制台处于待命状态时，蓄能器压力为 17.5～21MPa。

5. 控制系统的液压管线在安装前应用压缩空气逐根吹扫,所有管线应整齐排放,连接时接口应密封良好,拆除的管线应用堵头堵好,以保证管线畅通。

6. 管排架与防喷管线、放喷管线的距离应不少于1m,车辆跨越液控管线处应安装过桥盖板进行保护。

(四)井控管汇的安装要求。

井控管汇包括节流管汇、压井管汇、防喷管线和放喷管线等。

1. 压井、节流管汇的安装要求。

压井、节流管汇应安装在距井口3m以外,且平正。闸阀要挂牌编号标识,并标明开关状态。

2. 防喷管线的安装要求。

(1)Ⅰ类井的防喷管线应采用法兰连接,Ⅱ类井的防喷管线应采用法兰或螺纹连接,并尽量平直引出。如需要转弯时,转弯处应使用不小于90°锻造钢制弯头连接。

(2)采油树四通的两侧应接防喷管线,四通闸阀应处于常开状态,防喷管线上若安装控制闸阀(手动或液动阀)应接出钻台底座以外。防喷管线长度超过7m时,中间应有地锚、基墩或沙箱固定。

3. 压井、放喷管线的安装要求。

(1)压井管线应安装在当地季节风的上风方向,接到便于实施压井操作的适当位置,并固定牢固。

(2)放喷、压井管线通径不小于50mm。放喷管线应使用钢质管材。含硫油气井的井口管线及管汇应采用抗硫的专用管材。

(3)放喷管线的布局要综合考虑当地季节风向、居民区、道路、油罐区、电力线及各种设施等情况,管线出口不得正对电力线、油罐区、宿舍、道路以及其他设施或障碍物。

①Ⅰ类、Ⅱ类井的放喷管线应接至距井口30m以外的安全地带(其中高压油气井和高含硫化氢等有毒有害气体的井放喷管线应接至距井口75m以外的安全地带)。因特殊情况,放喷管线长度达不到相关要求时,应由建设方组织进行安全评估,制定针对性的安全措施,经建设方主管领导批准后方可施工。

②Ⅲ类井可不接压井、放喷管线,但应保证套管阀门齐全、灵活好用,现场应备至少接出井场外安全地带的放喷管线。

(4)两条管线走向一致时,应保持大于0.3m的距离,并分别固定。

(5)管线尽量平直引出,如因地形限制在转弯处应使用夹角不小于90°锻造钢制弯头。

(6)管线每隔10~15m应用地脚螺栓、螺旋式地锚、活动基墩或沙箱固定,与管线管径相匹配的压板固定(固定压板宽100mm、厚10mm),转弯处前后1.5m以内应固定,放喷管线出口处使用双水泥基墩或双砂箱固定,距出口端不超过 1.5m。悬空处要支撑牢固,若跨越 10m 宽以上的河沟、水塘等障碍,应架设金属过桥支撑。

①地脚螺栓水泥墩基坑长×宽×深为 0.8m×0.6m×0.8m,遇地表松软时,基坑体积应不小于 1.2m^3;预埋地脚螺栓直径不小于 20mm,长度不小于 0.5m,压板圆弧应与放喷管线一致。

②螺旋式地锚规范要求:螺旋式地锚桩本体外径不小于 70mm,螺旋盘片厚度不小于 5mm、长度不小于 1.5 周、直径不小于 25mm,地锚旋入地下深度不小于 80cm,用直径不小于 20mm 的螺栓紧固压井、放喷及防喷管线,压板圆弧应与放喷管线一致。

③活动基墩或沙箱的总重量不低于 200kg,沙箱钢板厚度不小于 5mm,用直径不小于 20mm 的螺栓紧固压井、放喷及防喷管线,压板圆弧应与放喷管线一致。

(7)放喷管线在车辆跨越处装过桥盖板,放喷管线管出口应具备点火条件。

(8)测试用压井管汇、防喷管线、节流放喷测试管汇的压力级别应与防喷器压力级别相匹配,安装固定要求同上。

(五)其他井控装备安装要求。

1. 内防喷工具应摆放在钻台上备用,并有连接井内管柱与旋塞阀、回压阀的配合接头及回压阀抢装工具,内防喷工具应处于常开状态;每次起下作业时应开关活动旋塞阀一次。

2. 起下变径管柱时,钻台(操作台)边应配置一根防喷单根,其外径与防喷器的闸板尺寸相匹配。

3. 大修、试油队的循环罐应配齐液面直读标尺,并便于操作。

4. 分离器距井口应不小于 15m,非橇装分离器用水泥基墩地脚螺栓固定,立式分离器应用钢丝绳对角四方绷紧、固定。分离器本体上应安装与之配备的安全阀,排污管线固定牢靠并接入废液池或废液罐。安全阀的开启压力不应超过分离器额定工作压力的 80%。分离器、安全阀现场安装完毕后应进行试压,分离器试压值为额定工作压力的 80%,安全阀应进行密封、开启压力试压。

5. 含有毒有害气体的井要在钻台、循环罐、井口和生活区等处安装防爆排风扇。

第十条 井控装备回井控车间试压周期相关要求。

(一)除带压作业使用的井控装备每 3 个月送回井控车间检修、试压外,其余井控装备每年送回井控车间检修、试压一次。

(二)新购置的井控装备在使用前,要送至井控车间进行试压。

第十一条 井控装备使用要求。

(一)防喷器的使用要求。

1. 在使用过程中,作业队要定岗负责检查与保养,确保井控装备处于完好状态,并标明开关状态。

2. 起下管柱作业前应检查防喷器闸板是否完全打开,严禁在防喷器闸板未完全打开的状况下进行起下管柱作业。

3. 半封闸板只能用于封闭油管本体的关井,禁止用半封闸板封闭油管接箍、钻铤和方钻杆等大直径工具。

4. 全封闸板只能用于空井情况下的关井,禁止在井内有管柱的情况下关闭全封闸板。

5. 具有手动锁紧机构的闸板防喷器关井后,应手动锁紧闸板。打开闸板前,应先手动解锁。锁紧和解锁都应一次到位,且解锁后应回转 1/4~1/2 圈。

6. 环形防喷器可在井内有方钻杆、钻铤、钻杆、套管及空井的情况下进行关井。一般在空井状态下尽量使用全封闸板关井,在全封闸板刺漏时,可用环形防喷器进行应急处置。

7. 环形防喷器或闸板防喷器关闭后,在关井套管压力不超过 14MPa 情况下,允许管柱以不大于 0.2m/s 的速度上下活动,禁止转动井内的钻具和油管(钻杆)接箍通过闸板防喷器。

8. 在防喷器上法兰面上起下管柱作业时,上法兰必须装保护装置。

9. 油管传输射孔、排液、求产等工况,严禁将防喷器当作采油树使用,必须换装采油树。

10. 不连续作业时,必须及时关井。

(二)防喷器控制系统的使用要求。

1. 作业队要每班定岗检查一次远程控制台管汇与蓄能器的压力是否符合要求,电泵与气泵运转是否正常,液控管线是否漏油,油量是否充足,发现问题立即进行整改,保证防喷器控制系统处于完好状态。

2. 防喷器控制装置的控制手柄都应标识,禁止随意扳动。

3. 防喷器控制装置的液压管线不使用时,端口的活接头应加以保护。

(三)采油树和简易井口的使用要求。

1. 施工作业前应检查采油树、简易井口,确保部件齐全。

2. 卸下的采油树和简易井口要及时清洗、检查、保养,阀门保持全开状态。

3. 检查井口四通法兰的钢圈槽、顶丝、阀门并进行保养,不齐全的安装齐全,损坏的应更换。

4. 当油管悬挂器坐入四通后应将顶丝全部顶紧。

5. 双阀门采油树在正常情况下使用外侧阀门,内侧阀门保持全开状态。

6. 放喷或求产时,应采用针型阀或油嘴放喷,严禁使用采油树阀门控制放喷。

(四)压井、节流管汇的使用要求。

1. 各阀门要进行编号、并标明开关状态,作业队要定岗每班检查开关状态,并活动开关一次,及时保养。

2. 压井管汇不能用作日常的灌注压井液和注灰作业用。

(五)内防喷工具及其他井控装置的使用要求。

1. 操作台上(或井口附近)应备有能连接井内管柱的防喷单根、内防喷工具、防窜装置(工具)、简易防喷装置、变径接头等井控装置。

2. 其额定工作压力应不小于所选用的防喷器压力等级,专用扳手要放在方便取用的地方。简易防喷装置的抗拉强度应满足施工作业的需要,额定工作压力应不小于作业井口的压力级别。作业队要定岗检查保养,每次起下作业时应开、关活动一次。

3. 井控辅助仪器要按照检测周期定期进行检测,合格后方可使用。

第十二条 井控装置及管线的防冻保温工作。

1. 从每年的 10 月下旬至次年的 4 月上旬或日最低气温在 0℃以下,均需对所有井控装备和管线进行防冻保温。

2. 防喷器采用暖气或电热带缠绕的方式进行保温。

3. 防喷管线、节流压井管汇及地面高压管汇采用电热带缠绕的方式进行保温。

4. 应将使用过的液气分离器及进液管线的残余液体及时排掉,并对所使用的节流、压井管汇及放喷管线进行吹扫,以防止冰堵。

5. 远程控制台要配备防爆电保温设施,使用低凝抗磨液压油。

第四章 作业过程的井控要求

第十三条 起下泵杆作业的井控要求。

(一)配备施工所需的泵杆变扣和泵杆悬挂器。

(二)采油(气)树两侧的生产阀门处于开启状态。

(三)发生溢流时,应立即抢装泵杆悬挂器,如果喷势较大无法安装泵杆悬挂器,应立即将泵杆丢入井内,关闭井口。

第十四条 射孔作业的井控要求。

(一)常规电缆射孔。

1. 射孔前,要安装射孔防喷器(阀门)、压井管汇(线)、(放喷管线)等井控装备,并按要求进行试压。认真核对“射孔通知单”,确保射孔层位及井段准确无误。

2. 射孔前,应按照设计要求进行预压井,压井后方可进行射孔施工,射孔队必须配备专用射孔电缆剪。

3. 射孔过程中,作业队要指派专人负责观察井口显示情况,若液面不在井口,应及时向井筒内灌入同样性能的压井液,保持液面在井口。

4. 射孔过程中发生溢流时,应立即停止射孔,快速起出枪身实施关井;若来不及起出枪身时,由现场监督负责根据溢流性质和大小决定抢下钻具的深度和剪断电缆时机后实施关井。由射孔队负责剪断射孔电缆,作业队负责关闭射孔防喷器(阀门)或全封闸板。

5. 射孔结束起射孔枪身时,应控制电缆上提速度。起出枪身后应立即下管柱,不允许空井。

6. 预测能自喷的井、解释为气层或含气层的井不得采用常规电缆射孔方式进行射孔作业。

(二)油管传输射孔。

1. 下射孔管柱前,要安装压井和节流管汇(线)等,并按照本规定中的规定进行试压,合格后方可进行下一步施工。

2. 定位、调整管柱后安装采油(气)树,采油(气)树压力级别要与地层压力相匹配。

3. 射孔前,应按照设计要求进行预压井,压井后方可进行射孔施工。

4. 起射孔管柱前,应根据测压数据确定压井液密度和压井方法进行压井施工,并安装防喷器。

第十五条 诱喷作业的井控要求。

(一)抽汲诱喷。

1. 对压力系数大于1.0的地层,应控制抽汲强度。每抽汲完成一次后,将抽子提出,关闭油管阀门,观察20min,无自喷显示后,方可进行下一次抽汲。

2. 抽汲出口与计量罐之间连接的管线应使用钢制管线,并按照本规定要求锚定牢固。

3. 发现抽喷预兆后,应及时提出抽子,快速关闭油管阀门;不能及时提出抽子时,作业队应剪断抽汲绳,快速关闭油管阀门。

4. 解释为气层的井不应进行抽汲作业。

(二)连续油管气举排液。

1. 用连续油管进行气举排液、替喷等作业时,必须装好连续油管防喷器组,并进行试压,合格后方可进行下一步施工。

2. 排喷后立即起连续油管至防喷管内,关闭采油(气)树清蜡阀门。

3. 油层已经射开的井,不允许用空气进行排液,应采用液氮等惰性气体进行排液。

（三）特殊井、异常高压井和高含硫化氢等有毒有害气体的井，不允许夜间进行诱喷作业。

（四）放喷时应用针型阀或油嘴控制，经分离器分离出的天然气和气井放喷的天然气应点火烧掉，火炬出口距建筑物及森林应大于100m，且位于井口油罐区主导风向的下风侧，火炬出口应固定牢靠。

第十六条 起下管柱作业的井控要求。

（一）按照设计要求安装井控装备，锚定牢固，并按要求试压合格后方可进行下步施工。

（二）起下封隔器等大直径工具时，应按照相关操作规程控制起下作业速度，平稳操作，不得猛提猛放，距射孔井段300m以内，起下管柱速度不得超过5m/min，防止产生压力波动等情况。

（三）如出现抽汲现象，每起10根管柱要循环或挤压井一周。

（四）起下管柱过程中，若液面不在井口，视情况向井内补灌压井液，保持井内压力平衡。

（五）起下作业过程中，根据施工管柱、配件及入井工具的尺寸规范，及时更换闸板。

第十七条 冲砂作业的井控要求。

（一）冲砂作业必须安装闸板防喷器和自封封井器（有钻台井装导流管），冲砂单根安装单流阀或旋塞阀。

（二）冲砂前用能平衡目的层地层压力的压井液进行压井。

（三）冲砂作业时资料员或三岗位（场地工）坐岗观察、计量循环罐压井液量，并填写坐岗记录。

（四）冲砂至设计井深后循环洗井一周以上，停泵观察，确定井口无溢流时方可进行下步作业。

第十八条 钻磨作业的井控要求。

（一）钻磨前按照设计要求进行压井作业。

（二）钻磨作业要安装旋塞阀或单流阀，并按设计要求安装井控装备，且锚定牢固。

（三）钻磨过程中，要有专人进行坐岗观察循环液的增减情况，发现溢流或漏失时立即停止钻磨作业，进行关井。

（四）钻磨完成后，要充分循环洗井1.5~2个循环周，停泵观察，确定井口无异常后，方可进行下步施工。

第十九条 压裂酸化措施作业的井控要求。

（一）所选压裂井口耐压强度应大于设计施工最高井口压力，压裂管汇的耐压强度要高于本地区最高破裂压力的1.5~2.0倍。对于井口压力等级达不到标准的井，由产能建设单位对压裂施工的风险进行评估，并经各单位主管领导同意后方可施工。

（二）压裂井口要全部装齐，螺栓对称上紧，阀门应开关灵活，井口用钢丝绳固定绷紧。

（三）压裂酸化前，应检查压裂管汇是否有合格证、是否在安全使用期限内，不得使用不合格和超期限产品。

第二十条 起下电潜泵作业的井控要求。

（一）作业队必须配备专用电缆剪。

（二）起下管柱作业时，按照起下管柱作业的要求执行。

（三）一旦发生紧急情况，立即剪断电缆，按程序关井。

第二十一条 拆卸防喷器、安装采油（气）树作业的井控要求。

（一）用符合设计要求的压井液压井，保持灌注压井液至井口。

（二）压稳后，由专人进行坐岗观察，观察时间应大于拆卸防喷器和安装采油树时间总和的2倍以上，确定井口无异常后，再次循环一周以上，方可进行下一步施工。

第二十二条 不连续作业的井控要求。

不连续作业时，应及时关闭防喷器、连接简易防喷装置或安装采油（气）树，录取油管、套管压力。

（一）井内有油管且油管悬挂器能通过防喷器的情况下，不连续作业时间较长时需将油管悬挂器坐入采油（气）树四通，上紧全部顶丝，连接旋塞阀和压力表，录取油管、套管压力。

（二）井内有油管且油管悬挂器不能通过防喷器的情况下，不连续作业时间较长时需卸下防喷器，安装采油（气）树，录取油管、套管压力。

（三）井内无油管，等措施期间，应及时安装简易防喷井口或关闭全封闸板防喷器，必要时下入不少于井深1/3的管柱。

第二十三条 取换套管作业的井控要求。

（一）有表层套管和技术套管的井必须安装防喷器。

（二）没有表层套管和技术套管的井下入40m导管后固井，并按设计要求进行试压，合格后安装防喷器。

（三）取换套管作业前，采用注水泥塞等方式封闭已经打开的油（气）层，并按设计要求进行试压，合格后方可进行下步施工。

第二十四条 长停井、废弃井的井控管理要求。

（一）长停井应保持井口装置完整，并制定巡检、报告制度；“三高”油气井应根据停产原因和停产时间，采取可靠的井控措施。

（二）长停井在施工前，建设方要详查捞油井的地质资料，详细掌握生产时及停产后的情况、井内层位的射开状态、固井质量、套管完好情况等，并组织进行井控风险评估，制定可行的安全措施。长停井和废弃井的具体施工要求执行 SY/T 6646—2006《废弃井及长停井处置指南》。

（三）采油（气）及注入井废弃时，井口套管接头应露出地面，并用厚度不低于 5mm 的圆形钢板焊牢，钢板面上应用焊痕标注井号和封堵日期。气井及含气油井废弃时应安装简易井口，装压力表，盖井口房。

（四）已完成封堵的废弃井每年至少巡检 1 次，并记录巡井资料；“三高”油气井封堵废弃后应加密巡检。

第二十五条 发现溢流后的关井要求。

发现溢流后应立即报告司钻，由司钻或班长负责用开关式气喇叭统一发信号进行指挥操作。信号统一为：报警信号为一长鸣笛（15s），关井信号为两短鸣笛（2s—1s—2s），解除信号为三短鸣笛（2s—1s—2s—1s—2s）。关井时，按关井程序及时关井，其关井最高压力不得超过井控装备额定工作压力、套管实际允许的抗内压强度 80%两者中的最小值。

第二十六条 坐岗观察要求。

（一）作业时，资料员或三岗（场地工）必须坐岗，有压井液循环时应每半小时填写一次坐岗记录。

（二）坐岗人员要检查灌注管线的连接情况和储液罐内压井液的储备情况及性能是否符合设计要求。

（三）坐岗记录包括时间、工况、井深、起下管柱数、修井液密度、修井液灌入（返出）量、修井液增减量、原因分析、记录人、值班干部验收签字等内容。

（四）发现溢流、井漏、油气显示等异常情况应立即报警。

第二十七条 作业队井控例会要求。

作业队每月召开一次由队长主持的井控工作例会，并做好例会的文字记录或实况录音的年度存留工作。

第二十八条 作业队防喷演习要求。

（一）防喷演习工况包括起下管柱、旋转作业（钻、磨、套、铣等）、起下大直径工具（钻铤或封隔器等）、起下油杆、钢丝（电缆）作业和空井时等六种工况，演习中涉及测井等相关服务单位时，相关服务单位也应参与配合防喷演习。

（二）作业班组每月对本班组涉及的每种工况进行一次防喷演习，并做好防喷演习的文字记录或实况录像的半年保存工作。

第二十九条 作业队干部 24h 值班要求。

(一)作业队干部应坚持24h值班,并做好交接班记录。

(二)值班干部应监督检查各岗位井控职责、措施的执行和落实情况,发现问题立即整改。

第五章 防火、防爆、防硫化氢等有毒有害气体的安全措施和井喷失控的紧急处理

第三十条 井场作业设备的布局,要考虑防火、防爆、防硫化氢等有毒有害气体的安全要求。

(一)井场布局要求。

1. 值班房、发电房应在井场盛行季节风的上风处,值班房、工具房、锅炉房、发电房和储油罐距井口不小于30m,且相互间距不小于20m。

2. 大修在钻台、值班房、循环罐各设立1个风向标,在不同方向上划定两个紧急集合点并有明显标识;小修在值班房、井场醒目位置各设立1个风向标,风向标宜设在照明区,施工人员要注意风向的变化;在不同方向上划定两个紧急集合点并有明显标识。

3. 在井场入口或值班房应设置明显的防火、防爆、防硫化氢等有毒有害气体安全标志,设置危险区域图及逃生路线图。

(二)井场内严禁烟火。

1. 井场内严禁吸烟、接打手机。

2. 进入井场的车辆应配备防火帽,在井场检测有可燃气体或井口发生油气溢流时,必须关闭防火帽旁通。

3. 井场内若需动火,应执行Q/SY 1241—2009《动火作业安全管理规范》中安全规定,其中工业动火等级划分和工业动火作业审批程序及权限也可以执行SY/T 6283—1997《石油天然气钻井健康、安全环境管理体系指南》,做到申请报告书没有批准不动火、监护人不在现场不动火、防火措施不落实不动火。

4. 钻台(操作台)等重要设施周围禁止堆放易燃、易爆等物品,并保持清洁。

(三)有二层台的井架,二层台必须配备逃生装置,逃生绷绳上端应固定在便于逃生处,逃生绷绳与地面夹角在30°~45°之间,着陆点应设缓冲沙坑(物)。

第三十一条 井场电器设备、照明器具及输电线路的安装应符合SY/T 5727—2014《井下作业安全规程》、SY/T 5225—2012《石油与天然气钻井、开发、储运防火、防爆安全技术规程》和SY 6023—1994《石油井下作业安全生产检查规定》等标准要求。井场必须按消防规定备齐消防器材并定岗、定人、定期检查、维护和保养。

第三十二条　在含硫化氢等有毒有害气体井进行井下作业施工时，应严格执行 SY/T 6137—2005《含硫化氢的油气生产和天然气处理装置作业的推荐作法》、SY/T 6610—2005《含硫化氢油气井井下作业推荐作法》和 SY/T 6277—2005《含硫化氢油气田硫化氢监测与人身安全防护规程》标准。

第三十三条　含硫化氢的井关井后，需要放喷时，由作业队值班干部实施对放喷管线出口点火。

第三十四条　井口、地面流程、入井管柱、仪器、工具等应具备抗硫腐蚀性能，制定施工过程中的防硫方案，完井时应考虑防腐措施。井场内合适位置设置风向标、警示标志、逃生通道、临时安全区和紧急集合点，在钻台上、井口附近、放喷管线出口处、生活区等气体易聚集的重点场所安装硫化氢监测仪、防爆排风扇等仪器设备，并配备足够数量的正压式空气呼吸器（现场人员每人 1 件，并且备用数量不少于 2 件）及其他救援设备。压井液的 pH 值要求控制在 9.5 以上，加强对压井液中硫化氢浓度的测量，保持压井液中硫化氢浓度含量在 $50mg/m^3$ 以下。作业相关人员上岗前应接受硫化氢防护技术培训，经考核合格后持证上岗。作业前，应向全队职工进行防硫化氢安全技术交底，并进行防硫化氢演练。

第三十五条　井喷失控的处理。

（一）井喷失控后严防着火和爆炸。应立即停钻机（修井机）、机房柴油车、锅炉，切断井架、钻台、机泵房等处全部照明灯和用电设备的电源，熄灭一切火源，需要时打开专用探照灯，并组织警戒。

（二）一旦发生井喷事故，应迅速启动各级井喷应急预案，成立相应级别的现场抢险领导小组，统一领导，负责事故现场抢险指挥。立即向当地政府报告，协助当地政府作好井口 500m 范围内居民的疏散工作。

（三）设置观察点，定时取样，监测大气中的天然气、硫化氢和二氧化碳的含量，划分安全范围。

（四）抢险方案的制订和实施要同时考虑环境保护，防止出现次生环境事故。

（五）继续监测污染区有毒有害气体的浓度，根据监测情况决定是否扩大撤离范围。

（六）迅速做好储水、供水工作。有条件应尽快由注水管线向井口注水防火或用消防水枪向油气喷流和井口周围设备大量喷水降温，防止着火和保护井口。在确保人员安全的前提下，将氧气瓶、油罐等易燃易爆物品撤离危险区。

（七）抢险中每个步骤实施前，均应按 SY/T 6203—2014《油气井井喷着火抢险作法》中的要求进行技术交底和模拟演习。

（八）抢险施工应尽量不在夜间和雷雨天进行，以免发生人身事故，以及因操作失误而使处理工作复杂化；施工同时，不应在现场进行干扰施工的其他作业。

（九）抢险人员应根据需要配备护目镜、阻燃服、防水服、防尘口罩、防辐射安全帽、手套、便携式硫化氢监测仪、可燃气体监测仪、空气呼吸器、耳塞等防护用品，避免烧伤、中毒、噪声等人身伤害。

（十）井喷失控处理未尽事宜，按 SY/T 6203—2014 执行。

第六章　井下作业施工各方井控职责

第三十六条　甲方现场监督的井控职责。

（一）检查作业队井控措施的落实情况，参加并监督施工队组织的工程技术、井控措施和井控应急预案交底会。就工程、地质、井控装置和井控措施等方面的具体要求对现场所有工作人员进行交底。

（二）在交底会上，对现场所有工作人员进行工程、地质、井控装置和井控措施等方面的具体要求。

（三）检查压井液密度及其他性能、现场储备的应急重压井液和加重剂数量等是否符合设计要求。

（四）在进行射孔、压井、压裂以及其他重点工序施工时应在现场监督指挥，常规射孔发生溢流时现场根据喷势决定是否抢下管柱或剪断电缆。

（五）监督作业队的井控自查自改、井控装置试压、坐岗观察、班组防喷演习和压井施工数据录取等井控措施的落实情况。

（六）代表建设单位对施工单位的施工准备工作进行检查和验收，督促施工单位及时整改现场存在的井控安全隐患和各级主管部门检查出的问题。

第三十七条　施工单位的井控职责。

（一）施工单位是施工现场井控责任的主体，发生井喷事故时，成立由作业队井控第一责任人为组长，各工程技术服务方现场最高领导为副组长，其他相关人员为组员的联合井控领导小组，由井控领导小组组长统一指挥、协调现场各技术服务单位，完成井喷抢险工作。

（二）施工单位根据建设方提供的地质和工程设计，编写施工设计，明确压井液的性能和数量、压井材料的准备情况、井控装置的组合示意图和压力级别、施工过程中的井控安全措施、发生井喷后的关井方法、有毒有害气体防护措施等内容。

（三）成立井控领导小组，严格落实各项井控管理制度和施工井“三项设计”要求的井控技术措施，认真组织整改建设方及上级井控管理部门提出的问题。

（四）严格按照设计要求施工，施工中发现溢流等异常情况时按照要求及时正确关井，并及时向现场监督、建设方和有关部门汇报。

（五）根据设计的风险提示及气候特点执行详细的应急预案，并定期进行演练，确保施工安全。

（六）施工单位的有关人员应持有效的井控操作证上岗。

第三十八条 射孔队的井控职责。

（一）射孔队的现场操作人员要持有效的井控操作证上岗。

（二）射孔前应积极配合作业队开展井喷应急演练。

（三）射孔前要与作业队认真核对射孔通知单，防止发生误射。

（四）射孔队应配备专用电缆钳，防止发生意外时能迅速剪断电缆。

（五）射孔前应认真检查井口的井控装置是否正确安装，井筒液面是否符合要求，对于没有按照要求安装井控装置和液面不符合要求的井有权拒绝施工。若在不符合条件的情况下强行施工发生了井喷事故，按有关规定追究射孔队的责任。

（六）若在常规射孔时发生井喷，要迅速起出电缆，若不能起出时要迅速剪断电缆，并配合作业队迅速关井。

（七）在现场发生井喷等意外情况时，听从作业队井控第一责任人的指挥，积极参与抢险；在紧急情况时，按照规定路线撤离到安全地带。

（八）在含有毒有害气体区域的作业施工，自行配备相应的气体检测仪和正压式呼吸器等设备，并指定专人进行巡回检查。

第三十九条 压裂队的井控职责。

（一）压裂队的队长、现场指挥、技术员及井口操作工要持有效的井控操作证上岗。

（二）压裂前应积极配合作业队完成井喷应急演练。

（三）压裂前要与作业队认真核对施工井井号及其他相关数据。

（四）压裂前应检查作业队使用的压裂井口、管汇是否进行检测合格，阀门开关是否灵活，地面管线是否锚定合格。对压裂井口和管线不符合规定的井不得进行施工。

（五）压裂前要按设计要求做好套管压力平衡措施，确保安全施工。

（六）压裂过程中，井口操作工要认真检查井口装置是否有渗漏等异常情况，若发现异常时要及时向现场指挥汇报。

（七）现场指挥、操作员要认真观察压力变化情况，在压力异常升高且有可能超过井口的额定工作压力时要迅速停车，并根据监督指令确定下一步的施工方案。

（八）在现场发生井喷等意外情况时，听从作业队井控第一责任人的指挥，积极参与抢险，不得盲目撤出施工现场，确保井口设备的完好，为后续处理创造条件。在紧急情况时，按照规定路线撤离到安全地带。

（九）在含有毒有害气体区域的作业施工，自行配备相应的气体检测仪和正压式呼吸器等设备，并指定专人进行巡回检查。

第四十条 原钻机试油(中途测试、投产)各方的井控职责。

(一)原钻机进行井下作业施工时执行《吉林油田井下作业井控实施规定》。

(二)现场应成立由作业单位参加的井控联合领导小组。组长由防喷器等井控装置所属的钻井队或试油队队长担任,副组长由另一方队长和钻井或试油监督担任,成员由钻井队、试油(或测试)队的井控领导小组成员和其他联合作业队伍的领导组成。

(三)钻井队负责所属井控装置的维护、管理和使用。

(四)试油(或测试)队负责配备与所属管柱相匹配的内防喷工具和所属井控装置的维护、管理和使用。

(五)若洗压井、灌液、试压均使用钻井队的钻井泵时,则由钻井队按照试油(测试)队人员的技术指令操作循环系统。

(六)在钻井循环罐系统和灌注设备等没拆除前,由钻井队负责坐岗与灌注工作;在钻井装备拆除以后,由试油(测试)队负责坐岗与灌注工作。

(七)日费制原钻机试油(测试)作业,由油田公司现场试油监督全面负责现场的井控应急工作,钻井队、试油(测试)队及其他作业队人员按指令做好相应的井控工作。

(八)在含有毒有害气体区域的作业施工,自行配备相应的气体检测仪和正压式呼吸器等设备,并指定专人进行巡回检查和维护保养。

(九)如发生井喷事故,由井控联合领导小组组长统一指挥应急抢险,钻井队和试油(测试)队要全力协同配合。

第七章 附 则

第四十一条 本办法中的实施证据:

《井下作业井控综合记录》,编号 NKKP-ZC-06。

第四十二条 本规定由公司钻采工程部(井控管理办公室)负责解释。

第四十三条 本规定自下发之日起执行。《石油与天然气井下作业井控实施细则》(吉油工程字〔2011〕83 号)文件同时废止。

编写部门:钻采工程部
编 写 人:刘 辉 邓校国
审 核 人:李亚洲
批 准 人:王 峰

参考文献

[1] 中国石油天然气集团公司人事服务中心．井下作业工(上册)．北京:石油工业出版社,2004.
[2] 中国石油天然气集团公司人事服务中心．井下作业工(下册)．北京:石油工业出版社,2004.
[3] 中国石油天然气集团公司职业技能鉴定指导中心．井下作业工．北京:石油工业出版社,2012.
[4] 吴奇．井下作业工程师手册．北京:石油工业出版社,2008.
[5] 崔凯华,苗崇良．井下作业设备．北京:石油工业出版社,2013.
[6] 晁华庆．大庆油田提高采收率研究与实践．北京:石油工业出版社,2006.
[7] 吴奇．井下作业监督．北京:石油工业出版社,2003.
[8] 王新纯．井下作业施工工艺技术．北京:石油工业出版社,2005.
[9] 白玉．井下作业实用数据手册．北京:石油工业出版社,2007.
[10] 于胜泓,郭志伟,穆剑,等．井下作业安全手册．北京:石油工业出版社,2015.